Bettina Greimel-Fuhrmann (Hg.)

Soziale Kompetenz im Management

facultas.wuv

! Lösungshinweise zu den Aufgabenstellungen
in diesem Buch finden Sie unter www.facultas.at/sozialekompetenz

Bibliografische Information Der Deutschen Nationalbibliothek
Die Deutsche Nationalbibliothek verzeichnet diese Publikation
in der Deutschen Nationalbibliografie;
detaillierte bibliografische Daten sind im Internet über
http://dnb.d-nb.de abrufbar.

Umschlagfoto: © iStock
Satz: SOLTÉSZ. Die Medienagentur.
Druck: Finidr, s.r.o., Ćeský Těšín

ISBN 978-3-7089-1068-0

Bettina Greimel-Fuhrmann (Hg.)

•

Soziale Kompetenz im Management

Inhaltsverzeichnis

Zu diesem Buch 9

Kapitel 1

Soziale Kompetenz – der kompetente Umgang mit Menschen in sozialen Situationen 13

Bettina Greimel-Fuhrmann

1. Einleitung 13
2. Was bedeutet der Begriff soziale Kompetenz? 14
3. Überlegungen zur Genese und zur Förderung von sozialer Kompetenz 20
4. Kann man soziale Kompetenz „messen“? 23
5. Schlussbetrachtung 24
6. Aufgaben zur Selbstreflexion 24
7. Literatur 25

Kapitel 2

Gender- und Diversitätsmanagement: auch eine Frage von Sozialkompetenz 27

Edeltraud Hanappi-Egger

1. Einleitung: Einordnung der Sozialkompetenz als Diversitätsqualifikation 27
2. Diversitätsrelevante Sozial- und Reflexionskompetenz: die Rolle von Stereotypen 29
3. Diversitätsrelevante stereotype Einschreibungen in Organisationsstrukturen 32
4. Diversitätsrelevante Sozial- und Reflexionskompetenz: die Rolle von Sprache 34
5. Zusammenfassung 36
6. Fragen zum Text 37
7. Anwendungsorientierte Übungsbeispiele 37
8. Anwendungsbeispiel 38
9. Literatur 38

Kapitel 3

Mit Menschen reden – kommunikationstheoretische Grundlagen 43

Bettina Greimel-Fuhrmann & Birgit Worm

1. Keine Interaktion mit Menschen ohne Kommunikation. . . 43
2. Grundannahmen zur Kommunikation 44
3. Die Kommunikationsmodelle von Schulz von Thun 47
4. Analyse von Kommunikation aus der Sicht der Transaktionsanalyse 69
5. Aktives Zuhören 76
6. Anwendungsbeispiele 80
7. Literatur 86

Kapitel 4

Körpersprache interpretieren und bewusst einsetzen 87

Birgit Schneider & Wilfried Schneider

1. Einleitung und Problemstellung 87
2. Was gehört zur Körpersprache? 89
3. Ist Körpersprache angeboren oder erlernt? 91
4. Ist alles Körpersprache? 94
5. Ist Körpersprache eindeutig interpretierbar? 97
6. Werden schwache körpersprachliche Signale eindeutig interpretiert? 101
7. Zusammenfassung 107
8. Problemstellungen zur Körpersprache 108
9. Literatur 108

Kapitel 5

Verhalten in und von Teams 111

Wolfgang Mayrhofer

1. Einleitung 111
2. Teamcharakteristika 112
3. Nutzen von Teams in Organisationen 120
4. Teamlernen 122
5. Negative Teameffekte 124
6. Statt einer Schlussbemerkung: Teamskepsis 126

7. Fragen und Reflexion ... 127
8. Literatur ... 129

Kapitel 6

Informieren, motivieren und überzeugen ... 131

Wilfried Schneider

1. Informieren oder Überzeugen? ... 131
2. Wie plant man Informationspräsentationen? ... 132
3. Wie führen Sie Präsentationen durch? ... 142
4. Was Sie noch beachten sollen ... 146
5. Wie können Sie Fehler bei der Präsentation verbessern? (Zwischenzusammenfassung) ... 149
6. Die Überzeugungspräsentation ... 150
7. Medieneinsatz (Hinweise) ... 159
8. Literatur ... 166

Kapitel 7

Konflikte verstehen und aktiv gestalten ... 167

Monika Heinrich & Ilse Pachlinger

1. Konflikte – eine kostbare Angelegenheit ... 167
2. Standortbestimmung im Konflikt ... 169
3. Konstruktive Konfliktbearbeitung ... 182
4. Konfliktfähigkeit als soziale Kompetenz ... 194
5. ANHANG : Anregungen zum praktischen Fallbeispiel Grabner Consult GmbH ... 195
6. Literatur ... 196

Kapitel 8

Kooperativ verhandeln ... 199

Rainer Baier & Christoph Schwarzl

1. Einleitung ... 199
2. Was ist eine Verhandlung? ... 200
3. Verschiedene Grundeinstellungen zum Verhandeln ... 202
4. Verhandlungsvorbereitung ... 206
5. Verhandlungsdurchführung ... 215
6. Verhandeln mit schwierigen Partner/inne/n ... 222
7. Erkennen von schmutzigen Tricks und Gegenmaßnahmen 226
8. Literatur ... 236

Kapitel 9

Workshops und Besprechungen moderieren **237**

Ilse Pachlinger

1. Einleitung **237**
2. Die Moderationsmethode **240**
3. Moderationselemente in Meetings **261**
4. Fragen zum Wesentlichen **265**
5. Literatur **265**

Kapitel 10

Stressmanagement **267**

Herbert Langer

1. Stress **267**
2. Stressbewältigung **281**
3. Literatur **289**

Zu den Autorinnen und Autoren **291**

Zu diesem Buch

Soziale Kompetenz – sie ist eine wesentliche Anforderung an Unternehmerinnen und Unternehmer sowie an Mitarbeiterinnen und Mitarbeiter in allen Branchen und auf allen Ebenen des Managements, wie ein Blick auf entsprechende Stellenanzeigen auf den Karriereseiten der diversen Tageszeitungen eindrucksvoll belegt. Unabhängig davon, ob es sich um Positionen in der Geschäftsleitung, im Rechnungswesen, im Controlling, im Marketing, in der Kundenbetreuung oder in einem anderen Bereich des Unternehmens handelt, gibt es offensichtlich kaum einen Bereich im Management, in dem man nicht mit anderen Menschen zusammentrifft, mit ihnen spricht, zusammenarbeitet, Konflikte lösen muss und auch verhandelt. Dementsprechend findet man selten eine Stellenausschreibung, die nur die erforderlichen fachlichen Qualifikationen nennt. In der Regel sollen die Bewerberinnen und Bewerber kommunikativ, teamfähig und verhandlungssicher sein sowie über Durchsetzungsstärke verfügen. Viele verschiedene berufliche wie auch private Situationen erfordern es, seinen eigenen Standpunkt vertreten sowie überzeugend auftreten zu können. Gleichzeitig ist es auch notwendig, sich in sein Gegenüber hineinversetzen zu können, mit anderen zusammenarbeiten und Ziele erreichen zu können und dabei nicht nur die eigenen, sondern auch die Interessen anderer Menschen zu berücksichtigen.

Dieses Buch soll einen Beitrag dazu leisten, diese vielfältigen Situationen gut zu bewältigen und sozial kompetent auftreten zu können. Trotz unterschiedlicher Auffassungen darüber, was soziale Kompetenz genau ist und welche Fähigkeiten sie umfasst, besteht weitgehend Konsens darüber, dass die in diesem Buch behandelten Themenbereiche der Sozialkompetenz zuzuordnen sind.

Das Buch umfasst zehn Kapitel, von denen die ersten fünf die Grundlage für die daran anschließenden Kapitel bilden. Während es bei den Grundlagen um soziale Kompetenz im Allgemeinen um Kommunikation und das Verhalten in und von Teams geht, beziehen sich die darauf aufbauenden Kapitel auf das sozial kompetente Verhalten in bestimmten sozialen Situationen, wie etwa bei verschiedenen Formen von Präsentationen, Konfliktgesprächen, Verhandlungen oder Besprechungen.

Das erste, einleitende Kapitel von Bettina Fuhrmann setzt sich mit der hier bereits angesprochenen Frage nach dem Begriff Sozialkompetenz auseinander und grenzt diese von anderen Kompetenzen ab. Dieses Kapitel geht auch auf Möglichkeiten der Erhebung (Messung) sowie der Förderung und Weiterentwicklung von sozialer Kompetenz ein. In engem Zusammenhang mit dem Einleitungskapitel steht das zweite Kapitel, in dem der zunehmend wichtige und im Hinblick auf Sozialkompetenz relevante Bereich des Gender- und Diversitätsmanagements thematisiert wird. Edeltraud Hanappi-

Egger zeigt, dass der Umgang mit Menschen verschiedenen Geschlechts, Glaubens, verschiedener Herkunft und ethnischen Hintergrunds mit der Fähigkeit zusammenhängt, mit Menschen in sozialen Situationen kompetent umzugehen, und sensibilisiert für Fragen des Gender- und Diversitätsmanagements in Unternehmen. Kapitel drei und vier stehen im Zeichen der Kommunikation. Kommunikation ist ein wesentliches Mittel, um sich mit anderen Menschen auszutauschen, und steht daher im Zentrum der Entwicklung und Förderung von sozialer Kompetenz. In Kapitel drei werden verschiedene kommunikationstheoretische Modelle von Bettina Fuhrmann und Birgit Worm erörtert und deren Implikationen für die Gestaltung von Kommunikation in verschiedenen Situationen im betrieblichen Alltag illustriert. Kapitel vier konzentriert sich auf den Aspekt der Körpersprache und rückt damit die nonverbale Kommunikation in den Mittelpunkt. Birgit Schneider und Wilfried Schneider zeigen anhand von Untersuchungsergebnissen, dass die Interpretation von körpersprachlichen Signalen nicht immer eindeutig ist. Trotzdem ist es für die gelungene Kommunikation zwischen Menschen entscheidend, die mögliche Wirkung verschiedener körpersprachlicher Signale auf andere Menschen zu kennen und in konkreten Fällen auch bewusst einzusetzen. Kapitel fünf von Wolfgang Mayrhofer geht auf das Verhalten von und in Teams ein und bildet damit einen weiteren wesentlichen Aspekt von sozialer Kompetenz ab, die Interaktion mit anderen in Teams zur gemeinsamen Bewältigung von Aufgaben.

Kapitel sechs bis neun konzentrieren sich auf sozial kompetentes Verhalten in verschiedenen konkreten sozialen Situationen. Wilfried Schneider geht in Kapitel sechs darauf ein, wie man andere in Präsentationen effektiv informieren, motivieren und überzeugen kann. Monika Heinrich und Ilse Pachlinger behandeln in Kapitel sieben die Entstehung und Entwicklung von Konflikten, den Umgang mit Konflikten sowie die Grundlagen der Konfliktbearbeitung. Rainer Baier und Christoph Schwarzl verdeutlichen in Kapitel acht, wie man kooperative Verhandlungen führt und dabei seine eigenen Interessen, aber auch die der Verhandlungspartnerinnen und -partner berücksichtigt. In Kapitel neun erläutert Ilse Pachlinger, wie man Besprechungen moderieren und damit die Ergebnisse von Besprechungen optimieren kann.

Den Abschluss des Buchs bildet ein Kapitel zum Umgang mit Stress und dessen Bewältigung. Diese Fähigkeiten stellen zwar eher Komponenten einer Selbst- als einer Sozialkompetenz dar, sie sind aber trotzdem im Kontext der Förderung und Weiterentwicklung der Sozialkompetenz bedeutend. Ein Mensch, der mit den Anforderungen der Umwelt an seine eigene Person nicht fertig wird, kann sich noch viel weniger konstruktiv mit anderen Menschen auseinandersetzen. Herbert Langer zeigt in diesem zehnten Kapitel, was Stress bedeutet, warum sich Stress nicht unbedingt negativ auf den Menschen auswirken muss und wie man mit Stress umgehen und ihn bewältigen kann.

Mit Aufgaben zur Selbstreflexion, zur Wiederholung des Gelesenen und mit Aufgabenstellungen zur problemorientierten Anwendung des Gelernten anhand von praxisorientierten Beispielen und Fallbeschreibungen aus der betrieblichen Praxis soll in diesem Buch das Verständnis für die Grundlagen sozialer Kompetenz und sozial kompetenten Verhaltens gefördert und weiterentwickelt werden. Die verschiedenen Übungen sind dazu gedacht, für eine Vielzahl von Fragen und Herausforderungen, die in der Interaktion und Auseinandersetzung mit anderen Menschen entstehen können, zu sensibilisieren und Antworten darauf zu geben, wie man in verschiedensten sozialen Situationen bestehen kann.

Die Herausgeberin im Namen aller Autorinnen und Autoren
Wien, im Juni 2013

Kapitel 1

Soziale Kompetenz – der kompetente Umgang mit Menschen in sozialen Situationen

Bettina Greimel-Fuhrmann

1. Einleitung

Mit anderen Menschen kommunizieren, sich in ein Team einfügen und mit anderen zusammenarbeiten können, Konflikte lösen, überzeugend argumentieren und präsentieren, kurz: erfolgreich mit anderen Menschen umgehen können, sozial kompetent sein, das möchte vermutlich jede/r gerne. Dabei sind die empirischen Belege zur Bedeutung bzw. Wirksamkeit von sozialer Kompetenz eher vage. Wenige Studien sind der sozialen Kompetenz und deren Einfluss auf den beruflichen und/oder privaten „Erfolg" von Personen gewidmet, es liegen hauptsächlich Studien aus dem Bereich der Führungsforschung und der Konfliktforschung vor. Die Befunde der Führungsforschung etwa, die den günstigen Einfluss des kooperativen Führungsstils auf Leistung und Einstellungen der Mitarbeiter zeigen, können als erste Grundlage für die betriebswirtschaftliche Relevanz der sozialen Kompetenz dienen (vgl. Kanning 2005).

Die Auswirkung einzelner Kompetenzen auf beruflichen Erfolg ist schwer empirisch zu untersuchen. Abgesehen vom Problem, beruflichen Erfolg adäquat zu messen (fraglich ist etwa, anhand welcher Kriterien der Erfolg gemessen werden könnte, z.B. an der Höhe des Gehalts oder den sich darbietenden Aufstiegschancen), spielen auch andere Kompetenzen wie insbesondere Fachkompetenzen und allgemeine kognitive Kompetenzen sowie die Spezifika des Unternehmens für den beruflichen Erfolg eine Rolle. Deshalb sind die gefundenen Korrelationen zwischen (sozialen) Kompetenzen und beruflichem Erfolg in der Regel niedrig (vgl. z.B. Hossiep & Paschen 2003).

Trotzdem hat der Begriff der sozialen Kompetenz einen hohen Anmutungsgrad. Es erscheint plausibel, dass sie beim Zusammentreffen und in der Interaktion mit anderen Menschen wichtig ist. Und so erwarten sich Arbeitgeberinnen und Arbeitgeber, dass Bewerberinnen und Bewerber über diese Fähigkeiten verfügen, insbesondere wenn sie sich für eine Managementposition bewerben und ein wirtschaftswissenschaftliches Studium abgeschlossen haben. Kaum eine Stellenanzeige verzichtet darauf, ausdrücklich soziale Kompetenz oder zumindest einzelne Kompetenzen, die der sozialen Kompetenz zugerechnet werden können, als Anforderung für die ausgeschriebene Stelle zu definieren. Es sind jedoch nicht nur die Kontakte nach „außen", wie etwa mit Kund/inn/en, Lieferant/inn/en und anderen Geschäftspartner/inne/n, die soziale Kompetenz erforderlich machen. Auch innerhalb eines Unternehmens nimmt die Bedeutung sozialer Kompetenz durch die Bildung von Projektteams und Arbeitsgruppen zu, sodass soziale Kompetenz auch als wichtige Schlüsselqualifikation bezeichnet wird (vgl. Kanning 2005; Wellhöfer 2004), weil sie als „Schlüssel" zum beruflichen Erfolg gilt (vgl. Faix & Laier 1991).

In diesem ersten Kapitel wird der Begriff soziale Kompetenz geklärt, gegenüber anderen Kompetenzarten abgegrenzt und seine Bedeutung diskutiert. Außerdem wird erläutert, wie die soziale Kompetenz einer Person gefördert und weiterentwickelt werden kann und wie für gewöhnlich versucht wird, die soziale Kompetenz einer Person festzustellen, ja sogar zu messen.

2. Was bedeutet der Begriff soziale Kompetenz?

2.1 Der Kompetenzbegriff im Allgemeinen

Mit dem Begriff „Kompetenz" wird alltagssprachlich „Fähigkeit" und „Zuständigkeit" verstanden (vgl. z.B. die Begriffsklärung im Duden). Der Begriff Kompetenz stammt vom lateinischen Verbum „competere" ab, das „zusammentreffen" und „zusammenfallen" oder auch „ausreichen, kräftig sein" bedeutet. Das macht insofern Sinn, als man für den Fall, dass die Fähigkeiten einer Person mit den Anforderungen einer bestimmten Situation zusammentreffen, davon sprechen kann, dass die Person die notwendige Kompetenz besitzt, diese Situation zu bewältigen.

Ursprünglich in die deutsche Pädagogik eingeführt wurden die Begriffe Kompetenz und soziale Kompetenz von Roth (1971), der soziale Kompetenz neben Selbst- und Sachkompetenz als ein Element der verantwortlichen Handlungsfähigkeit, der moralischen Mündigkeit, sieht und sie als Fähigkeit definiert, für sozial, gesellschaftlich und politisch relevante Sachbereiche urteils- und handlungsfähig zu sein.

Kompetenzen werden im Allgemeinen als Fähigkeiten und Fertigkeiten und damit als Potenzial eines Menschen zur erfolgreichen Bewältigung von bestimmten Aufgaben und Problemstellungen in konkreten Situationen verstanden (vgl. z.B. Maag Merki & Grob 2005). Worin der Erfolg besteht – etwa in der Interaktion mit anderen Menschen – bzw. ob das Handlungsergebnis – z.B. ein Verhandlungsergebnis – als Erfolg bezeichnet werden kann, ist vom Wertesystem der beurteilenden Personen abhängig. Dies macht deutlich, dass die Beurteilung, ob eine Person sozial kompetent ist oder in einer bestimmten Situation sozial kompetent gehandelt hat, subjekt- und situationsabhängig sowie normativ geprägt ist.

Eine noch umfassendere und oft zitierte Begriffsbestimmung von Kompetenzen stammt von Weinert (2001, S. 27f.), der sie als „die bei Individuen verfügbaren oder durch sie erlernbaren kognitiven Fähigkeiten und Fertigkeiten, um bestimmte Probleme zu lösen, sowie die damit verbundenen motivationalen, volitionalen und sozialen Bereitschaften und Fähigkeiten, um die Problemlösungen in variablen Situationen erfolgreich und verantwortungsvoll nutzen zu können", definiert. Diese Begriffsbestimmung entspricht zwar im Wesentlichen der oben dargestellten, erfährt jedoch insofern eine inhaltliche Erweiterung, als sie auch die motivationalen, volitionalen und sozialen Bereitschaften und Fähigkeiten als Voraussetzungen für die Nutzung von sozialer Kompetenz berücksichtigt. Eine Person muss also nicht nur über die Fähigkeit zu verhandeln verfügen, sondern diese Fähigkeit in einer konkreten Verhandlungssituation auch einsetzen wollen, um damit die Verhandlung willentlich zu gestalten und zu steuern. Weinert thematisiert darüber hinaus auch die Verantwortung, die mit der Problemlösung verbunden ist. Der (sozial) kompetenten Person ist auch bewusst, welche Konsequenzen ihr Verhalten und ihre Problemlösung für andere Menschen haben.

2.2 Kompetenz und Performanz

Ob eine Person über eine bestimmte Kompetenz verfügt, zeigt sich erst im kompetenten Verhalten der Person, in der sogenannten Performanz. Das macht die Kompetenzmessung schwierig, denn die Kompetenz selbst ist nur durch das kompetente Verhalten erfassbar. Kompetentes Verhalten in einer (einzelnen) bestimmten Situation lässt aber nicht unbedingt den Rückschluss zu, dass eine Person tatsächlich über eine bestimmte Kompetenz in einem bestimmten Ausmaß verfügt (zu dieser Problematik siehe auch die Ausführungen im Kontext der Begriffsklärung von sozialer Kompetenz). Es ist möglich, dass eine Person in einer bestimmten Situation ein zufriedenstellendes Verhandlungsergebnis erzielt, auch wenn ihr das in anderen vergleichbaren Situationen nicht gelingt und/oder sie grundsätzlich über kein Verhandlungsgeschick verfügt. Umgekehrt kann aber auch die vorhandene Kompetenz nicht garantieren, dass sie in jeder Situation zum Erfolg führen wird. Nur weil ein Mensch über ein gewisses Potenzial verfügt, bedeutet das nicht, dass er es in jeder relevanten Situation auch in eine erfolgreiche Handlung umsetzen kann. Gelingt die Problembewältigung daher in einer konkreten Situation nicht, bedeutet das nicht unbedingt, dass die Person nicht über die fragliche Kompetenz verfügt, da es auch an anderen Faktoren liegen kann, dass ihr in dieser einen konkreten Situation die Problemlösung nicht gelungen ist (vgl. dazu auch Kanning 2002).

2.3 Soziale Kompetenz im Besonderen

Euler & Bauer-Klebl (2008) definieren den Begriff soziale Kompetenz als **Disposition zur zielgerichteten Interaktion mit anderen Menschen über sachliche, soziale oder persönliche Themen in spezifischen Typen von Situationen**. Soziale Kompetenz ermöglicht demnach die Bewältigung von Lebenssituationen, die durch Interaktionen mit Menschen bestimmt sind und entsprechende Anforderungen an das soziale Handeln eines Menschen stellen, kurz: **Sie ermöglichen den kompetenten Umgang mit anderen Menschen**. Die folgende Grafik hebt die wesentlichen bedeutungstragenden Elemente der Definition von Euler & Bauer-Klebl (2008) hervor:

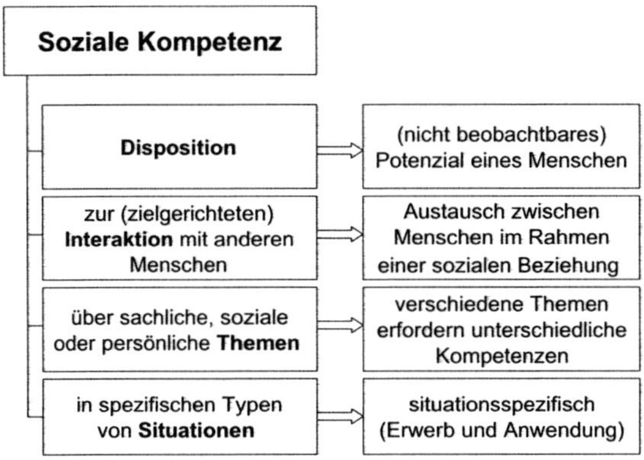

Abbildung 1: Explikation der Definition des Begriffs soziale Kompetenz von Euler & Bauer-Klebl (2008)

Die hervorgehobenen Elemente dieser Definition entsprechen im Wesentlichen der eingangs dargestellten Begriffsklärung von Kompetenzen im Allgemeinen: Soziale Kompetenz als Disposition ist wie ein Potenzial eines Menschen zu sehen, das er in bestimmten Situationen entfalten kann, aber nicht notwendigerweise auch in jeder Situation entfalten muss. Das Potenzial selbst ist nicht beobachtbar, soziale Kompetenz wird erst durch sozial kompetentes Verhalten in bestimmten Situationen „sichtbar". Ein Problem besteht freilich darin, dass aus dem Verhalten einer Person in einer singulären Situation nur schwer auf das generelle Vorhandensein von Kompetenzen dieser Person geschlossen werden kann. Das bedeutet, dass auch das Erzielen eines respektablen Verhandlungsergebnisses in einer bestimmten Verhandlungssituation nicht den Schluss zulässt, dass die Person tatsächlich über ausgezeichnete Kompetenzen in der Verhandlungsführung verfügt.

Dementsprechend unterscheidet Kanning (2005) zwischen sozialer Kompetenz und sozial kompetentem Verhalten. Er beschreibt sozial kompetentes Verhalten als Verhalten, das in einer spezifischen Situation dazu beiträgt, die eigenen Ziele zu verwirklichen, wobei gleichzeitig die soziale Akzeptanz des Verhaltens gewahrt wird. Sein Verständnis von sozialer Kompetenz verbindet daher Elemente der Entwicklungspsychologie, die soziale Kompetenz als Anpassung des einzelnen Menschen an die Normen und Werte einer sozialen Gemeinschaft sieht, mit Elementen der klinischen Psychologie, die den Aspekt der Durchsetzung eigener Interessen in sozialen Kontexten betont.

Das Element „zielgerichtete Interaktion" soll zum Ausdruck bringen, dass es beim sozial kompetenten Handeln nicht nur um Handlungen eines Menschen geht, die eine Auswirkung auf andere Menschen haben. Vielmehr geht es um den Austausch zwischen Menschen im Rahmen einer sozialen Beziehung, um die Abstimmung des eigenen Handels mit dem Handeln der anderen Person(en) unter Berücksichtigung der Ziele, Interessen, Positionen, Erfahrungen und Gefühle der eigenen und der anderen Person(en).

Dieser Austausch kann über sachliche, soziale und persönliche Themen erfolgen, d.h. über Theorien und Fakten genauso wie über persönliche Aspekte (Gefühle, Intentionen) und soziale Themen (z.B. die Interaktion selbst). Diese sehr verschiedenen möglichen Themen einer Interaktion legen es nahe, dass je nach dem konkreten Thema auch sehr unterschiedliche Kompetenzen erforderlich sein können. Die konkret geforderte soziale Kompetenz ist daher themenspezifisch.

Die erforderliche soziale Kompetenz ist nicht zuletzt von der konkreten Situation und deren Anforderungen abhängig. Es erscheint plausibel, dass in einer Verhandlungssituation mit einem/einer kooperativen Verhandlungspartner/in andere Fähigkeiten erforderlich sein werden als in einer Situation, in der mit Partner/inne/n verhandelt werden muss, die Kampftechniken anwenden. Soziale Kompetenz wird daher nur situationsspezifisch erworben und angewendet, wobei manche soziale Kompetenz in einer Vielzahl von unterschiedlichen Situationen (situationsübergreifend) angewendet werden kann, wie etwa verständliches Präsentieren, überzeugende Argumentation oder die Bereitschaft, Fehler einzugestehen und sich dafür zu entschuldigen. Kanning (2003) bezeichnet diese als allgemeine soziale Kompetenz, während die spezifische soziale Kompetenz nur situationsspezifisch (in ganz bestimmten Typen von Situationen) angewendet werden muss, etwa bei einer Verhandlung mit potenziellen Lieferanten. Entscheidend für die Situation und damit für die Angemessenheit bestimmten sozialen Verhaltens ist nicht zuletzt auch der kulturelle Background, in dem es zu einer Interaktion zwischen Menschen kommt. Dieselben Verhaltensweisen können in einer vergleichbaren Situation in einem anderen Kulturkreis als vollkommen unangemessen gelten und daher die betreffende Person sozial inkompetent wirken lassen.

2.4 Andere Kompetenzen: Sach-, Selbst- und Methodenkompetenz

Roth (1971) nennt neben der sozialen Kompetenz noch Selbstkompetenz – i.e. die Fähigkeit, für sich selbst verantwortlich handeln zu können – und Sachkompetenz – das Fachwissen über bestimmte Themenbereiche und die Anwendung des Fachwissens – als Elemente der verantwortlichen Handlungsfähigkeit. Eine vergleichbare Kompetenzunterscheidung und -strukturierung nehmen auch Euler & Bauer-Klebl (2008) vor. Sie zählen neben der sozialen Kompetenz noch die Sachkompetenz im Sinne des kompetenten Umgangs mit Sachen und Inhalten und die Selbstkompetenz (den kompetenten Umgang mit der eigenen Person) zu den sogenannten Handlungskompetenzen (ebenso z.B. auch Wellhöfer 2004).

Als Beispiele für Sachkompetenz könnte Fachwissen im Bereich der Investitionsrechenverfahren genannt werden. Es besteht zum Beispiel darin, verschiedene Verfahren kennen und durchführen zu können sowie in einer konkreten Situation aufgrund der gegebenen Daten ein geeignetes Verfahren auszuwählen und ein Rechenergebnis zu ermitteln und zu interpretieren. Selbstkompetenz bedeutet, die eigene Person steuern und regulieren zu können, wie etwa mit Stress umgehen zu können, die eigenen Lernprozesse zu steuern und über die eigene Person zu reflektieren.

Eine ausgeprägte Selbstkompetenz erleichtert in der Regel die Entwicklung von sozialer Kompetenz: Bin ich in der Lage, selbst Druck und Stress aushalten und abbauen zu können, fällt es mir leichter, mich auf schwierige Situationen mit anderen Menschen einzulassen und ihnen selbstsicher gegenüberzutreten. Andere Autor/inn/en subsumieren daher die Selbstkompetenz (bzw. Teilkompetenzen davon wie Selbstwahrnehmung und Selbstreflexion) unter die sozialen Kompetenzen (vgl. z.B. Scala o.J.).

Oft wird auch die Methodenkompetenz zu den Handlungskompetenzen gezählt. Methodenkompetenz erscheint jedoch in allen drei Kompetenzbereichen – Sachkompetenz, soziale Kompetenz, Selbstkompetenz – als unabdingbar und wird daher in diesem Beitrag als in diesen Kompetenzbereichen integriert angesehen (vgl. dazu auch Wellhöfer 2004).

2.5 Handlungskompetenzen und Handlungsdimensionen von sozialer Kompetenz und anderen Kompetenzen

Soziale Kompetenz umfasst – wie auch die anderen Kompetenzbereiche – Wissen, Einstellungen, Fähigkeiten und Fertigkeiten (vgl. Euler & Bauer-Klebl 2008):

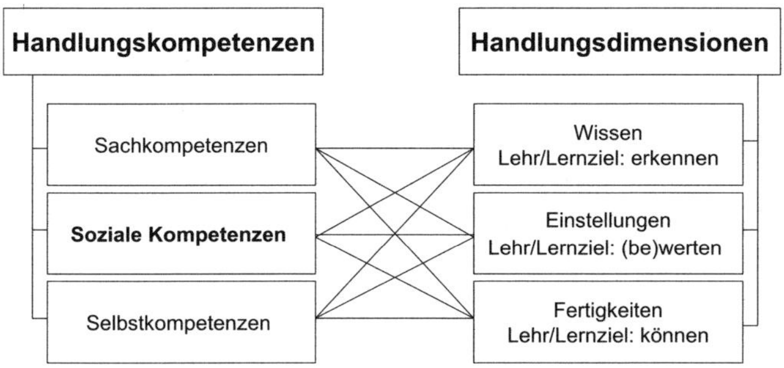

Abbildung 2: Struktur der Handlungskompetenzen und der Handlungsdimensionen (eigene Grafik in Anlehnung an Euler & Bauer-Klebl 2008)

Das Wissen umfasst z.B. Kenntnisse über kommunikationstheoretische Modelle (vgl. z.B. Schulz von Thun 2006), über Kommunikationsstörungen und über das Entstehen und Lösen von Konflikten (vgl. Schwarz 2005; Glasl 2002). Entsprechende Lehrziele beziehen sich auf die Vermittlung dieser Inhalte.

Bei den Einstellungen geht es beispielsweise um die Einstellungen gegenüber dem Kommunikationspartner oder gegenüber einer Verhandlungssituation. Die Lernenden sollen als Lehr-/Lernziel verschiedene Methoden bewerten können und argumentieren, warum sie bestimmte Ansichten vertreten und bestimmte Methoden einsetzen würden, andere nicht.

Die Fertigkeiten beziehen sich auf das konkrete Können in der Situation, bestimmte Techniken wie etwa Argumentationstechniken, Verhandlungstechniken oder Präsentationstechniken.

Abschließend kann zusammengefasst werden, dass (soziale) Kompetenz „von Wissen fundiert, durch Werte konstituiert, als Fähigkeiten disponiert, durch Erfahrungen konsolidiert, auf Grund von Willen realisiert" (Erpenbeck & Heyse 1999, S. 162) wird.

2.6 Dimensionen von sozialer Kompetenz

Soziale Kompetenz ist ein multidimensionales Konstrukt. Was alles zu sozialer Kompetenz gehört bzw. in welche Teilkompetenzen sie sich zerlegen lässt, darüber besteht in der (wissenschaftlichen) Diskussion keine Einigkeit. Verdichtet man allerdings die vielen in der Literatur genannten verschiedenen Komponenten von sozialer Kompetenz faktorenanalytisch, resultieren daraus im Wesentlichen die folgenden Faktoren (vgl. Kanning 2002):

- soziale Wahrnehmung, i.e. sich mit dem Verhalten anderer Menschen, mit dem eigenen Verhalten und der Reaktion anderer darauf auseinandersetzen, sich in andere Menschen hineinversetzen und etwas aus ihrer Perspektive betrachten,

- Verhaltenskontrolle, i.e. emotional stabil sein und sein eigenes Verhalten kontrollieren können,
- Durchsetzungsfähigkeit, i.e. seine eigenen Ziele erfolgreich verfolgen können, extrovertiert sein, Konflikten nicht aus dem Weg gehen,
- soziale Orientierung, i.e. sich für die Interessen und Ziele anderer interessieren und einsetzen, Differenzen zu anderen Menschen erkennen und tolerieren,
- und Kommunikationsfähigkeit, i.e. anderen zuhören und sich ihnen mitteilen können, verbal auf sie Einfluss nehmen können.

Manche Fähigkeiten sind in einer Vielzahl von sozialen Situationen erforderlich bzw. einsetzbar und können als allgemeine soziale Kompetenz bezeichnet werden. Andere Fähigkeiten sind nur in sehr spezifischen Situationen erforderlich und erfordern häufig eine spezielle Ausbildung für die Bewältigung dieser Aufgaben (z.B. Diplomatengespräche über die Freilassung einer Geisel). Sie können auch als spezifische oder bereichsspezifische soziale Kompetenz bezeichnet werden.

3. Überlegungen zur Genese und zur Förderung von sozialer Kompetenz

Bislang liegt keine allgemein akzeptierte oder empirisch abgesicherte Theorie der Entstehung sozial kompetenten Verhaltens vor (vgl. Kanning 2002). Die Mehrzahl der Modelle zur Entstehung und Weiterentwicklung von sozial kompetentem Verhalten orientiert sich für gewöhnlich an dem Prinzip eines Regelkreises: Zunächst wird ein Handlungsziel erkannt oder definiert, etwa einen Konflikt zu lösen oder andere von einer Idee zu überzeugen. Bei solchen Handlungszielen stehen in der Regel nicht nur das eigene Ziel und die eigenen Interessen im Vordergrund. Vielmehr sollten – entsprechend der Definition von sozialer Kompetenz – auch die Ziele und Interessen der anderen Akteure und der Einfluss des eigenen Verhaltens auf die anderen berücksichtigt werden. Werden hier Zielkonflikte erkannt, erschwert das die Wahl einer geeigneten Handlung zur Zielerreichung. Man überlegt verschiedene Optionen zur Zielerreichung, deren Wirksamkeit und Akzeptanz durch die anderen, entschließt sich zu einer bestimmten Handlung und setzt diese um. Anschließend überprüft man, inwieweit diese Handlung zum gewünschten Ziel geführt hat. Ist dies der Fall, hat man daraus gelernt und wird in einer vergleichbaren Situation vermutlich wieder eine ähnliche Handlung setzen. Erzielt die gewählte Handlung nicht das gewünschte Ergebnis, fängt der Regelkreis von neuem an und man überlegt alternative Handlungsoptionen und deren Auswirkungen.

Die soziale Kompetenz entwickelt sich demnach weiter, je öfter man in sozialen Situationen ist (oder in solche gebracht wird) und in diesen ein Ziel erreichen soll oder möchte. Hintergrund- und Grundlagenwissen zur

Interaktion mit anderen Menschen, insbesondere zur Kommunikation mit diesen, sowie zu verschiedenen Verfahren der Konfliktbearbeitung und des Verhandelns sowie zur Interaktion in der Gruppe können helfen, verschiedene Handlungsoptionen zu entwickeln und ihre möglichen Auswirkungen abschätzen zu können. Dieses Grundlagenwissen kann auch dazu beitragen, über das Ergebnis der gewählten Handlungsoption zu reflektieren. Feedback von anderen und Beratung können diese Selbstreflexion unterstützen und weitere Handlungsoptionen für zukünftige vergleichbare Situationen aufzeigen.

Ein umfassendes Konzept zur Förderung und Weiterentwicklung von sozialer Kompetenz umfasst daher die verschiedenen Handlungsdimensionen aus Abbildung 2 und berücksichtigt die damit verbundenen Lehr-/Lernziele (vgl. dazu auch Greimel-Fuhrmann & Pachlinger 2008) durch eine ganzheitliche Vermittlung von

- Wissen (z.B. was ist und warum entsteht ein Konflikt?),
- Einstellungen (z.B. die Verschiedenheit von Menschen und ihren Ansichten akzeptieren) und
- Fertigkeiten (z.B. ein Konfliktgespräch führen, eine Verhandlung entsprechend dem Harvard-Konzept gem. Fisher et al. 2003 vorbereiten und durchführen).

Kanning (2005) unterscheidet entsprechend diesen Überlegungen vier Methoden, welche zur Veränderung von Sozialverhalten eingesetzt werden können:

- Wissensvermittlung,
- Verhaltenstraining,
- Beratung,
- Selbsterfahrung.

Im Rahmen der Wissensvermittlung werden die Lernenden mit dem nötigen Wissen für die Verhaltenssteuerung im sozialen Sinne vertraut gemacht. Das Wissen allein ist jedoch nicht hinreichend für ein kompetentes Tun. Bauer-Klebl (2004) problematisiert dies am Beispiel der Kommunikation: Wissen über Kommunikation befähigt einen Menschen zwar, über Kommunikation nachzudenken oder zu reden, jedoch nicht notwendigerweise dazu, in einer konkreten Situationen mit anderen Menschen zielorientiert und angemessen zu kommunizieren.

Darauf aufbauend sollen Lernende ihr Wissen um Einstellungen und Fertigkeiten erweitern. Das gestaltet sich etwas schwieriger als die reine Wissensvermittlung. Die Entwicklung von Einstellungen (z.B. die Einstellung, dass eine kooperative Verhandlungsführung dem Einsatz von Kampftaktiken vorzuziehen ist) kann durch Lehrende zwar angestrebt und unterstützt werden, ihre spezifische Ausprägung aber nur mehr oder weniger attraktiv angeboten werden (vgl. Euler & Bauer-Klebl 2008). Die Lernenden können mit bestimmten Überlegungen konfrontiert und zur kritischen Reflexion darüber angeregt werden; inwieweit sie aber tatsächlich bestimmte Einstellungen entwickeln, die für sie auch handlungsleitend werden, kann kaum kontrolliert und daher nicht gewährleistet werden.

Fertigkeiten (etwas „können") als eine Handlungsdimension von sozialer Kompetenz sind zum Teil situationsübergreifend einsetzbar, wie etwa rhetorische Fähigkeiten, Konfliktfähigkeit oder allgemein einsetzbare Präsentations- und Verhandlungstechniken. Sie werden jedoch – wie bereits ausgeführt – situationsspezifisch erworben, daher erscheint aus pädagogisch-didaktischer Sicht die Simulation von entsprechenden Situationen sinnvoll. Grundsätzlich würde die Entwicklung und Förderung von sozialer Kompetenz am besten arbeitsplatznah in entsprechenden sozialen Situationen erfolgen, basierend auf präzisen Tätigkeitsanalysen. Die konkreten Anforderungen an die Lernenden sind jedoch nicht antizipierbar. Außerdem ist zu berücksichtigen, dass sie sehr unterschiedlichen beruflichen Tätigkeiten nachgehen werden, weshalb es weder möglich noch wünschenswert ist, auf sehr situationsspezifischer Ebene zu arbeiten. Vielmehr erscheint es aus pädagogisch-didaktischer Sicht sinnvoll, sich auf die Vermittlung von jenen (sozialen) Kompetenzen zu konzentrieren, die bei der Ausübung von (nahezu) allen beruflichen Tätigkeiten, ja sogar schon beim Studium förderlich sind bzw. die in den für die Lernenden relevanten Stellenanzeigen für gewöhnlich als Anforderungen definiert werden. Dazu zählen vor allem die Fähigkeiten, effektiv verbal und nonverbal zu kommunizieren, sich konstruktiv in eine Gruppe einzubringen und mit anderen zusammenzuarbeiten, Inhalte verständlich und überzeugend zu präsentieren, Konflikte zu erkennen und zu bearbeiten, in einer Verhandlung zu einer kooperativen Lösung zu kommen und eine Gruppe und ihre Arbeitsprozesse zu moderieren.

Um diese Fähigkeiten zu erwerben, macht es Sinn, mit konkreten praxisorientierten Beispielen (Präsentationen, Diskussionen, Arbeiten in Gruppen) und praxisnahen Simulationen von Situationen (z.B. Verhandlungssituationen, Konfliktgesprächen) zu arbeiten (vgl. dazu auch Bauer-Klebl 2004). Für den Lernerfolg ist es entscheidend, nach der Bearbeitung dieser konkreten Beispiele und nach den Simulationen das Erlebte zu besprechen, zu verallgemeinern und zu abstrahieren sowie die Lernenden in einer Reflexionsphase dazu anzuhalten, das Gelernte auf andere Situationen zu übertragen.

Die Arbeit an den Aufgabenstellungen soll nicht nur direkt die soziale Kompetenz der Lernenden, sondern auch ihre soziale Selbstwirksamkeitsüberzeugung (und damit indirekt wieder ihre sozialen Kompetenzen) fördern. Die soziale Selbstwirksamkeitsüberzeugung hat sich empirisch als ein zentraler Prädiktor für sozial kompetentes Verhalten erwiesen. Menschen mit hoher sozialer Selbstwirksamkeitsüberzeugung sind sich sicher, soziale Anforderungen und Konfliktsituationen aus eigener Kraft erfolgreich meistern zu können, sie stellen sich eher schwierigen Situationen sowie schwierigen sozialen Anforderungen und werten erfolgreiches Verhalten als Beleg für die eigene Kompetenz. Soziale Selbstwirksamkeit und soziale

Kompetenzen stützen und verstärken sich daher gegenseitig (vgl. Kanning 2002).

4. Kann man soziale Kompetenz „messen"?

Wie bereits eingangs thematisiert, kann nicht die Kompetenz selbst festgestellt werden, sondern nur das kompetente Verhalten. Es gilt als Indikator dafür, dass die Person, die dieses Verhalten (wiederholt) zeigt und damit das angestrebte Ziel erreicht, über die entsprechende Kompetenz verfügt. Daher konzentriert sich auch die „Messung" von Kompetenzen weitgehend darauf, das kompetente Verhalten zu erheben. Dies kann durch entsprechende Leistungs- und Wissenstests, Verhaltensbeschreibungen und -beobachtungen sowie durch die Erhebung komplexer Verhaltensindikatoren geschehen (vgl. Kanning 2002):

Tests beinhalten in der Regel Fragen und Aufgabenstellungen, in denen soziale Situationen oder Gesichtsausdrücke von Personen interpretiert werden sollen. Darüber hinaus kann es auch Fragen zu Informationen über Personen geben, die man erhalten hat und nun wiedergeben soll. Der Vorteil solcher Tests besteht darin, dass – sobald sie erstellt sind – viele Testpersonen mit vergleichsweise geringem Aufwand untersucht werden können und die Auswertung relativ einfach geschehen kann. Allerdings ist es sehr fraglich, ob solche Tests etwas darüber aussagen, dass die Testpersonen in relevanten sozialen Situationen kompetentes Verhalten zeigen. Das bedeutet, dass die Validität dieser Tests fraglich ist.

Verhaltensbeschreibungen können auf Selbsteinschätzungen oder auf Fremdeinschätzungen von Personen beruhen. In beiden Fällen geben die Beschreibungen die subjektive Sichtweise der Beurteilenden wieder. Die Beurteilung von Personen kann durch verschiedenste Faktoren beeinflusst, ja verzerrt werden, etwa durch die Sympathie für die Person, durch den ersten oder den zuletzt gemachten Eindruck von dieser Person, durch Vorurteile oder (enttäuschte) Erwartungen. Es ist daher günstig, wenn eine Person nicht nur von einer einzigen anderen Person, sondern von einer Reihe von Personen unabhängig voneinander eingeschätzt wird. Das bedeutet aber wieder einen großen Aufwand, insbesondere wenn diese Personen zuerst darin geschult werden, andere Personen zu beobachten und zu beurteilen.

Komplexe Verhaltensindikatoren bedeuten in der Regel, dass versucht wird, aus dem bisherigen Lebenslauf einer Person Indikatoren zu finden, die darauf hinweisen, dass sie sozial kompetent ist. Hat sie zum Beispiel in beruflichem oder privatem Kontext einmal Gruppen geleitet oder in Gruppen gearbeitet? Leistet sie freiwillig soziale Dienste? Hat sie sich in der schulischen oder auch außerschulischen Ausbildung im Bereich der sozialen Kompetenz weitergebildet? Welche zusätzlichen Kurse und Trainings hat die Person absolviert? Übt sie einen Sport aus, in dem sie mit anderen zusammen in einem Team trainiert und spielt? Oft werden mehrere Informationen zur Beurteilung einer Person kombiniert: Selbst- und Fremdeinschätzungen, die Analyse von Lebensläufen und ergänzend dazu eventuell noch verschiedene Leistungstests.

5. Schlussbetrachtung

Auch wenn es schwierig ist, die Bedeutung von sozialer Kompetenz für beruflichen und privaten Erfolg empirisch zu belegen, so ist es doch plausibel, dass soziale Kompetenz in der Interaktion mit anderen Menschen hilft, seine eigenen Vorstellungen und Interessen gegenüber anderen zu vertreten und sie unter Berücksichtigung von deren Interessen auch durchzusetzen. Im beruflichen Kontext wird bei nahezu allen Positionen erwartet, dass man in der Lage ist, mit anderen zu kommunizieren und zusammenzuarbeiten, Konflikte zu erkennen und an ihnen zu arbeiten, seine eigene Position in Verhandlungen und Gesprächen darzustellen sowie überzeugend aufzutreten. Es ist daher entscheidend, sein Verhalten in sozialen Situationen bewusst zu kontrollieren und zu reflektieren. Dementsprechend kann man feststellen, welche Herausforderungen man in sozialen Situationen meistern kann und welche noch schwierig erscheinen. Stellt man in bestimmten Bereichen Schwächen und Defizite fest, kann in Trainings und mithilfe von Feedback versucht werden, neue Verhaltensweisen zu erproben und in bestimmten sozialen Situationen neue Wege zu gehen.

6. Aufgaben zur Selbstreflexion

1. Überlegen Sie, welche Ereignisse und Aufgaben in Ihrem Leben Ihre soziale Kompetenz gefordert haben. Notieren Sie, wodurch diese Situation(en) gekennzeichnet war(en), und überlegen Sie: Wie haben Sie sich verhalten? Wie beurteilen Sie dieses Verhalten aus heutiger Sicht? Was würden Sie anders machen? Was haben Sie daraus gelernt?

2. Angenommen, Sie müssten Personen aus Ihrem Bekannten- und Freundeskreis hinsichtlich deren sozialer Kompetenz beurteilen. Anhand welcher Kriterien und mit welchen Methoden würden Sie versuchen, diese Aufgabe zu erfüllen?

3. Sie finden eine Stellenanzeige, die Sie besonders anspricht und auf die Sie sich bewerben möchten. Es geht um eine Position in der Kundenbetreuung im Private Banking einer österreichischen Bank. Laut Stellenausschreibung sind Kommunikationsfähigkeit, Empathie, Teamfähigkeit und Stressresistenz gefordert. Können diese Fähigkeiten der sozialen Kompetenz einer Person zugeordnet werden? Inwiefern (nicht)? Wie werden Sie in Ihrem Bewerbungsschreiben und in Ihrem

Lebenslauf versuchen, davon zu überzeugen, dass Sie über diese Fähigkeiten verfügen?

7. Literatur

Dubs, R. (1995): Lehrerverhalten. Zürich.

Erpenbeck, J. & Heyse, V. (1999): Die Kompetenzbiographie. Münster.

Euler, D. & Bauer-Klebl, A. (2008): Bestimmung und Präzisierung von Sozialkompetenzen. In. Zeitschrift für Berufs- und Wirtschaftspädagogik, 104 (1), S. 16–47.

Faix, W. G. & Laier, A. (1991). Soziale Kompetenz: das Potential zum unternehmerischen und persönlichen Erfolg. Wiesbaden: Gabler.

Fisher, R., Ury, W. L. & Patton, B. M. (2003). Das Harvard-Konzept. Der Klassiker der Verhandlungstechnik. Frankfurt am Main: Campus.

Glasl, F. (2002): Konfliktmanagement. Ein Handbuch für Führungskräfte, Beraterinnen und Berater. Bern: Haupt.

Greimel, B. (1998): Evaluation österreichischer Übungsfirmen. Eine Studie an kaufmännischen berufsbildenden Vollzeitschulen. Innsbruck.

Greimel, B. (1999): Complexity Requires Creativity. In: Klein, H. (Hrsg.): Creative Teaching – ACT 2, Selected Papers, Second International Conference on Creative Teaching. Madison, S. 85–95.

Greimel-Fuhrmann, B. (2006): Entwicklung von Akzeptanz und Motivation für das Arbeiten in der Übungsfirma. In: bwp@ Nr. 10, www.bwpat.de.

Greimel-Fuhrmann, B. & Pachlinger, I. (2008): Förderung der Sozialen Kompetenz im Studium an der Wirtschaftsuniversität Wien. In: Kasper, H. & Mühlbacher, J. (Hrsg.): Wettbewerbsvorteile durch organisationales und individuelles Kompetenzmanagement, S. 65–84, Wien.

Greimel-Fuhrmann, B. & Rechberger, J. (2008): Wenn Schüler/innen selbstorganisiert lernen, was tun dann die Lehrer/innen? Analyse der Anforderungen an Lehrkräfte, gezeigt am Beispiel des kooperativen offenen Lernens an berufsbildenden Schulen. In: bwp@ Nr. 13, www.bwpat.de.

Hossiep, R. & Paschen, M. (2003): Bochumer Inventar zur berufsbezogenen Persönlichkeitsbeschreibung (BIP). Göttingen.

Kanning, U. P. (2002): Soziale Kompetenz – Definition, Strukturen und Prozesse. In: Ders. (Hrsg.): Themenheft Soziale Kompetenz der Zeitschrift für Psychologie, 113. Jg., 210(4), S. 154–163.

Kanning, U. P. (2005): Soziale Kompetenzen. Entstehung, Diagnose und Förderung. Göttingen.

Knowles, M. (1994): Self-directed-learning. A Guide for Teachers and Learners. New York.

Maag Merki, K. & Grob, U. (2005): Überfachliche Kompetenzen: Zur Validierung eines Indikatorensystems. In: Frey, A., Jäger, R. S. & Renold, U. (Hrsg.): Kompetenzdiagnostik. Theorien und Methoden zur Erfassung und Bewertung von beruflichen Kompetenzen. Landau: Verlag Empirische Pädagogik, S. 7–30.

Preckel, D. (2008): Nicht nur das Wissen, sondern Können! Fünf Gestaltungsmerkmale für einen kompetenzorientierten Unterricht. In: Netz-Werk, URL: http://www.ectaveo.ch/pdf/Netzwerk_2008_1_Nicht_nur_Wissen_sondern_Koennen_
Gestaltungsmerkmale_Preckel.pdf (Zugriff am 18.04.2011).

Reetz, L. (1986): Die Übungsfirma in der kaufmännischen Berufsbildung. In: Kutt, K. & Selka, R. (Hrsg.): Simulation und Realität in der kaufmännischen Berufsbildung. Berlin, S. 221–239.

Roth, H. (1971): Pädagogische Anthropologie. Band 2: Entwicklung und Erziehung. Grundlagen einer Entwicklungspädagogik. Hannover: Schroedel.

Scala, K. (o.J.): Website des Interfakultären Zentrums für soziale Kompetenz an der Universität Graz. http://www-classic.uni-graz.at/cscwww/homepage /information.html (Zugriff am 25.08.2008).

Schulz von Thun, F. (2006): Miteinander reden: 1 Störungen und Klärungen. 2 Stile, Werte und Persönlichkeitsentwicklung. 3 Das „Innere Team" und situationsgerechte Kommunikation. Reinbek bei Hamburg: rowohlt.

Tramm, T. (1992): Konzeption und theoretische Grundlagen einer evaluativ-konstruktiven Curriculumstrategie – Entwurf eines Forschungsprogramms unter der Perspektive des Lernhandelns. Göttingen.

Schwarz, G. (2005): Konfliktmanagement: Konflikte erkennen, analysieren, lösen. Wiesbaden: Gabler.

Weidner, M. (2003): Kooperatives Lernen im Unterricht. Das Arbeitsbuch. Seelze-Velber.

Weinert, F. E. (2001): Vergleichende Leistungsmessung in Schulen – eine umstrittene Selbstverständlichkeit. In: Ders. (Hrsg.): Leistungsmessungen in Schulen. Weinheim und Basel, S. 17–31.

Weinert, F. E. (2002): Gute Lehrer und neue Lerntheorien – ein kritischer Überblick. In: Fortmüller, R. (Hrsg.): Komplexe Methoden Neue Medien. Festschrift Wilfried Schneider. Wien, S. 11–30.

Wellhöfer, P. R. (2004): Schlüsselqualifikation Sozialkompetenz. Stuttgart: Lucius & Lucius UTB.

Kapitel 2

Gender- und Diversitätsmanagement: auch eine Frage von Sozialkompetenz

Edeltraud Hanappi-Egger

1. Einleitung: Einordnung der Sozialkompetenz als Diversitätsqualifikation

Diversität und Diversitätsmanagement sind wichtige Schlagworte geworden, wenngleich noch viele sehr unterschiedliche Konzepte darunter subsumiert werden (für eine Gegenüberstellung mit Corporate Social Responsibility siehe Hanappi-Egger 2012a; mit Gleichheitschancen siehe Danowitz & Hanappi-Egger 2012). Generell wird unter Diversität Verschiedenartigkeit, Vielfalt verstanden. Diversitätsmanagement bezieht sich dementsprechend auf den Umgang mit der Verschiedenartigkeit von Personen in Organisationen. Der Zweck von Diversitätsmanagement ist es, Benachteiligungen und Diskriminierungen auf der Basis von sogenannten Sozialkategorien (Geschlecht, Alter, sexueller Orientierung, Religion/Weltanschauung, Ethnizität und Behinderung) zu verhindern. Damit soll gewährleistet werden, dass Personen gemäß ihren Fähigkeiten, Qualifikationen und Fertigkeiten am organisationalen Geschehen teilhaben, d.h. sich einbringen und damit zum Unternehmenserfolg beitragen können. Einschränkungen dieser Beitragsleistungen aufgrund von diskriminierendem Verhalten von Manager/inne/n oder Mitarbeiter/inne/n auf der Basis von Sozialkategorien sollen verhindert/vermieden werden.

Um einer derart vielschichtigen Aufgabe gewachsen zu sein, brauchen Manager/innen entsprechende Qualifikationen und Fähigkeiten. Hanappi-Egger und Hofmann (2012, S. 343) unterscheiden dabei zwischen verschiedenen Wissenstypen, die notwendig sind, um konstruktiv mit Diversität in Organisationen umgehen zu können und einen Beitrag zur Schaffung einer inklusiven Organisationskultur zu leisten: „Die Wissensformen sind sowohl in der Organisation selbst (als Strukturen, Routinen, etc.) verankert, wie auch auf individueller Ebene. Sie bestehen zum Teil aus explizitem (formalisiertem Wissen, wie Vorschriften, Ablaufvorgaben) und zum Teil aus implizitem Wissen (nicht formalisiertem, an Individuen gebundenes Wissen wie Geschichten, Erfahrungen)."

Wissen dient der Reduktion von Komplexität in sozialen Interaktionen (Hanappi-Egger 2004), um handlungsfähig zu sein. Das bedeutet, dass auf bestimmte Wissenstypen (formalisiertes und implizites) zurückgegriffen wird, um einer bestimmten Situation Sinn zu geben, sie zu verstehen, das Geschehene einzuordnen und adäquate Handlungsoptionen davon abzuleiten. Damit bleiben solche Interaktionen aber auch subjektiv und bieten Interpretationsspielräume.

Im organisationalen Kontext spielt aber auch die gesellschaftliche und damit die soziokulturelle Einbettung eine Rolle. So zeigen z.B. Hanappi-Egger und Ukur (2011), dass in Kenia ältere Menschen hohes Ansehen und gesellschaftlichen Status genießen. Das schlägt sich auf Organisationsebenen so nieder, dass die prestigeträchtigen Aufgaben vor allem an ältere Mitarbeiter/innen vergeben werden und die Jüngeren benachteiligt sind.

In diesem Sinne – also der Wechselwirkung von Organisationen und Umfeld – wird von Organisationen als „offenen Systemen" gesprochen (Scott 1986).

Generell unterscheiden Hanappi-Egger & Hofmann 2012, S. 343 zwischen folgenden Wissenskomponenten, die sich in entsprechenden Kompetenzen niederschlagen:

Diversitätsspezifisches Fachwissen (Fachkompetenz)	Wissen über Diversitätsphänomene (Zustandekommen, Wirkungsmechanismen, etc.) und die Fähigkeit diese in konkreten Situationen zu erkennen
Diversitätsspezifisches Methodenwissen (Methodenkompetenz)	Methodenkenntnisse zur konkreten Implementierung von diversitätsspezfischen Maßnahmen und Diversitätsmanagementkonzepten (u.a. Analyse- und Evaluierungsverfahren, partizipative Organisationsgestaltung)
Wissen über soziale Prozesse und Dynamiken (Sozialkompetenz)	Kenntnisse über soziale Dynamiken, die zu Rollenübernahme, Konflikterkennung und -lösung, sowie zur Unterstützung von Teambildung befähigen
Diversitätsspezifisches Identitätswissen (Reflexionskompetenz)	Fähigkeit die eigene Diversität/Position im sozialen Gefüge der Organisation/Gesellschaft zu reflektieren und inklusives Handeln zu fördern
Relationales Wissen (Handlungskompetenz)	Verlinkung der genannten Wissensformen und Kompetenzen und Umsetzung in konkreten organisationalem Handeln

Tabelle 1: Wissens- und Kompetenzformen für ein nachhaltiges, lernorientiertes Diversitätsmanagement. Quelle: Hanappi-Egger & Hofmann 2012, S. 343

Wie aus der Tabelle ersichtlich ist, stellen Sozial- und Reflexionskompetenzen wichtige Bestandteile von Diversitätswissen dar. Dies setzt voraus, dass entsprechend kompetente Manager/innen über ein hohes Bewusstsein und kritische Selbstreflexion verfügen. Eine ähnliche Klassifikation nehmen Bendl und Hanappi-Egger (2009) vor. Sie sehen Diversitätssozialkompetenz und Diversitätsindividualkompetenz ebenfalls als wichtige Bestandteile von Diversitätsqualifikation, die wie folgt definiert werden (Bendl & Hanappi-Egger 2009, S. 572):

„*Diversitätssozialkompetenz:* die Fähigkeit sich mit Personen, für die andere Diversitätsdimensionen als die eigenen identitätsbildend sind, auseinanderzusetzen, sich diesbezüglich gruppen- und beziehungsorientiert zu verhalten, um neue Pläne und Ziele in Bezug auf Diversitätsfragen zu entwickeln (z.B. Kommunikations- und Konfliktfähigkeit und Urteilsfähigkeit in Bezug auf Diversitätsfragen, Diversitätsreife);

Diversitätsindividualkompetenz: die Fähigkeit, sich selbst in Bezug auf die Wichtigkeit von unterschiedlichen Diversitätsdimensionen einzuschätzen, produktive antidiskriminierende Einstellungen, Werthaltungen, Motive und Selbstbilder zu schaffen und daraus abgeleitet Begabung, Motivation und Vorsätze zur Handhabung von Unterschieden und Gemeinsamkeiten zu entwickeln und sich dabei zu entfalten (z.B. Reflexionsfähigkeit, Rollenübernahme)."

Qualifizierter und kompetenter Umgang mit Diversität erfordert also eine Vielzahl von verschiedenen Fähigkeiten (vgl. weiterführend auch Danowitz, Hanappi-Egger & Mensi-Klarbach 2012). Sozialkompetenz ist ein ganz wesentlicher Bestandteil, auf den im vorliegenden Beitrag speziell eingegangen wird.

2. Diversitätsrelevante Sozial- und Reflexionskompetenz: die Rolle von Stereotypen

Wie bereits erwähnt, versuchen Personen einer sozialen Situation, in der sie sich befinden, Sinn zu geben, um handlungsfähig zu sein. Dabei wird versucht, Komplexität zu reduzieren. Stereotypen sind dabei wichtige kognitive Hilfsmittel (vgl. Eckes 2008; Hanappi-Egger 2004). Eckes (2008) unterscheidet zwischen fünf Funktionen, die Stereotypen haben: 1) Ökonomie: maximaler Informationsgehalt bei minimalem kognitiven Aufwand, 2) Inferenz: Reduktion von Unsicherheit, indem Schlüsse auf nicht direkt beobachtbare Merkmale gezogen werden (also Interpretationen, Erklärungen, Vorhersagen, Verallgemeinerungen), 3) Kommunikation: verbale und nonverbale Verständigung zwischen Menschen, 4) Identifikation: Selbstkategorisierung mit dem Ziel eines kohärenten Selbstkonzepts und 5) Evaluation, also die Bewertung von Eigengruppen und ihren Merkmalen im Vergleich zu Fremdgruppen.

Stereotypen helfen also, sich unmittelbar und sehr effizient im Alltagsleben zurechtzufinden (für eine kritische Reflexion aus intersektionaler Sicht siehe auch Eberherr 2012). So haben wir alle im Laufe unseres Lebens Vorstellungen über verschiedene Gruppen erlernt und entwickelt, aber auch

Wertesysteme und Normen. Letzteres bezieht sich insbesondere darauf, was als „normal" empfunden wird – und dementsprechend, – was als „abnormal", also von der Norm abweichend.

Diese Sichtweisen werden sehr stark vom sozialen Umfeld geprägt. Um dies besser zu erläutern, versuchen Sie folgende Übung, die etwas später im Text fortgeführt wird:

Übung 1:

Nehmen Sie sich als ersten Schritt für die Übung ein paar Minuten Zeit, bevor Sie weiterlesen: Stellen Sie sich vor, Sie sollen sich für jemanden, der/die Sie noch nicht kennt, beschreiben. Wie würden Sie sich vorstellen? Machen Sie sich Notizen und lesen Sie dann den Text weiter.

Diversität und Diversitätsmanagement beziehen sich auf die Unterschiedlichkeit von Personen, die über sogenannte Sozialkategorien spezifiziert werden. Dabei gibt es verschiedene Unterscheidungsmöglichkeiten. Die EU-Antidiskriminierungsrichtlinie z.B. sieht vor, dass Menschen nicht aufgrund ihres Geschlechts, Alters, ihrer Behinderung, Religionszugehörigkeit oder Weltanschauung, sexueller Orientierung oder Ethnizität im Arbeitskontext benachteiligt werden dürfen (siehe auch Lang 2012). Diese Sozialkategorien stellen typischerweise klassische Diskriminierungsgründe dar, daher hat der Gesetzgeber auch vor allem darauf Bezug genommen. Allerdings wird in vielen Fällen nicht (mehr) direkt diskriminiert, sondern es existieren oft indirekte und versteckte Ausschließungsmechanismen (Hanappi-Egger 2011; Zanoni 2011). Diese zu erkennen ist besonders schwierig, weil es eben eine sehr kritische Selbstreflexion braucht, sich diese gelernten und unbewussten stereotypen Zuschreibungen bewusst zu machen.

Kommen wir nun wieder auf Übung 1 zurück: Gehen Sie die Liste der angeführten Aspekte durch und beantworten Sie folgende Fragen (zur weiterführenden Diskussion siehe Claes, Hanappi-Egger & Primesz 2012):

- Haben Sie Ihre Genusgruppenzugehörigkeit erwähnt? Interessanterweise erwähnen Frauen eher ihr Geschlecht als Männer. Dies bedeutet, dass sich Männer indirekt als „Norm" wahrnehmen, sie daher nichts Besonderes, nichts Erwähnenswertes dabei finden.
- Haben Sie Ihr Alter angeführt? Üblicherweise wird das Alter nicht erwähnt, solange sich Personen in derselben wahrgenommenen „Altersgruppe" befinden – hier gehören sie der Majorität an. Sind Ältere unter Jungen oder umgekehrt, tendieren sie stärker, dies auch bewusst wahrzunehmen – und finden es daher erwähnenswert.
- Haben Sie Ihre Hautfarbe erwähnt? Es zeigt sich, dass Personen der Majoritätsgruppe dazu tendieren, dies nicht als etwas „Besonderes" wahrzunehmen. Das bedeutet in etwa, dass hierzulande „Weißsein" als „normal", daher nichts „Auffälliges" gesehen wird.

Diese Beispiele machen deutlich, dass die bewusste Wahrnehmung von „Anderssein" von der eigenen Position und Zugehörigkeit, also vom individuellen Kontext geprägt ist. Normvorstellungen führen zum Ausblenden der eigenen privilegierten Stellung im Sinne von Majoritätszugehörigkeit.

Neben diesem eigenen unbewussten Bias spielen aber vor allem auch Vorstellungen über „Andere", die im Laufe der Zeit entwickelt wurden, eine wesentliche Rolle im Umgang mit Diversität, also Stereotypen:

Stereotypen sind bestimmte Zuschreibungen an Gruppen, die oft auf Einzelpersonen, die das Gruppenmerkmal aufweisen, umgelegt werden, ohne zu hinterfragen, ob dies zulässig ist.

So gibt es etwa Vorstellungen, was „typisch" ist, wie etwa „typisch muslimisch". Wenn nun eine Person auftaucht, die als muslimische Person klassifiziert werden kann, wird (oft unbewusst) angenommen, dass die Gruppencharakteristiken auch auf diese Person zutreffen (ohne zu hinterfragen, ob dies wirklich so ist). Diese *stereotypen Zuschreibungen* führen in der Anwendung auf bestimmte Personen zu *Vorurteilen;* wenn daraus dann auch noch Schlüsse für Entscheidungen gezogen werden (z.B. dass sie daher prinzipiell ungeeignet für bestimmte Aufgaben sei), erfolgt eine *Diskriminierung.*

Im Arbeitskontext besteht also die Gefahr, dass subjektive Vorstellungen oder Stereotypen z.B. im Personalbereich als Entscheidungsgrundlagen dienen. Dazu folgendes Beispiel:

In Jobbeschreibungen wird oft explizit festgestellt, dass schwere körperliche Arbeit verrichtet werden muss, z.B. im Rettungsdienst. Eine gängige Meinung ist, dass für solche Berufe daher Männer aufgrund der körperlichen Statur prinzipiell besser geeignet sind. In der Tat sind kaum Frauen im Rettungsdienst anzutreffen, da – so die Argumentation – Verletzte getragen werden müssen (siehe Maringer 2011).

Diesem „Mythos" (siehe Hanappi-Egger 2011) kann entgegengehalten werden, dass auch im Pflegebereich Patient/inn/en gehoben, getragen, gestützt etc. werden müssen, also auch schwere körperliche Arbeit zu verrichten ist. Interessanterweise sind aber im Sozial- und Pflegeberuf vor allem Frauen anzutreffen.

Körperliche Kraftzuschreibungen stellen also stereotype Attributionen dar, die sehr häufig zu unbewussten Diskriminierungen führen. Zu dieser Erkenntnis kommt auch etwa die Überprüfung des Kollektivvertrages der Metallbranche (siehe ÖGB 2003, S. 29): „Ein Kollektivvertrag diskriminiert Frauen, wenn er zwischen ‚Hilfsarbeiten leicht', und ‚Hilfsarbeiten schwer', unterscheidet und hinsichtlich der Schwere einer Tätigkeit und der damit verbundenen höheren Bewertung nur auf die körperliche Leistungsfähigkeit Bezug nimmt, während mit anderen Belastungen, wie z.B. Nässe, Dampf und scharfe Chemikalien, verbundene Tätigkeiten, die in der Regel nur von Frauen verrichtet werden, als ‚Hilfsarbeiten leicht', einstuft.

Ein Kollektivvertrag hingegen, der auf Kriterien abstellt, die auf beide Geschlechter zutreffen, wie Verantwortung, Zweckausbildung oder längere Betriebszugehörigkeit, schafft ein System, das an sich nicht diskriminierend ist (OHG1994/DRdA 1995/21)."

Diversitätsindividual- und Diversitätssozialkompetenzen bedeuten also, sich dieser versteckten und unbewussten Zuschreibungen bewusst zu werden und Stereotypen als Entscheidungsgrundlagen zu vermeiden. Um einen möglichen persönlich-subjektiven Bias auszuschalten, wird daher z.B. in vielen Firmen die Personalrekrutierung auf Basis anonymisierter Bewerbungen durchgeführt: Als erster Schritt werden die Lebensläufe ohne Angaben von Alter, Geschlecht, Geburtsort oder Foto durchgesehen, um den Blick für Qualifikationen und Fähigkeiten zu schärfen und erste reflexartige stereotype Zuschreibungen zu unterbinden. So kommt es in der Regel zu einem diverseren Pool von Personen, die dann tatsächlich zu einem Bewerbungsgespräch eingeladen werden (Kay 2008).

Es sind aber, wie in der Einführung zu diesem Kapitel angeführt, nicht nur die persönlichen Einstellungen von Manager/inne/n und/oder Arbeitnehmer/inne/n, die eine Rolle im Umgang mit Diversität spielen. Organisationen zeichnen sich auch durch spezielle Normen- und Wertesysteme aus, die oftmals auch auf starken Stereotypen beruhen (Schein 2004).

3. Diversitätsrelevante stereotype Einschreibungen in Organisationsstrukturen

Organisationen zeichnen sich dadurch aus, dass sie nicht wertneutral sind, sondern normative Vorstellungen in Organisationsstruktur und Organisationskultur eingeschrieben sind. So werden beispielsweise mit dem Berufsbild Manager bzw. Managerin ganz bestimmte Assoziationen in Verbindung gebracht, wie z.B. „ergebnisorientiert, flexibel, belastbar, leistungsorientiert,...". Auffallend ist dabei, dass das vor allem männlich codierte Charakteristiken sind. Daher ist es authentischer für Männer, diesen Vorstellungen zu entsprechen, als für Frauen (Hanappi-Egger 2011; Faulkner 2009a; 2009b; Martin 2003). Manifestieren sich solche Vorstellungen zusätzlich in strukturellen Rahmenbedingungen (wie z.B. zeitliche Verfügbarkeit, Erwartung an Bereitschaft zu Überstunden, keine Vereinbarkeitsmodelle usw.), hat dies zur Folge, dass Personen, die diesen Erwartungen nicht gerecht werden (wollen), systematisch ausgeschlossen werden oder sich selbst ausschließen (Selbstselektion). Aus der Sicht von Diversitätsmanagement bergen solche strukturellen Exklusionsmechanismen das Risiko, dass sich somit durchaus qualifizierte Personen nicht einbringen können, das Unternehmen also möglicherweise Produktivitätsverluste hinnehmen muss.

Im organisationalen Alltag gibt es zahlreiche Beispiele solcher indirekten, weil strukturellen Ein- und Ausschlussphänomene.

Übung 2:
Alle Jahre wieder ergeht folgende E-Mail des Managements an alle MitarbeiterInnen:

„Liebe Kollegen!

Ich darf Sie hiermit sehr herzlich zu unserer Firmenweihnachtsfeier einladen, am 20.12. um 19 Uhr im Steakhaus ‚Mexiko', wo wir gemeinsam einen netten Abend verbringen werden. Weihnachtslieder stehen ebenso auf dem Programm wie ein schön geschmückter Christbaum und Punsch.

Ich freue mich also, Sie am 20.12. begrüßen zu dürfen.

Mit den besten Wünschen für eine besinnliche Adventzeit

Max Mustermann

Leiter Personalabteilung"

Gehen Sie den Text durch und markieren Sie jene Aspekte, aus denen klar wird, an wen sich diese Einladung eigentlich richtet. Welche Personen sind gemeint, und welche werden (indirekt) ausgeschlossen?

Berücksichtigen Sie dabei folgende Kriterien:
- zeitlicher Verfügbarkeitsanspruch
- Religionszugehörigkeit
- Lebenskontext
- Lifestyle (Ess- und Trinkgewohnheiten)

Welche normativen Erwartungshaltungen werden also durch dieses Firmenevent zum Ausdruck gebracht?

Wie dieses Beispiel zeigt, führen solche nicht hinterfragten Wertevorstellungen zu strukturellen Ausschließungen von Personen, die von diesen Normen abweichen. Das kann dazu führen, dass Mitarbeiter/innen sich eben auch ausgeschlossen fühlen, verunsichert oder nicht wertgeschätzt. Das führt sehr oft zu Demotivation, in Folge zu hohen Fehlzeiten oder gar Fluktuationen, die auch für das Unternehmen negative Effekte haben. Diversitätskompetenz in diesem Zusammenhang bedarf eines bewussten Umgangs mit solchen strukturellen Barrieren.

Ein anderes Beispiel in der organisationalen Praxis ist z.B. die zeitliche Regelung von Besprechungen, Treffen und Weiterbildung: Werden solche Ereignisse außerhalb der Arbeitszeit, also am Abend, an Wochenenden oder an Orten mit langen Anreisezeiten angesetzt, haben Mitarbeiter/innen, die aufgrund ihrer sozialen Lebenskontexte nicht so flexibel sind, größere Probleme, teilzunehmen. Soll auf das Know-how dieser Personen aber nicht verzichtet werden, empfiehlt sich, die zeitlichen Rahmenbedingungen zu überdenken.

Wenngleich Diversität in Organisationen immer gegeben ist, wird diese oft gar nicht wirklich wahrgenommen oder ignoriert (nach dem Motto „Bei uns sind alle gleich!"). Trotzdem wird, wie anhand der Beispiele dargestellt, auf eine sehr spezielle Dominanzgruppe Bezug genommen, diese dadurch (unbewusst) zur Normgruppe erhoben, also zu einer Referenz für alle anderen, die sich aber oft nicht unter dieser Gruppe subsumieren lassen. Man spricht auch von einer monokulturellen Organisation, die der Vielfalt der Mitarbeiter/innen nicht Rechnung trägt (vergleiche Cox & Blake 1991; Cox 1993; Krell 2004). Eine Normgruppe stellt aber immer auch eine Referenzgruppe dar, also ein Maß, an dem andere Personen bzw. Gruppen gemessen werden und bei Abweichung als „abnormal", also nicht der Norm entsprechend, abqualifiziert werden. Dadurch entsteht ein Druck auf diese Personen, der zur Assimilation führt oder aber auch zum Rückzug (Hanappi-Egger 2012).

4. Diversitätsrelevante Sozial- und Reflexionskompetenz: die Rolle von Sprache

Übung 3:

Ein Mann fährt mit seinem Sohn im Auto auf der Autobahn. Leider passiert ein fürchterlicher Unfall, bei dem der Sohn schwer verletzt wird. Der Rettungswagen wird gerufen und bringt den Sohn in Begleitung des Vaters in die nächstgelegene Notaufnahme. Dort eilt der diensthabende Arzt herbei, sieht das Kind, erbleicht und stammelt: „Ich kann das Kind nicht operieren, das ist mein Sohn!"

Was ist in dieser Geschichte passiert?

Welche ersten Assoziationen kommen Ihnen in den Sinn, wenn Sie versuchen, diese Geschichte zu verstehen?

Wie mehrere Versuche in Lehrveranstaltungen zeigten, sind die meisten Studierenden durch diese Geschichte irritiert, weil es ihnen schwerfällt, entlang ihrer internen „Skripts" eine Logik erkennen zu können. Die Erzählung erscheint etwas wirr, weil, so die Erstreaktion, es keine zwei Väter geben kann. Einzelne Studierende finden allerdings auch Erklärungen, unter welchen Umständen zwei „Väter" doch „Sinn" machen könnten. Daher sind Antworten manchmal: Einer der beiden ist ein Stiefvater, oder aber einer der beiden wisse nicht, dass die Mutter ihn betrogen hat, es daher einen anderen, biologischen Vater gibt. Selten wird die Möglichkeit in Betracht gezogen, dass „der diensthabende Arzt" die Mutter sein könnte. Einmal kam als mögliche Erklärung vor, dass es sich bei den Männern um ein schwules Paar handle.

Skripts sind kognitive „Regieanweisungen“, die uns zur Orientierung im Alltag dienen. Auf der Basis von gespeicherten Kausalzusammenhängen wird den jeweiligen sozialen Situationen eine spezielle Bedeutung gegeben, und Handlungs- bzw. Verhaltensanleitungen werden daraus abgeleitet.

Weick (1985) hat dies als den Prozess des Organisierens beschrieben. Er geht davon aus, dass Personen permanent mit ihrem Umfeld interagieren und interne Skripts meist völlig unbewusst anwenden (z.B. Stehenbleiben bei roter Ampel). Erst wenn eine Information von außen stark genug ist, dass sie in unser Bewusstsein vordringt, wird ein Abgleich mit vorhandenen Interpretationsmöglichkeiten vorgenommen. Es besteht dabei die Tendenz, auch Neues mit bisherigen Erfahrungen in Einklang zu bringen, also bestehende Wege der Sinnstiftung zu bestätigen. Erst wenn diese internalisierten Erwartungshaltungen nicht gut anwendbar sind, kommt es zur Irritation, und mögliche neue Erklärungen werden gesucht – und damit wird der Bestand der vorhandenen „Skripts“ verändert, es wird gelernt.

Sprache spielt in diesem Zusammenhang eine wichtige Rolle (Hardy, Palmer & Philips 2000). Das Beispiel mit „dem diensthabenden Arzt“ zeigt sehr gut, dass geschlechtergerechte Sprache Sinn macht, weil der Informationsgehalt einfach höher ist – und weil es eben nicht so ist, dass „der diensthabende Arzt“ beide Geschlechter inkludiert. Die erste bildliche Reaktion, die hervorgerufen wird, ist ein Mann.

Sprache und sprachliche Kompetenz umfassen also gerade in Hinblick auf den Umgang mit Diversität, sich bewusst zu machen, dass es solche „Fallen“ gibt, also dass reflexartige Assoziationen ohne Hinterfragen angewandt werden. Um diese internen Skripts sichtbar zu machen, wird methodisch mit dem Instrument der *Dekonstruktion* gearbeitet (siehe auch Martin 1990; Knapp 2008).

Unter Dekonstruktion wird eine Methode der Textanalyse verstanden, die darauf abzielt, den Zusammenhang von Sprache und Macht sichtbar zu machen. Dabei wird vor allem untersucht, was bzw. wer ausgegrenzt wird und wer bzw. was „Stimme“ erhält.

Die konkrete Anwendung von Dekonstruktion zielt darauf ab, in Texten sogenannte Gegensatzpaare zu identifizieren (Mann–Frau, schwarz–weiß, europäisch–nicht europäisch usw.). Ein für den Text besonders relevantes Gegensatzpaar wird zur Analyse eingesetzt, indem systematisch der jeweils andere Begriff benutzt wird. In dieser neuen Form wird der Text noch einmal gelesen und reflektiert, inwieweit sich der Sinn verändert hat, er möglicherweise keinen Sinn mehr ergibt bzw. zu Irritationen führt. Dadurch werden als selbstverständlich hingenommene Zusammenhänge als soziale Konstruktionen sichtbar und damit diskutierbar gemacht.

Anhand dieser Methode haben etwa Fougere und Moulettes (2011) den Eurozentrismus in Lehrbüchern aufgezeigt, der sich in einer permanenten unterschwelligen Abwertung von anderen Kulturkreisen äußert (siehe auch Cunningham et al. 2004). Wachendorfer (2001) verweist auf die stille Dominanz von „whiteness", also auf das unhinterfragte Präferieren von Personengruppen weißer Hautfarbe und die damit einhergehende strukturelle Benachteiligung von Menschen anderer Hautfarbe. Dekonstruktion von Sprache und insbesondere von Texten zeigt gegebene Machtverhältnisse auf und entlarvt dominante Strukturen und deren Ausschließungsmechanismen. Scheinbar neutrale Texte werden dadurch der unterschwelligen Normsetzung überführt.

Es wird in den kritischen Diversitätsstudien davon ausgegangen, dass Differenzen wie etwa Hautfarbe, Geschlecht etc. keine biologischen Merkmale sind, sondern soziale Konstruktionen, die in jeweiligen kulturellen Kontexten verschiedene Bedeutungen haben.

Im Unternehmenskontext gibt es zahlreiche Beispiele, die dazu dienen können, die als selbstverständlich hingenommenen und damit nicht mehr hinterfragten Vorstellungen sichtbar zu machen.

5. Zusammenfassung

Der konstruktive Umgang mit Diversität und die Verhinderung von Diskriminierung und Benachteiligungen stellen Herausforderungen für zukünftige Manager/innen dar. Gerade in Hinblick auf den Unternehmenserfolg wird in der Wissenschaft und Praxis argumentiert, dass inklusive Organisationsstrukturen notwendig sind, damit vorhandene Diversität tatsächlich einen positiven Effekt haben kann. Dabei geht es aber nicht nur um die Frage des ethisch-moralischen Verhaltens (siehe Mensi-Klarbach 2010; 2012), sondern auch um Managementkompetenzen und Qualifikationen. Neben Fachwissen spielt soziale Kompetenz hinsichtlich des Umgangs mit Diversität eine essenzielle Rolle, auf die im vorliegenden Kapitel speziell fokussiert wurde.

Dabei wurde zum einen davon ausgegangen, dass auf der Ebene der *Diversitätsindividualkompetenz* eine kritische Selbstreflexion notwendig ist. Das inkludiert das Erkennen des eigenen sozial verhafteten Bias als Mitglied von Majoritäten oder Minoritäten und daraus abgeleitete Alltagsverständnisse von den „anderen". Insbesondere die Problematik von stereotypen Zuschreibungen und daraus resultierende Benachteiligungen von Personen im Arbeitskontext wurde thematisiert und mit Beispielen und neuen Forschungsergebnissen unterlegt.

Zum anderen wurde der Bereich der *Diversitätssozialkompetenz* behandelt, also jener Kompetenzbereich, der die Urteilsfähigkeit in Bezug auf Diversitätsfragen betrifft. Dabei wurden insbesondere die strukturell verankerten Benachteiligungs- und Ausschließungsmechanismen über die Definition von Dominanz- und Normgruppen dargestellt und einer kritischen Analyse unterzogen. Sprache als wesentliches Instrument zur Herstellung und Reproduktion von Stereotypen sowie zur Festigung von Macht- und Herrschaftsverhältnissen gilt als wesentlicher Hebel zur Systemveränderung. In diesem Sinne wurde der Ansatz der Dekonstruktion näher beleuchtet und dessen Potenzial für die Schaffung von inklusiven Organisationsstrukturen aufgezeigt.

Ziel dieses Kapitels war es also, zukünftige Manager/innen und Interessierte in ihrer diversitätsrelevanten Sozialkompetenz zu stärken und das Bewusstsein für indirekte und subtile Benachteiligungsformen zu fördern. Um den vielschichtigen Aufgaben im Rahmen der Etablierung eines Diversitätsmanagements in Organisationen aber gewachsen zu sein, bedarf es zusätzlich einer Reihe von Fachwissen, in theoretischer, konzeptioneller sowie methodischer Hinsicht (siehe auch Hanappi-Egger & Hofmann 2012; Danowitz, Hanappi-Egger & Mensi-Klarbach 2012).

6. Fragen zum Text

- Nennen Sie verschiedene für Diversitätsmanagement notwendige Wissenstypen.
- Was wird unter Diversitätsindividualkompetenz bzw. unter Diversitätssozialkompetenz verstanden?
- Definieren Sie „Stereotype“ bzw. „Skripts“.
- Welche Risiken aus Unternehmenssicht bestehen in stereotypen Zuschreibungen?
- Was wird unter struktureller Ausschließung verstanden, und wie kann ihr im Sinne eines inklusiven Organisationsverständnisses entgegnet werden?

7. Anwendungsorientierte Übungsbeispiele

Privilegierte Ignoranz:
Besuchen Sie folgenden Videoclip von Michael Kimmel „On Gender“ unter dem Weblink http://www.youtube.com/watch?v=JgaOK74HqiA&feature=related und diskutieren Sie die Idee der „privilegierten Ignoranz“ aus der Sicht Ihrer Lebens- und Arbeitsumstände.

Berufsbezeichnungen:
Während Krankenschwester eine geläufige Berufsbezeichnung war, hat der zunehmende Männeranteil in dieser Gruppe nicht zu einem entsprechenden männlichen Begriff geführt, der ja Krankenbruder wäre, sondern zur Einführung eines neuen Begriffs, nämlich „Krankenpfleger“. Suchen Sie

nach ähnlichen Beispielen von „Gender-Switching" bei Berufsbezeichnungen, die zu neuen Kreationen von Begriffen geführt haben.

8. Anwendungsbeispiel

Diskutieren Sie den Ansatz der Dekonstruktion an folgendem Beispiel eines „dominanten Diskurses":

Sehen Sie eine beliebige heutige Tageszeitung durch und nehmen Sie einen kurzen Artikel her, in dem über „ältere Menschen" berichtet wird. Identifizieren Sie Gegensatzpaare und tauschen Sie diese Begriffe konsequent aus. Lesen Sie den neuen Text nun noch einmal und beantworten Sie folgende Fragen:

- Wer kam in dem ursprünglichen Bericht tatsächlich zu Wort?
- Welche Gruppen/Stimmen wurden ausgeblendet?
- Welche Stellen sind Ihnen im neuen Text besonders „komisch" vorgekommen? Warum?
- Welche Zuschreibungen wurden durch die hervorgerufenen Irritationen im neuen Text sichtbar?

Sie können in Zukunft auch Nachrichten kritisch beobachten, da wird Ihnen vermutlich auffallen, dass sehr häufig ÜBER Menschen mit Migrationshintergrund berichtet wird, aber selten selbst VON Menschen mit Migrationshintergrund; es wird also viel über Menschen mit Migrationshintergrund gesprochen, sie selbst kommen aber kaum zu Wort. Außerdem ist bemerkenswert, dass etwa in Medienberichten über kriminelle Handlungen sehr oft die Nationalität und/oder Ursprungsland genannt wird. Damit wird ein direkter Zusammenhang mit Nationalität und Kriminalitätsrate hergestellt.

9. Literatur

Bendl, R. & Hanappi-Egger, E. (2009): Über die Bedeutung von Gender- und Diversitätsmanagement in Organisation. In: Kapser, H./Mayrhofer, W. (Hrsg.): Personalmanagement, Führung, Organisation. Wien: Linde, S. 553–574.

Claes, M.-T., Hanappi-Egger, E. & Primecz, H. (2012): Gender and Diversity Across Cultures. In: Danowitz, M. A., Hanappi-Egger, E. & Mensi-Klarbach, H. (Hrsg.): Diversity in Organizations: Concepts and Practices. Houndsmill: Palgrave Macmillan.

Cox, T. (1993): Cultural Diversity in Organizations – Theory, Research and Practice. San Francisco.

Cox, T. & Blake, S. (1991): Managing Cultural Diversity: Implications for Organizational Competitiveness. In: The Executive, Vol. 5, No. 3 (Aug.), S. 45–56.

Cunningham, W. A., Nezlek, J. B. & Banaji, M. R. (2004): Implicit and explicit ethnocentrism: Revisiting the ideologies of prejudice. In: Personality and Social Psychology Bulletin 30, S. 1332–1346.

Danowitz, M. A. & Hanappi-Egger, E. (2012): Diversity as Strategy. In: Danowitz, M. A., Hanappi-Egger, E. & Mensi-Klarbach, H. (Hrsg.): Diversity in Organizations: Concepts and Practices. Houndsmill: Palgrave Macmillan.

Danowitz, M. A., Hanappi-Egger, E. & Mensi-Klarbach, H. (Hrsg.) (2012): Diversity in Organizations: Concepts and Practices. Houndsmill: Palgrave Macmillan.

Eckes, T. (2008): Geschlechterstereotype: Von Rollen, Identitäten und Vorurteilen. In: Becker, R./Kortendiek, B. (Hrsg.): Handbuch Frauen- und Geschlechterforschung. Theorie, Methoden, Empirie. 2., erw. und aktualisierte Auflage. Wiesbaden: VS Verlag, S. 171–182.

Eberherr, H. (2012): Intersektionalität und Stereotypisierung: Grundlegende Theorien und Konzepte in der Organisationsforschung. In: Bendl, R., Hanappi-Egger, E. & Hofmann, R. (Hrsg.): Diversität und Diversitätsmanagement. Wien: facultas.wuv, S. 61–78.

Faulkner, W. (2009a): Doing gender in engineering workplace cultures. I Observation from the field. In: Engineering Studies, 1(1): S. 3–18.

Faulkner, W. (2009b): Doing gender in engineering workplace cultures. II Gender in/authenticity and the in/visibility paradox. In: Engineering Studies, 1(3): S. 169–189.

Fougere M. & Moulettes A. (2011) Disclaimers, dichotomies and disappearances in international textbooks: A postcolonial deconstruction. In: Management Learning, 2011, S. 1–20.

Gardenswartz, L. & Rowe, A. (1994): Diversity Teams at Work. Irwin.

Hanappi-Egger, E. (2004): Einführung in die Organisationstheorien unter besonderer Berücksichtigung von Gender- und Diversitätsaspekten. In: Bendl. R., Hanappi-Egger E. & Hofmann R. (Hrsg.): Interdisziplinäres Gender- und Diversitätsmanagement, Einführung in Theorie und Praxis. Linde international, S. 21–42.

Hanappi-Egger, E. (2011): The Triple M of Organisations: Man, Management and Myths. Springer.

Hanappi-Egger, E. (2012a): Diversitätsmanagement und CSR: One size fits it all?. In: Schmidpeter, R. & Schneider, A. (Hrsg.): Corporate Social Responsibility – Theoretische Grundlagen und Praktische Anwendung einer verantwortungsvollen Unternehmensführung.

Hanappi-Egger, E. (2012): "Shall I stay or shall I go"? On the role of diversity management for women's retention in SET professions. In: Equality, Diversity and Inclusion: An International Journal 31 (2).

Hanappi-Egger E. & Hofmann, R. (2012): Diversitätsmanagement unter der Perspektive organisationalen Lernens: Wissens- und Kompetenzentwicklung für inklusive Organisationen. In: Bendl, R., Hanappi-Egger, E. & Hofmann, R. (Hrsg.): Diversität und Diversitätsmanagement. Wien: facultas.wuv, S. 327–349.

Hanappi-Egger, E. & Ukur, G. (2011): Challenging Diversity Management: on the meaning of cultural context: the Case of Kenya. 7th Critical Management Studies Conference, Neapel, Italien, 11.07.–13.07.

Hardy C., Palmer I. & Philips N. (2000): Discourse as a strategic resource. In: Human Relations, 53 (9), S. 1227–1248.

Kay, R. (2008): Gewinnung und Auswahl von MitarbeiterInnen. In: Krell, G. (Hrsg.): Chancengleichheit: Gleichstellung von Frauen und Männern in Unternehmen und Verwaltungen. Rechtliche Regelungen – Problemanalysen – Lösungen, 5. Auflage. Wiesbaden: Gabler, S. 175–194.

Knapp, G. A. (2008): Gleichheit, Differenz, Dekonstruktion: Vom Nutzen theoretischer Ansätze der Frauen- und Geschlechterforschung für die Praxis. In: Krell, G. (Hrsg.): Chancengleichheit durch Personalpolitik: Gleichstellung von Frauen und Männern in Unternehmen und Verwaltungen. Rechtliche Regelungen – Problemanalysen – Lösungen, 5. Auflage. Wiesbaden: Gabler, S. 163–172.

Krell, G. (Hrsg) (2004): Chancengleichheit durch Personalpolitik. Wiesbaden.

Lang, E. (2012): Rechtliche Standards für den Umgang mit Diversität – Antidiskriminierungsbestimmungen im Gleichbehandlungsgesetz. In: Bendl, R., Hanappi-Egger, E. & Hofmann, R. (Hrsg.): Diversität und Diversitätsmanagement. Wien: facultas.wuv, S. 137–173.

Maringer, P. (2011): Rekrutierungsprozesse unter Berücksichtigung der Diversitätsdimensionen Gender zur Schaffung von Chancengleichheit beim Berufszugang – Analyse am Beispiel der Wiener Berufsrettung. Diplomarbeit, Wien.

Martin J. (1990): Deconstructing organizational taboos: The suppression of gender conflict in organizations. In: Organizational Science, 1, S. 339–359.

Martin, P. V. (2003): "Said and Done" versus "Saying and Doing" Gendering Practices, Practicing Gender at Work. Gender and Society, 17(3), S. 342–366.

Mensi-Klarbach, H. (2010): Diversity und Diversity Management – die Business Case Perspektive. Eine kritische Analyse. Hamburg: Kovac.

Mensi-Klarbach, H. (2012): Der Business Case für Diversität und Diversitätsmanagement. In: Bendl, R., Hanappi-Egger, E. & Hofmann, R. (Hrsg.): Diversität und Diversitätsmanagement. Wien: facultas.wuv, S. 229–326.

ÖGB (2003): „Mit gutem Beispiel voran". Gendermainstreaming in Kollektivverträgen. Österreichischer Gewerkschaftsbund, Gewerkschaft Metall-Textil. http://www.frauen-arbeit.bz.it/download/297d1825_v1.pdf (14.1.2012).

Schein, E. H. (2004): Organizational Culture and Leadership. San Francisco: Wiley.

Scott, W. R. (1986): Grundlagen der Organisationstheorie. Frankfurt am Main.

Wachendorfer, U. (2001): Weiss-Sein in Deutschland. Zur Unsichtbarkeit einer herrschenden Normalität, In: Arndt, S. (Hrsg.): AfrikaBilder. Studien zu Rassismus in Deutschland, 1. Aufl. Münster.

Weick, K. E. (1985): Der Prozess des Organisierens. Frankfurt am Main: Suhrkamp.

Zanoni, P. (2011): Diversity in the lean automobile factory: doing class through gender, disability and age. In: Organization, 18(1), S. 105–127.

Weiterführende Literatur

Kirton, G. & Greene, A.-M. (2010): The Dynamics of Managing Diversity. 3. Auflage. Burlington: Elsevier.

Nelson, J. (1995): Feminism and Econonomics. In: Journal of Economic Perspectives, 1995/9 (2), S. 131–148.

Fraser, N./Honneth, A. (2003): Umverteilung oder Anerkennung? Eine politisch-philosophische Kontroverse. Frankfurt am Main: Suhrkamp.

Weick, K. E. (1995): Sensemaking in Organizations. Thousand Oaks/London/New Delhi.

Wilson, F. M. (2003): Organizational Behaviour and Gender. Hants: Ashgate Publishing Limited.

Kapitel 3

Mit Menschen reden – kommunikationstheoretische Grundlagen

Bettina Greimel-Fuhrmann & Birgit Worm

1. Keine Interaktion mit Menschen ohne Kommunikation

Der Begriff Kommunikation leitet sich lt. Duden aus dem lateinischen Substantiv *communicatio* (die Mitteilung) bzw. vom lateinischen Verbum *communicare* ab, das „teilen, mitteilen, teilnehmen lassen; gemeinsam machen, vereinigen" bedeutet. Interaktion mit anderen Menschen ist ohne Kommunikation undenkbar. Denn Kommunikation bedeutet das Teilen und Mitteilen bzw. Übertragen und Austauschen von Informationen zwischen Personen zur gegenseitigen Einflussnahme. Daher ist Kommunikationsfähigkeit eine der wichtigsten Fähigkeiten im Umgang mit anderen Menschen. Sie ist allerdings auch ein sehr komplexer und daher „fehler-" und „störungsanfälliger" Prozess (vgl. Schulz von Thun 2010a).

In der Kommunikation wird zwischen Sender/in (A) und Empfänger/in (B) von einer Nachricht unterschieden. Wird etwas, was A in einer Nachricht an B sagt, von B anders verstanden, als es von A gemeint war, kann es zu Missverständnissen und auch zu Verstimmungen und Konflikten zwischen Sender/in und Empfänger/in kommen. Wie eine Nachricht verstanden wird, hängt nicht nur vom reinen Inhalt der Nachricht ab und von der Bedeutung der verwendeten Wörter für Sender/in und Empfänger/in, sondern auch von vielen weiteren verbalen und nonverbalen Signalen, die mit der Nachricht verbunden sind, wie etwa Tonfall, Lautstärke, Sprechgeschwindigkeit, Intonation, von Gesten, Körperhaltung und Mimik (vgl. Watzlawick et al. 2011).

Wer sozial kompetent agiert, ist sich der Tatsache bewusst, dass eine Nachricht nach Möglichkeit gut überlegt und möglichst klar, verständlich formuliert werden sollte, dass es aber trotzdem keine Garantie dafür gibt, dass der/die Empfänger/in sie so versteht, wie der/die Sender/in sie gemeint hat.

Dieses Kapitel über Kommunikation zeigt auf der Grundlage von ausgewählten Kommunikationstheorien und -modellen, aus welchen Gründen es zu Störungen in der Kommunikation kommen kann, wie man diese erkennen und ihnen vorbeugen kann und wie man als Sender/in und als Empfänger/in dazu beitragen kann, dass Kommunikation (wieder) gelingt. Zunächst werden als Grundlage die fünf Axiome von Watzlawick (vgl. Watzlawick et al. 2011 und 2003) thematisiert. Darauf aufbauend werden die zentralen Kommunikationsmodelle von Schulz von Thun (2010a, 2010b, 2011) erläutert und zur Analyse und Bewältigung von Kommunikationssituationen im betrieblichen Bereich angewendet. Ergänzt werden diese Modelle um die Anwendung der Transaktionsanalyse (vgl. Harris 2010) zur Klärung und Verbesserung von unangenehmen und schwierigen Kommunikationssituationen.

2. Grundannahmen zur Kommunikation

Eine Auseinandersetzung mit Grundannahmen zur Kommunikation, wie sie etwa Watzlawick in seinen Axiomen (vgl. Watzlawick et al. 2011 und 2003) formuliert hat, stellt die Grundlage des Verständnisses des Phänomens Kommunikation zwischen Menschen dar. Watzlawicks Axiome beziehen sich auf

1. die Unmöglichkeit, nicht zu kommunizieren
2. die Inhalts- und Beziehungsebene der Kommunikation
3. die Interpunktion von Ereignisfolgen
4. die digitale und analoge Kommunikation
5. die symmetrische und komplementäre Interaktion

2.1 Die Unmöglichkeit, nicht zu kommunizieren

Kommunikation besteht nicht nur aus Worten und aus ausdrücklich Gesagtem, sondern umfasst auch sogenannte paralinguistische Phänomene, zu denen etwa der Tonfall, die Sprechgeschwindigkeit, das Pausieren während des Sprechens, das Lachen und Seufzen etc. gezählt werden. Auch körpersprachliche Signale (vgl. dazu Kapitel 4 in diesem Buch) und daher jegliche Art des Verhaltens gegenüber anderen Menschen zählen zur Kommunikation. Da man sich nicht *nicht verhalten* kann, ist es daher auch nicht möglich, nicht zu kommunizieren (vgl. Watzlawick et al. 2003).

Es ist daher ein Irrtum, zu glauben, dass man auf eine Aussage oder das Tun eines anderen nicht reagiert, indem man dazu schweigt. Auch dieses Schweigen drückt eine Reaktion aus und wird unter Umständen von der anderen Person anders interpretiert, als man es möchte oder als es der wahren Einstellung dazu entspricht.

Auch ein Teammitglied, das sich nicht in eine Diskussion innerhalb des Teams einbringt, kommuniziert mit den anderen Mitgliedern. Das Verhalten kann unterschiedlich gedeutet werden: Das Mitglied will sich nicht äußern, hat nichts dazu zu sagen oder will seine Meinung nicht kundtun, will niemandem widersprechen, …

2.2 Kommunikation umfasst Inhalts- und Beziehungsaspekte

Jede Kommunikation hat einen Inhalts- und einen Beziehungsaspekt. Der Inhaltsaspekt bezieht sich auf den Inhalt der Nachricht, auf die Informationen, die vermittelt werden. Der Beziehungsaspekt beruht auf der Beziehung zwischen Sender/in und Empfänger/in. Im Idealfall sind sich die Kommunikationspartner/innen sowohl über den Inhalt der Kommunikation als auch über die Definition ihrer Beziehung einig (vgl. Watzlawick et al. 2003).

Im schlechtesten Fall gibt es sowohl auf der inhaltlichen Ebene als auch auf der Beziehungsebene Differenzen, d. h., man ist sich in der Sache nicht einig und kann sich auch persönlich nicht leiden. Will man in der Sache eine Einigung erzielen, ist es wichtig, zwischen den beiden Ebenen zu trennen und die sachliche Auseinandersetzung nicht mit einer Auseinandersetzung auf der Beziehungsebene zu vermengen.

Ebenso problematisch kann es sein, wenn man sich in der Sache einig ist (z. B. gemeinsam ein Haus zu renovieren), aber ein Beziehungsproblem hat. Das gemeinsame Ziel hält zusammen, ist es aber erreicht (z. B. die Renovierung abgeschlossen), dann bleiben die Differenzen auf der Beziehungsebene, die zum Ende der Beziehung führen können, wenn sie nicht gelöst werden.

Noch komplexer wird die Situation, wenn die beiden Aspekte vermengt werden und versucht wird, Beziehungsprobleme auf der Inhaltsebene zu lösen und umgekehrt. Dann kann es zu Aussagen kommen wie: „Wenn dir etwas an mir liegen würde, würdest du mir nicht dauernd widersprechen."

2.3 Die Interpunktion von Ereignisfolgen: Kommunikation ist zugleich Ursache und Wirkung

Die Beziehung zwischen den Kommunikationspartnern wird durch den Kommunikationsablauf, durch Äußerungen, Wahrnehmungen und deren Interpretation sowie die (wahrgenommene) Reihenfolge von Ursache und Wirkung im Verhalten und/oder Gesagten bestimmt. Widersprüchliche Annahmen der Kommunikationspartner/innen im Hinblick auf Ursache und Wirkung („Ich gehe dir aus dem Weg, weil du mich kritisierst" versus „Ich kritisiere dich, weil du mir aus dem Weg gehst") sind daher die Basis von sogenannten Interpunktionskonflikten (vgl. Watzlawick et al. 2003).

Die Kommunikationspartner/innen erkennen nicht, dass jedes Verhalten sowohl Ursache als auch Wirkung ist. Widersprüchliche Interpunktionen von Ereignisabläufen können zu Konflikten führen, bei denen jede/r Beteiligte meint, dass es nur *eine richtige* Wirklichkeit gibt, nämlich so, wie er/sie selbst die Dinge sieht, und dass jede Wirklichkeitsauffassung, die davon abweicht, ein Beweis für die Irrationalität des Kommunikationspartners/

der Kommunikationspartnerin oder seine/ihre (böswillige) Verdrehung der Tatsachen sein muss (vgl. ebd.).

So kommt es zu einem Teufelskreis in der Kommunikation und in der gesamten Beziehung der Kommunikationspartner/innen miteinander (vgl. ebd.). Macht ein neuer Mitarbeiter, der sich scheut, bei Unklarheiten seine Kolleg/inn/en um Hilfe zu bitten, viele Fehler, wird er von diesen gemieden und fühlt sich ausgegrenzt. Der Mitarbeiter mag sich denken: „Weil sie mich ausgrenzen, traue ich mich nicht zu fragen und mache daher Fehler." Die Kolleg/inn/en denken sich vermutlich: „Weil er so viele Fehler macht, sind wir nicht gut auf ihn zu sprechen und machen einen Bogen um ihn."

Erst wenn die (oder zumindest ein) Kommunikationspartner den Teufelskreis erkennen und ihn zum Gegenstand der Kommunikation machen, kann es gelingen, ihn zu durchbrechen und den Konflikt zu lösen.

Auch sich selbst erfüllende Prophezeiungen folgen dieser Logik. Wer z. B. davon überzeugt ist, dass ihn/sie niemand respektiert, wird ein misstrauisches oder aggressives Benehmen an den Tag legen, auf das seine/ihre Umwelt höchstwahrscheinlich mit Unmut reagiert und damit seine/ihre ursprüngliche Annahme „beweist". Dieser Ablauf wird dadurch zu einem typischen Interpunktionsproblem, da der/die Betreffende sein/ihr Verhalten nur als Reaktion auf das der anderen sieht, nicht aber auch als dessen auslösendes Moment (vgl. Watzlawick et al. 2003 und 2011).

2.4 Kommunikation bedient sich analoger und digitaler Modalitäten

Watzlawick et al. (2003 und 2011) unterscheiden die analoge und die digitale Form der Kommunikation. Die digitale Form meint die gesprochenen Worte, das explizit Gesagte. Der analoge Teil bezieht sich auf die zusätzliche, nicht explizit gesprochene Information wie etwa Gestik, Mimik und Tonfall. In jeder Mitteilung ergänzen die digitalen und analogen Kommunikationsweisen einander. Der Inhaltsaspekt einer Mitteilung wird digital übermittelt, der Beziehungsaspekt dagegen ist in der Regel überwiegend analoger Natur. Die analoge Kommunikation ist die ältere und wesentlichere Kommunikationsform. Sie ist allerdings auch anfälliger für Missverständnisse, da Mimiken, Gestiken und ähnliche Signale möglicherweise falsch interpretiert werden können (vgl. Watzlawick et al. 2003 und 2011).

Angenommen, ein Kundenbetreuer (A) hat gerade erfahren, dass einer seiner wichtigsten Kunden zahlungsunfähig geworden ist, und ist bestürzt. Vor seinem Büro trifft er einen Kollegen (B), der ihn in ein Gespräch verwickelt. Obwohl A sich bemüht, freundlich zu sein, verraten sein Blick und seine Körperhaltung sowie seine knappen ausweichenden Worte, dass er unter Druck steht und momentan an dem Gespräch nicht interessiert ist. B denkt sich, dass A unhöflich ist oder etwas gegen ihn hat. Wenn er nicht nachfragt, was mit A los ist, wird er den wahren Grund seiner Reserviertheit nicht erfahren und an seiner (Fehl-)Annahme festhalten.

2.5 Kommunikation ist entweder symmetrisch oder komplementär

Symmetrische Kommunikation bezeichnet Kommunikation zwischen gleichberechtigten Partner/inne/n, Gleichheit kennzeichnet ihre Beziehung zueinander. Um komplementäre Interaktionen handelt es sich hingegen, wenn die Beziehung zwischen zwei Kommunikationspartner/inne/n auf Unterschiedlichkeit beruht und die Verhaltensweisen der beiden einander ergänzen. Ein/e Partner/in nimmt die sogenannte superiore, primäre Stellung ein, der/die andere die entsprechende inferiore, sekundäre. Da es in der komplementären Kommunikation in der Regel eine/n überlegene/n und eine/n unterlegene/n Kommunikationspartner/in gibt, kann es zu Ungerechtigkeiten kommen (vgl. Watzlawick et al. 2003).

Störungen können dadurch verursacht werden, dass in symmetrischen Beziehungen zumindest ein/e Kommunikationspartner/in versucht, etwas „gleicher“ als gleich zu sein, und damit die Beziehung ihre Stabilität zu verlieren beginnt. Die Störungen symmetrischer Beziehungen sind daher durch mehr oder weniger offenen Kampf gekennzeichnet. Des Weiteren ist es ein typisches Problem in einer komplementären Beziehung, wenn ein/e Kommunikationspartner/in (A) von dem/der anderen Kommunikationspartner/in (B) die Bestätigung von A's Selbstdefinition fordert und diese in Widerspruch zu B's Bild von A ist. So kommt B in eine schwierige Situation: Er/Sie muss seine Selbstdefinition so abändern, dass sie die Selbstdefinition von A komplementiert und damit ratifiziert (vgl. ebd.).

3. Die Kommunikationsmodelle von Schulz von Thun

Einige von den in Abschnitt 2 dargestellten Überlegungen finden sich auch in den Kommunikationsmodellen von Friedemann Schulz von Thun (2010a, 2010b, 2011) wieder. Er hat mit seinen Arbeiten in der deutschsprachigen Literatur einen ganz wesentlichen Beitrag zum Verstehen, Analysieren und Bearbeiten von Kommunikationssituationen und -problemen geleistet. Dazu zählen vor allem:

- das **Kommunikationsquadrat** (der vierfache Gehalt einer Äußerung)
- das **innere Team** (die innere Pluralität)
- der **Teufelskreis** (die Zirkularität zwischenmenschlicher Interaktionen)

- das **Situationsmodell** (die Logik sozialer Situationen) sowie
- das **Werte- und Entwicklungsquadrat** (die Dialektik von Werten und menschlichen Qualitäten)

Schulz von Thuns Kommunikationsmodelle weisen Bezüge zu zahlreichen theoretischen Ansätzen auf, wie etwa zur psychoanalytischen Orientierung (z. B. zur in Abschnitt 4 dargestellten Transaktionsanalyse, zur Gestalttherapie, Individualpsychologie und Logotherapie), zur humanistisch-psychologischen Orientierung (z. B. Themenzentrierte Interaktion und Gesprächstherapie etc.) und zur systemtheoretischen Orientierung (z. B. Kommunikationstheorie wie etwa die in Abschnitt 2 behandelten Axiome von Watzlawick, Systemische Familientherapie etc.). Diese breite theoretische Fundierung ist darauf zurückzuführen, dass es Schulz von Thun ein Anliegen war, die verschiedenen Ansätze der Psychologie, die Beiträge etwa von Carl Rogers, Alfred Adler, Ruth Cohn, Fritz Perls und Paul Watzlawick so „unter einen Hut" zu bringen, dass sie für die praktischen Kommunikationsprobleme in einer Zusammenschau dienlich würden (Schulz von Thun 2010a, S. 13).

3.1 Das Kommunikationsquadrat – der vierfache Gehalt einer Nachricht

Wie bereits zu Beginn dieses Kapitels beschrieben, läuft zwischenmenschliche Kommunikation in der Regel folgendermaßen ab (vgl. Schulz von Thun 2010a):

- Ein/e Sender/in möchte etwas mitteilen.
- Aus diesem Grund gibt er/sie eine Nachricht von sich und verschlüsselt sein/ihr Anliegen in mehr oder minder erkennbare Zeichen.
- Der/Die Empfänger/in entschlüsselt diese Nachricht
- und reagiert darauf. Das bedeutet, er/sie gibt eine Rückmeldung, ein Feedback, an den/die Sender/in.

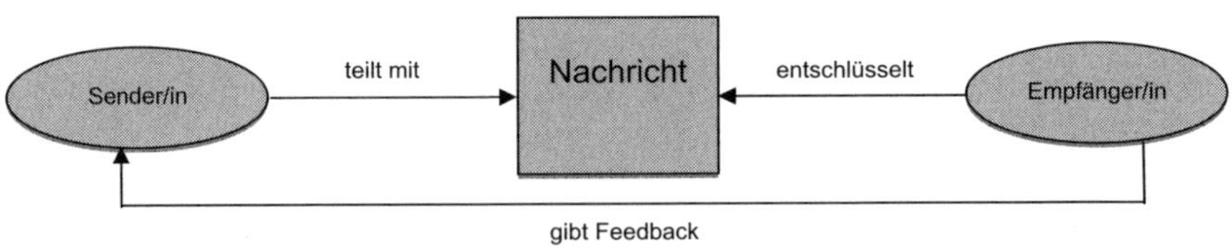

Abb. 1: Zwischenmenschliche Kommunikation

Beim Senden und Empfangen der Nachricht ist zu beachten, dass jede Nachricht verschiedene Botschaften enthält. Das Kommunikationsquadrat von Schulz von Thun (vgl. Schulz von Thun 2010a und Schulz von Thun et al. 2011) unterscheidet die folgenden vier Aspekte:

- die **Sachinformation** (worüber wird informiert)
- den **Beziehungshinweis** (was der/die Sender/in vom/von der Empfänger/in hält bzw. wie beide zueinander stehen)
- den **Appell** (was der/die Sender/in beim Empfänger bzw. bei der Empfängerin erreichen möchte)
- die **Selbstkundgabe** (was der/die Sender/in über sich selbst aussagt oder von sich zu erkennen gibt)

Anmerkung: Schulz von Thun verwendet sowohl den Begriff „Selbstkundgabe“ (vgl. Schulz von Thun 2010a) als auch den Begriff „Selbstoffenbarung“ (vgl. Schulz von Thun et al. 2010). Mit beiden Begriffen ist dasselbe gemeint. Zur besseren Verständlichkeit wird in diesem Buch in weiterer Folge der Begriff „Selbstkundgabe“ verwendet.

Jede/r Sender/in spricht somit gleichzeitig „mit vier Schnäbeln“, auch wenn dies nicht bewusst geschieht und nicht beabsichtigt ist. Und selbst wenn der/die Sender/in bewusst mit einem bestimmten „Schnabel“ spricht, ist nicht gewährleistet, dass der/die Empfänger/in genau diesen Aspekt aus der Mitteilung heraushört. Denn auch der/die Empfänger/in kann die Nachricht entweder im Hinblick auf

- den **Sachinhalt**,
- die **Beziehung**,
- den **Appell** oder
- die **Selbstkundgabe**

hören und interpretieren. Der/Die Empfänger/in hat dabei die freie Auswahl, mit welchem Ohr er/sie eine Nachricht wahrnehmen bzw. auf welchen Aspekt er/sie reagieren möchte. Er/Sie hört „mit vier Ohren“ (vgl. Schulz von Thun 2010a und Schulz von Thun et al. 2011).

Das in Abb. 1 dargestellte Modell ist daher noch um den Sach-, Beziehungs-, Selbstkundgabe- und Appellaspekt zu erweitern:

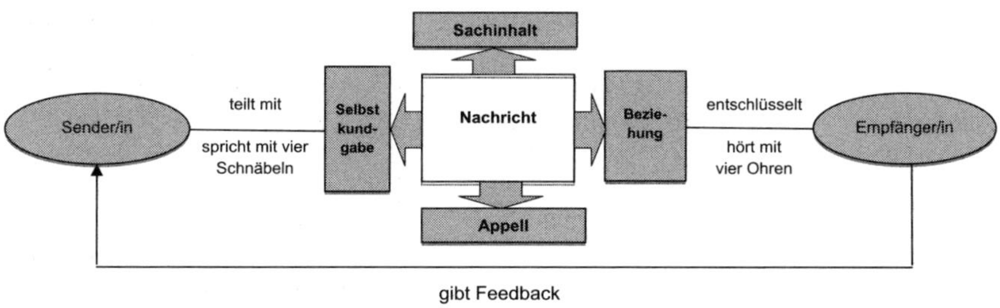

Abb. 2: Die vier Aspekte einer Nachricht

Die vier Aspekte einer Nachricht stellen sich aus Sender- und Empfängersicht folgendermaßen dar (vgl. Schulz von Thun 2010a und Schulz von Thun et al. 2011):

Aspekte	**Aus Sicht des Senders/ der Senderin**	**Aus Sicht des Empfängers/ der Empfängerin**
Sachaspekt	**Der „Sach-Schnabel“** Bei diesem Aspekt geht es um die Weitergabe von reinen Sachinformationen („Zahlen, Daten und Fakten“). Es stellen sich beispielsweise Fragen wie: Sind genügend Sachinformationen vorhanden, damit der/die Empfänger/in die Botschaft versteht? Sind die Informationen richtig oder falsch bzw. wahr oder unwahr? Sind die angeführten Sachverhalte relevant oder irrelevant?	**Das „Sach-Ohr“** Der/Die Empfänger/in ist darauf ausgerichtet, die reinen Sachinformationen aus einer Nachricht herauszuhören. Sollten sich Unklarheiten ergeben, dann wird der/die Empfänger/in auf der Sachebene einhaken und beispielsweise die Korrektheit einer Botschaft anzweifeln, nachfragen, Argumente anerkennen oder relativieren bzw. weitere Sachinformationen hinzufügen.
Beziehungsaspekt	**Der „Beziehungs-Schnabel“** Durch die Art der Formulierung, den Tonfall, die Mimik, nonverbale Signale usw. gibt der/die Sender/in (bewusst oder unbewusst) zu erkennen, was er/sie von dem/der Empfänger/in hält („**Du-Botschaft**“) bzw. wie die beiden zueinander stehen („**Wir-Botschaft**“).	**Das „Beziehungs-Ohr“** Der/Die Empfänger/in (B) hört im Gesagten vor allem, was der/die Sender/in (A) über B und/oder die Beziehung zwischen A und B ausdrückt. Manche neigen dazu, jede Aussage, auch wenn sie noch so (beziehungs)neutral ist, auf der Beziehungsebene zu (über)interpretieren. Sie haben ein besonders empfindliches Beziehungs-Ohr und hören zumeist negative Äußerungen zur eigenen Person („Du-Botschaft“) bzw. zur gemeinsamen Beziehung („Wir-Botschaft“) heraus. Dies führt dazu, dass sie sich persönlich angegriffen, schlecht behandelt bzw. nicht geschätzt fühlen und rasch beleidigt sind.

Appell-aspekt	**Der „Appell-Schnabel“** Jede Aussage kann auch den Wunsch des Senders/der Senderin ausdrücken, den/die Empfänger/in der Botschaft dazu zu veranlassen, bestimmte Reaktionen zu zeigen oder zu unterlassen. Die Anregungen, Wünsche oder Ratschläge können offen oder verdeckt (in Form einer Manipulation) an den/die Empfänger/in übermittelt werden.	**Das „Appell-Ohr“** Hat B ein ausgeprägtes Appell-Ohr, hört B vor allem, was der/die Sender/in (A) von B möchte. B kann sich dazu verleiten lassen, A alles rechtmachen zu wollen und A sozusagen jeden Wunsch von den Lippen abzulesen. Jede Aussage wird auf Appell-Komponenten analysiert. Der oftmals versteckte oder nicht bewusst gesandte Appell steht im Zentrum der Aufmerksamkeit.
Selbstkund-gabeaspekt	**Der „Selbstkundgabe-Schnabel“** Nicht zuletzt gibt auch der/die Sender/in bei jeder Informationsvermittlung etwas von sich selber preis. Dies kann entweder offen in Form einer **gewollten Selbstdarstellung** oder in Form einer **unfreiwilligen Selbstenthüllung** geschehen.	**Das „Selbstkundgabe-Ohr“** Über das Selbstkundgabe-Ohr diagnostiziert B die Befindlichkeit von A. Es ist der Versuch, die Gedanken und Gefühlswelt von A zu interpretieren, um die Welt mit deren/dessen Augen zu sehen. Die Aufmerksamkeit ist auf die Selbstkundgabe von A gerichtet. Ein stark ausgeprägtes Selbstkundgabe-Ohr immunisiert allerdings auch B dagegen, den Beziehungs- oder Appellaspekt einer Aussage „hören zu müssen“.

Beispiel

Frau Dr. Wichtig ist als Programmmanagerin eines großen Unternehmens tätig. Sie trägt die Letztverantwortung für sämtliche Projekte und ist Vorgesetzte von mehreren Projektleiter/inne/n. Von der Geschäftsführung erfährt sie, dass ein Projekt unerwartet um zwei Wochen früher abgeschlossen werden muss. Aus diesem Grund beruft sie eine Besprechung mit dem zuständigen Projektleiter, Herrn Mag. Leiter, ein. Das Gespräch eröffnet sie mit folgenden Worten: „Das Projekt muss rascher umgesetzt werden.“

Die nachfolgende Übersicht zeigt, wie rasch es zu Diskrepanzen zwischen dem, was Frau Dr. Wichtig eigentlich mitteilen möchte (auf der linken Seite abgebildet), und dem, was von Herrn Mag. Leiter gehört wird (auf der rechten Seite abgebildet), kommen kann. Ein einziger Satz kann bereits dazu führen, dass große Missverständnisse in der Kommunikation entstehen.

Kommunikation zwischen Frau Dr. Wichtig und Herrn Mag. Leiter

In Anlehnung an das Kommunikationsquadrat nach Schulz von Thun…
… kann die Nachricht von Frau Dr. Wichtig folgende Botschaften enthalten:

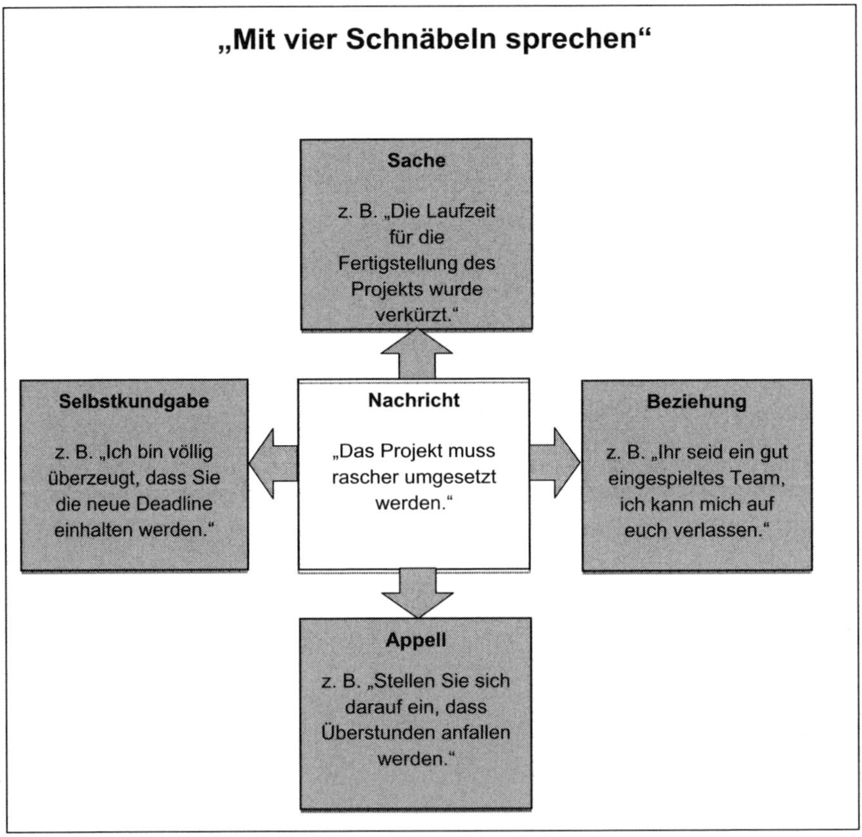

Abb. 3 Kommunikationsquadrate

Auch innerhalb eines Aspekts, z. B. des Selbstkundgabeaspekts aufseiten von Frau Dr. Wichtig, sind verschiedene Aussagen denkbar. Im o. a. Beispiel ist eine Möglichkeit angeführt: „Ich bin völlig überzeugt, dass Sie die neue Deadline einhalten werden.“ Sie könnte aber ebenso lauten: „Ich bin besorgt, ob wir die Deadline halten können“ oder „Ich bin in der Position, Deadlines zu verändern.“

… kann die Nachricht von Herrn Mag. Leiter folgendermaßen interpretiert werden:

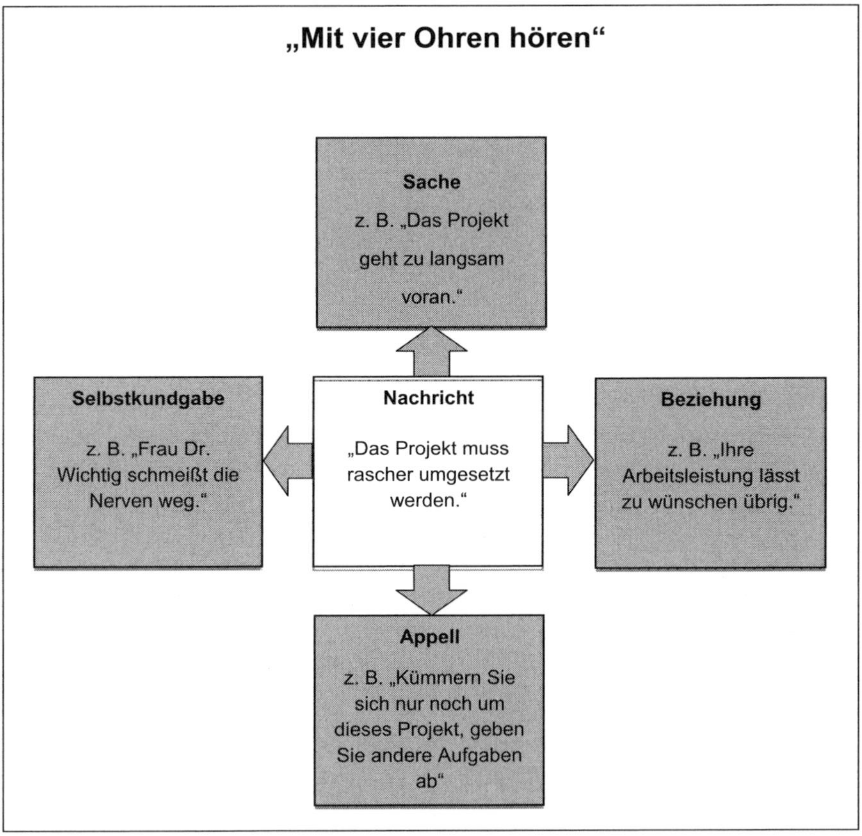

Je nachdem, auf welchem Ohr Herr Mag. Leiter die Nachricht von Frau Dr. Wichtig, „Das Projekt muss rascher umgesetzt werden“, hört, werden seine Antworten sehr unterschiedlich ausfallen:

Sach-Ohr:
Gehörte Botschaft: „Das Projekt geht zu langsam voran.“
Mögliche Antwort: „Hier muss ein Irrtum vorliegen, wir halten uns genau an den Zeitplan.“

Beziehungs-Ohr:
Gehörte Du-Botschaft: „Ihre Arbeitsleistung lässt zu wünschen übrig."
oder:
Gehörte Wir-Botschaft: „Wir müssen uns mit dem Projekt mehr anstrengen, damit es rascher abgeschlossen werden kann."
Mögliche Antwort: „Ich finde es sehr bedauerlich, dass Sie den Eindruck gewonnen haben, dass meine Leistung nicht ausreichend ist. Ich habe alles unter Kontrolle!"

Appell-Ohr:
Gehörte Botschaft: „Kümmern Sie sich nur noch um dieses Projekt, geben Sie andere Aufgaben ab."
Mögliche Antwort: „Das Projekt hat für mich oberste Priorität. Alles andere kann warten."

Selbstkundgabe-Ohr:
Gehörte Botschaft: „Frau Dr. Wichtig schmeißt die Nerven weg."
Mögliche Antwort: „Machen Sie sich bitte keine Sorgen, wir werden das Projekt auf jeden Fall innerhalb der Deadline fertigstellen."

Ergänzende Überlegungen

- Die Nachricht „Das Projekt muss rascher umgesetzt werden" lässt viele Interpretationsmöglichkeiten zu. Es sind von Frau Dr. Wichtig nicht genügend Informationen (auf Sachebene) zur Verfügung gestellt worden, damit Herr Mag. Leiter den Sachverhalt verstehen kann (siehe dazu auch die Beschreibung zum „Sach-Schnabel").
- Bei der Wahl, mit welchem Ohr eine Nachricht vom Empfänger/von der Empfängerin gehört wird, ist entscheidend, wie die Nachricht übermittelt wird. Stimme, Tonfall, Formulierung, Körpersprache, Mimik und Blickkontakt des Senders/der Senderin spielen eine wesentliche Rolle.

Kongruente Nachrichten, bei denen die verbalen und nonverbalen Signale des Senders/der Senderin in die gleiche Richtung weisen, wirken auf den/die Empfänger/in stimmig und vor allem auch glaubwürdig.

Bei **inkongruenten Nachrichten** kommt es zu Diskrepanzen zwischen der Nachricht und der Art, wie der/die Senderin die Nachricht übermittelt. Überlegen Sie, wie es Ihnen geht, wenn Ihnen jemand mitteilt, dass er/sie mit Ihrer Leistung zufrieden ist, der/die Sender/in Sie bei dieser Nachricht allerdings böse ansieht ...

Widersprechen sich die Signale, dann wird der/die Empfänger/in veranlasst, die Aussage genauer zu analysieren, um herauszufinden, welchem der Signale er/sie glauben soll und worauf er/sie reagieren soll. Das aktive

Zuhören ist eine Methode, mit der dies gelingen kann (vgl. Abschnitt 5 in diesem Kapitel).

Ergänzend dazu beeinflussen auch die Vorgeschichte der Gesprächspartner/innen sowie die aktuelle Stimmung des Empfängers/der Empfängerin die Einordnung des Gehörten.

Aus den Überlegungen zum Kommunikationsquadrat lassen sich Maßnahmen zur Unterstützung einer gelungenen Kommunikation ableiten. Der/Die Sender/in ist für die Eindeutigkeit und Verständlichkeit der Nachricht verantwortlich und sollte sich daher auch überzeugen, wie die Nachricht bei dem/der Empfänger/in angekommen ist.

Er/Sie sollte daher im Hinblick auf

- **die Sache** möglichst verständlich und eindeutig sprechen (einfach, strukturiert, kurz).
- **die Selbstkundgabe** authentisch sein und die eigene Meinung bzw. die verfolgten Ziele explizit (als „Ich-Aussage") aussprechen.
- **die Beziehung** offen mit dem/der Gesprächspartner/in kommunizieren (keine versteckten Botschaften senden – vgl. Abschnitt 4 dieses Kapitels, verdeckte Transaktionen), Gefühle offen ansprechen, Feedback geben.
- **den Appell** klare Aufforderungen/Wünsche formulieren.

... und nicht darauf vergessen, nachzufragen, wie die Botschaft angekommen ist!

Der/Die Empfänger/in entscheidet, mit welchem Ohr er/sie die Nachricht hört und auf welche Seite er/sie reagiert. Auf den Gesprächsverlauf kann es großen Einfluss haben, wenn ein/e Gesprächspartner/in ein Ohr besonders bevorzugt. Viele Menschen hören sehr stark mit einem bestimmten Ohr – oft ohne sich dessen bewusst zu sein.

Es hängt von vielen Faktoren ab, welches Ohr der/die Empfänger/in bevorzugt: Erfahrungen, Werte, Gewohnheiten, Absichten, Beziehung zum/zur Gesprächspartner/in, kongruente und inkongruente Botschaften etc. Es kann – je nach Gesprächssituation – unterschiedlich sein.

- Das **Beziehungs-Ohr** sollte in schwierigen Situationen besser geschlossen und stattdessen
- verstärkt das **Selbstkundgabe-Ohr** eingesetzt werden, um herauszufinden, was die andere Person stört, bzw. um die Stimmung des Gesprächspartners/der Gesprächspartnerin zu verstehen.
- Über das **Sach-Ohr** (warum befinden wir uns in dieser Situation, wie kann man das Problem beschreiben?) kann in weiterer Folge versucht werden, das Gespräch wieder in den Griff zu bekommen. Damit fühlt sich einerseits der/die Gesprächspartner/in ernst genommen, und andererseits führt dies gleichzeitig zu einer Versachlichung der Debatte.

- Anschließend können über das **Appell-Ohr** die nächsten Schritte besprochen werden, beispielsweise, welche Maßnahmen sich aus dem Besprochenen ergeben und was in weiterer Folge gemacht werden sollte,
- und das **Beziehungs-Ohr** für die Reflexion genutzt werden (was hat der/die Gesprächspartner/in über mich gesagt, was lerne ich daraus?).

3.2 Das innere Team – die innere Pluralität

Viele Menschen kennen die innere Zerrissenheit, die innere Uneinigkeit bzw. die Situation, einander widersprechende Gedanken oder gemischte Gefühle zu haben. Schulz von Thun spricht in diesem Zusammenhang vom **inneren Team bzw. von der inneren Pluralität** (vgl. Schulz von Thun 2011 und Schulz von Thun et al. 2010). Nicht nur zwischen Menschen, sondern auch innerhalb eines Menschen findet laufend ein Miteinander und Gegeneinander der inneren Stimmen statt, die sich „zu Wort melden, die sich selten miteinander einig sind und die alles daran setzen, auf unsere Kommunikation und unser Handeln Einfluss zu nehmen" (vgl. Schulz von Thun et al. 2010, S. 46). Die inneren Stimmen verhalten sich, je nach Erlebtem und je nach Situation, sehr unterschiedlich: Manche melden sich früher, andere kommen später oder gar nicht zu Wort, es gibt leise und laute Stimmen, manche bekämpfen sich, andere ergänzen sich, und es gibt willkommene bzw. unwillkommene Stimmen (vgl. Schulz von Thun 2011). Die innere Pluralität löst oftmals Unklarheit in uns aus, macht uns möglicherweise entscheidungsunfähig oder führt dazu, dass wir unpassende Verhaltensreaktionen zeigen.

Beispiel

Auch in Herrn Mag. Leiter, der mit der Tatsache konfrontiert wurde, dass die Laufzeit für sein Projekt um 14 Tage verkürzt wurde, kommt es zu einer inneren Zerrissenheit. Er hat dazu folgende Überlegungen:

a. Für seine weitere Karriere im Unternehmen ist es sehr hilfreich, wenn er mit seinem Team die neue Laufzeit einhält.
b. Es ist nicht das erste Mal, dass eine Projektlaufzeit überraschend verkürzt wurde. Eigentlich möchte er das nicht so hinnehmen.
c. Seine Projektmitarbeiter/innen haben schon jetzt einen sehr hohen Arbeitsdruck, er kann ihnen nicht noch mehr zumuten.
d. Realistisch betrachtet, sollte die verkürzte Laufzeit bewältigbar sein, aber nur mit sehr viel Anstrengung von sämtlichen Beteiligten.
e. Dazu müsste es ihm allerdings gelingen, sich selber und seine Mitarbeiter/innen mehr zu motivieren.

f. Es ist damit zu rechnen, dass es zu Unstimmigkeiten in seinem Team kommen wird. Als Projektleiter wird er sich trotzdem hinter die Entscheidung seiner Vorgesetzten bzw. der Geschäftsführung stellen müssen, auch wenn ihm die veränderte Situation nicht gefällt.

Diese Gedanken können natürlich noch beliebig fortgesetzt werden …

Um in solchen oder ähnlichen Situationen Klarheit zu bekommen, stellt sich die zentrale Frage: Wie kann man einerseits mit sich selber in Einklang kommen und andererseits nach außen hin klar kommunizieren, obwohl sich so viele unterschiedliche innere Stimmen zu Wort melden?

Die Lösung auf diese Frage findet sich in der Abhaltung einer inneren Teamkonferenz bzw. einer inneren Ratsversammlung (vgl. Schulz von Thun 2011).

Innere Teamkonferenz und innere Ratsversammlung

Um Einigkeit bei kleineren Alltagsproblemen zu erlangen, empfiehlt Schulz von Thun die Abhaltung einer inneren Teamkonferenz: Häufig reicht es, sich seiner inneren Stimmen bewusst zu werden, um eine stimmige Lösung oder Entscheidung zu finden. Das kann relativ rasch geschehen, binnen ein paar Sekunden oder Minuten.

Bei komplexeren Themengebieten ist es ratsam, sich mehr Zeit zu nehmen, sich ausführlicher mit seinen inneren Stimmen zu beschäftigen und eine innere Ratsversammlung abzuhalten, die die folgenden Schritte umfasst (vgl. Schulz von Thun 2011):

- **Schritt 1: Identifikation der inneren Teilnehmer/innen:**

Im ersten Schritt ist zu überlegen, welche bzw. wie viele innere Teilnehmer/innen (= innere Stimmen) sich zu Wort melden und welche Namen man ihnen geben kann.

Bei Mag. Leiter melden sich folgende innere Teilnehmer zu Wort (Fortsetzung des zuvor angeführten Beispiels):

ad a) der **Karriereinteressierte,** der Interesse an seinem Fortkommen im Unternehmen hat
ad b) der **Angestellte**, der selber die Vorgaben seiner Vorgesetzten einzuhalten hat
ad c) der **Besorgte**, der sich um das Wohlbefinden seiner Mitarbeiter/innen Gedanken macht
ad d) der **Realist**, der die veränderte Situation analysiert
ad e) der **Motivator**, der um die Motivation bemüht ist

ad f) der **Zerrissene**, der sich trotz der schwierigen Vorgaben loyal gegenüber seiner Vorgesetzten und der Geschäftsführung verhält und als Führungskraft deren Entscheidungen mitträgt. Er wird allerdings selber in eine unangenehme Situation gebracht, da er weiß, dass er sich den Unmut seiner Projektmitarbeiter/innen zuziehen wird, obwohl er selber von der Idee der Verkürzung der Projektlaufzeit nicht überzeugt ist.

- **Schritt 2: Anhörung der Einzelstimmen**

Im zweiten Schritt geht es darum, sich der Botschaften der einzelnen Teammitglieder bewusst zu werden und sie ohne Unterbrechung ausführlich „zu Wort" kommen zu lassen. Es wird dabei jede Stimme einzeln angehört.

So wird sich der Karriereinteressierte möglicherweise geschmeichelt fühlen, dass man ihm zutraut, dieses Projekt rascher umzusetzen, der Angestellte hingegen wird sich überlegen, ob er sich das überhaupt antun möchte, usw.

- **Schritt 3: Freie Diskussion zulassen und anregen**

Dieser Schritt besteht darin, dass im Rahmen einer Diskussion die zuvor identifizierten Teammitglieder die Möglichkeit bekommen, sich miteinander zu unterhalten, zu argumentieren, Gefühle zu zeigen und auch Koalitionen zu bilden.

So wird der „Angestellte" möglicherweise feststellen, dass er sich in einer ähnlichen Position befindet wie der „Besorgte", beide allerdings völlig konträre Positionen zum „Karriereinteressierten" einnehmen.

- **Schritt 4: Moderation und Strukturierung durch das Oberhaupt**

Jeder Mensch ist das Oberhaupt seines inneren Teams. Diese innere Instanz ist der Teamchef/die Teamchefin des inneren Teams. Das Oberhaupt ist bemüht, Einheit zu stiften und über dem Ganzen zu stehen.

Bei Moderation und Strukturierung der Diskussion wird das Oberhaupt in Mag. Leiter beispielsweise feststellen, dass es sich bei ihm um folgende Schwerpunkte dreht:

1. Wie sieht es mit seiner Motivation und der seiner Mitarbeiter/innen aus, das Projekt in der verkürzten Laufzeit umzusetzen?
2. Es ist ihm unangenehm, dass er alleine die negative Botschaft an die Projektmitarbeiter/innen übermitteln soll.
3. Kann man es verhindern, dass es bei zukünftigen Projekten wieder zu einer Verkürzung der Projektlaufzeit kommt?

- **Schritt 5: Brainstorming**

Beim Brainstorming geht es um die Suche nach Lösungsideen der einzelnen Stimmen. Es ist die Aufgabe des Oberhaupts, gezielte Fragen an jede einzelne Stimme zu formulieren. Welche Vorschläge hat der „Karriereinteressierte“, der „Angestellte“, der „Besorgte“ etc.?

Ziel ist es, statt einer reinen Zu- oder Absage eine Erweiterung von Möglichkeiten zu finden:

a. Zusage + Bedingung oder
b. Absage + Gegenangebot

Auf diese Weise kann Mag. Leiter Lösungen entwickeln, wie das Projekt in der verkürzten Projektlaufzeit umsetzbar ist, allerdings die Motivation sämtlicher Beteiligten erhalten oder gesteigert werden kann. Oder er wird feststellen, dass das Projekt nicht umsetzbar ist, allerdings wird er statt einem rigorosen „Nein“ Ideen finden, welche Gegenangebote er an seine Vorgesetzte und an die Geschäftsführung machen kann.

- **Schritt 6: Entwurf einer integrierten Stellungnahme**

Zu einer einheitlichen Lösung, die sämtliche inneren Stimmen der inneren Ratsversammlung zufriedenstellt, wird das Oberhaupt in den seltensten Fällen kommen. Aber es können auf diesem Weg Lösungen gefunden bzw. Reaktionen entworfen werden, die die Erkenntnisse der inneren Teammitglieder in sich vereinen.

Mag. Leiter kann beispielsweise auf diesem Weg zu dem Ergebnis gekommen sein,

- dass er sich der Verkürzung der Projektlaufzeit annehmen wird (*Zusage*),
- dass er ergänzend dazu allerdings (finanzielle) Vorteile für sich und seine Projektmitglieder aushandeln wird (*Bedingung*) und
- dass die Teamsitzung im Beisein von Frau Dr. Wichtig oder einem Mitglied der Geschäftsführung abgehalten wird (*Bedingung*).

Wenn man sich ausreichend Zeit nimmt, sämtliche Schritte der inneren Ratsversammlung zu durchlaufen, kann man ruhigen Gewissens sagen, dass man sein inneres Team befragt hat und für sich zu einem (relativ) stimmigen bzw. guten Ergebnis gekommen ist. Auf diese Weise hat man gleichzeitig auch die Möglichkeit gefunden, nach außen hin klarer zu kommunizieren.

3.3 Teufelskreise – die Zirkularität zwischenmenschlicher Interaktionen

Wenn Personen in Kontakt treten, kommt es zu Aktionen und Reaktionen, und die Beziehung kann als positiv oder negativ empfunden werden. Dies geschieht sowohl auf beruflicher als auch auf privater Ebene. Wenn zwei Menschen ihre Beziehung als schwierig empfinden und keinen Ausweg aus dieser Dynamik finden, dann droht die Gefahr, dass sie in einen Teufelskreis geraten (sind). Beide Parteien verstehen ihre Situation so, dass sie nichts anderes machen, als auf das Verhalten des/der anderen zu reagieren. Dies führt zu einer Eigendynamik, die keinen Beginn und kein Ende hat. Mit der Zeit können bereits Kleinigkeiten dazu führen, dass der Konflikt eskaliert (vgl. Schulz von Thun 2010b).

Beispiel

Herrn Mag. Leiter macht die Verkürzung der Projektlaufzeit sehr zu schaffen, und er versteht nicht, warum Frau Dr. Wichtig sich schon wieder nicht gegen die Vorgaben der Geschäftsführung gestellt hat. Es ist nicht das erste Mal, dass bei einem Projekt die Laufzeit verkürzt wurde. Generell hat er die Vermutung, dass Frau Dr. Wichtig sich viel zu wenig für die Belange der Projektteams einsetzt. Aus diesem Grund führt er ein spontanes Gespräch mit ihr, das allerdings nicht den von ihm erhofften Ausgang findet.

Seit dem Gespräch hat Frau Dr. Wichtig das Gefühl, dass ihre Führungskompetenzen von Herrn Mag. Leiter infrage gestellt werden. Sie ist über seine Vorgehensweise empört, fühlt sich zu Unrecht kritisiert, ist genervt, geht auf Distanz und verhält sich ihm gegenüber abweisend. Herr Mag. Leiter hingegen fühlt sich nicht geschätzt und in seinen Ansichten noch mehr bestätigt. Er ist wütend und versucht seine Chefin durch provokante Aussagen aus der Fassung zu bringen.

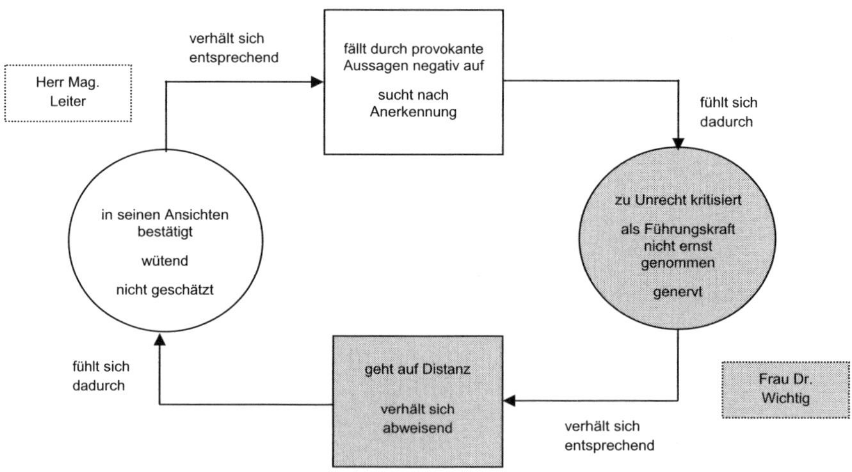

Abb. 4: Darstellung des Teufelskreises

Grau unterlegt sind die Innerungen (= die inneren Reaktionen: wie fühlt sich die Person, was geht in ihr vor) und die sichtbaren Verhaltensweisen (= Reaktionen, die nach außen gezeigt werden, bzw. Äußerungen, die getätigt werden) von Frau Dr. Wichtig dargestellt. Transparent sind die Innerungen und Verhaltensweisen von Herrn Mag. Leiter. Die Innerungen werden in den Kreisen abgebildet, die Äußerungen in den eckigen Kästchen (vgl. Schulz von Thun 2010b).

Wege aus dem Teufelskreis

Sobald jemand erkennt, dass er/sie in einem Teufelskreis gefangen ist, ist bereits ein erster wichtiger Schritt zu einer möglichen Konfliktlösung getan.

Um aus dieser Dynamik auszubrechen, ist die Erkenntnis notwendig, dass die eigenen Verhaltensweisen stets Reaktionen auf die Verhaltensweisen des/der anderen sind, der/die wiederum auf die von einem selbst gezeigten Verhaltensweisen reagiert (= zirkuläre Betrachtungsweise, vgl. Schulz von Thun et al. 2010).

Wenn diese Erkenntnis gewonnen ist, kann der Schritt vom reagierenden Opfer zur agierenden Person getan werden, indem man seine eigenen Verhaltensweisen verändert (vgl. ebd.). Wie würde sich beispielsweise das Verhalten von Herrn Mag. Leiter verändern, wenn Frau Dr. Wichtig plötzlich Anerkennung signalisiert?

Eine weitere oder ergänzende Lösungsmöglichkeit besteht darin, das Verhalten des/der Anderen dahingehend zu hinterfragen, ob es sich umdeuten lässt. Sollte dies gelingen, bestehen gute Chancen, dass sich die eigenen Innerungen zum Positiven verändern (vgl. ebd.). Herr Mag. Leiter erkennt beispielsweise, dass Frau Dr. Wichtig deshalb nichts gegen Verkürzungen von Projektlaufzeiten unternimmt, weil sie Vertrauen in ihn hat und überzeugt ist, dass er auch solche schwierigen Situationen meistert. Es ist davon ausgehen, dass er sich dadurch geschmeichelt fühlt und seine Vorgesetzte plötzlich mit anderen Augen sieht.

Ein weiterer Weg, aus dem Teufelskreis auszubrechen, ist die Umwandlung von einer senkrechten in eine waagrechte Kommunikation. Im Konfliktfall findet eine senkrechte Kommunikation statt: Die Konfliktparteien machen einander Vorwürfe oder zeigen jeweils Reaktionen auf die Verhaltensweisen des Konfliktpartners/der Konfliktpartnerin (von oben nach unten bzw. unten nach oben). Schaffen sie es jedoch, sich in Form eines **Metagesprächs** (= eine übergeordnete Position einnehmen und mit dem Blick „von oben" die Situation betrachten) über ihren gemeinsamen Teufelskreis auszutauschen oder auch darüber zu sprechen, was in ihnen vorgeht und was sie bewegt, so zu agieren, wie sie es bisher getan haben, dann erfolgt die Umwandlung in eine waagrechte Kommunikation, die sich als ausgesprochen förderlich für die Lösung eines Konfliktes bzw. als Weg raus aus dem Teufelskreis erweist (vgl. Schulz von Thun et al. 2010). Das aktive Zuhören ist eine mögliche Methode, die Beweggründe des Konfliktpartners/der Konfliktpartnerin besser zu verstehen (vgl. Abschnitt 5 in diesem Kapitel).

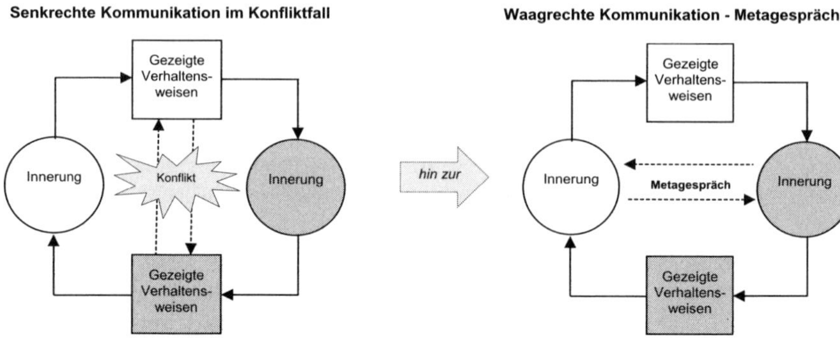

Abb.5: Senkrechte und waagrechte Kommunikation

3.4 Das Situationsmodell – die Logik sozialer Situationen

Nicht nur die Perspektiven des Senders/der Senderin bzw. des Empfängers/der Empfängerin sind für eine gelungene Kommunikation ausschlaggebend, auch das Umfeld und die Situation, in der die Kommunikation stattfindet, sind von wesentlicher Bedeutung (vgl. Schulz von Thun 2011).

Das Situationsmodell ist ein einfaches, aber ausgesprochen hilfreiches Instrument, das bei der Vorbereitung auf Gespräche, Besprechungen und Zusammenkünfte eingesetzt werden kann. Es trägt dazu bei, Situationen vollständig zu erfassen und den Blick auf das Wesentliche zu richten (= die Logik sozialer Situationen ganzheitlich zu erfassen, vgl. ebd.).

Eine gute Vorbereitung ist der Grundstein zu jeder professionellen Besprechung bzw. zu erfolgreichen Gesprächen und Zusammenkünften! Mithilfe des Situationsmodells wird ein klares Situationsverständnis geschaffen, um zermürbende oder chaotische Besprechungen, Teamsitzungen und Konferenzen zu vermeiden.

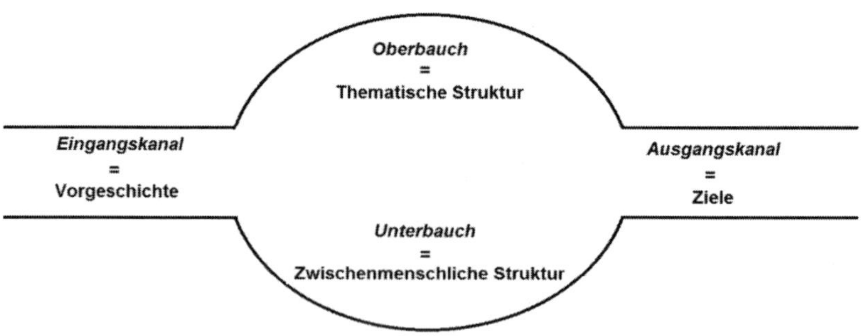

Abb. 6: Die vier Elemente des Situationsmodells

Eine Situation wird von vier Komponenten beeinflusst: der Vorgeschichte, ohne deren Kenntnisse Missverständnisse vorprogrammiert sind (= Eingangskanal), der thematischen Struktur, die mit den Zielen und dem Anlass korrespondieren sollte (= Oberbauch), der zwischenmenschlichen Struktur (= Unterbauch) und den angestrebten Zielen (= Ausgangskanal) (vgl. Schulz von Thun 2011 und Schulz von Thun et al. 2010).

Element	**Steht für**	**Zentrale Fragen**
Eingangskanal	Was geschah bisher? • Welche Vorgeschichte gibt es? • Anlässe, die zu dieser Situation geführt haben	• Was ist der Grund für dieses Treffen? • Welche Vorgeschichte gibt es zwischen den Gesprächspartner/inne/n? • Wer hat zu dem Gespräch eingeladen? • Gab es bereits frühere Gespräche zu diesem Thema?
Oberbauch	Worum geht es? • Thematische Struktur	• Welche Themen müssen behandelt werden? • Welche Informationen sind notwendig? • Welche Nebenaspekte sind wichtig? • Was gehört zu unseren Aufgaben, was nicht?
Unterbauch	Wer sind die Beteiligten und was sind ihre Rollen? • Zwischenmenschliche Struktur	• Wer sind die relevanten Personen, die für die Klärung des Themas notwendig sind? • Wie ist die hierarchische Struktur der Teilnehmenden untereinander? • Stimmt die geplante Zusammensetzung der Personen mit dem Gesprächsanlass überein? • Wer hat welches Interesse?
Ausgangskanal	Was soll erreicht werden? • Ziele, die erreicht werden sollen • „Outcome-Perspektive“, die geschaffen werden soll	• Welche Haupt- und Nebenziele gibt es für das Treffen? • Gibt es wichtige Teilziele, die erreicht werden sollten? • Soll eine Entscheidung, eine Vereinbarung oder ein gemeinsamer Wissensstand erreicht werden? • Soll eine Entscheidung gleich getroffen werden oder erst zu einem späteren Zeitpunkt?

Beispiel

Wie bereits im Abschnitt „Teufelskreise – die Zirkularität zwischenmenschlicher Interaktionen" dargestellt, ist es im spontanen Gespräch zwischen Herrn Mag. Leiter und Frau Dr. Wichtig zu gravierenden Meinungsunterschieden gekommen. Mithilfe des Situationsmodells wäre es möglich, dass sich Herr Mag. Leiter bereits im Vorhinein ausführlich auf das Gespräch vorbereitet, um (für sich) Klarheit über die Situation zu bekommen. Seine Vorbereitung könnte wie folgt aussehen (grob dargestellt):

Vorgeschichte:

- Verkürzung von Projektlaufzeiten hat bereits mehrmals bei unterschiedlichen Projekten stattgefunden.
- Bisher wurden diese Vorgaben der Geschäftsführung von Frau Dr. Wichtig 1:1 an die Projektteams weitergegeben.
- Er und seine Teammitglieder wurden bisher noch nie befragt, ob die Verkürzung der Projektlaufzeit aus ihrer Sicht realistisch umsetzbar ist.

Thematische Struktur:

- Weitergabe von Informationen, wie es derzeit im aktuellen Projekt läuft und wie es ihm und seinem Projektteam geht.
- Erläutern, dass er und sein Team unter permanentem Zeitdruck stehen und arbeiten,
- dafür aber wenig Anerkennung für ihre Leistungen bekommen
- und bisher jede gelungene Umsetzung von Projekten, in denen die Laufzeit verkürzt wurde, als selbstverständlich hingenommen wurde.

Zwischenmenschliche Struktur:

- Frau Dr. Wichtig – Vorgesetzte
- Herr Mag. Leiter – Projektleiter

Ziele:

- Seinen Arbeitsalltag und den seines Projektteams Frau Dr. Wichtig näherzubringen.
- Die Zufriedenheit der Mitarbeiter/innen zu thematisieren.
- Die Entscheidungen von Frau Dr. Wichtig zu verstehen (mehr Transparenz bei ihrer Entscheidungsfindung).
- Eine gemeinsame Informationsbasis zu schaffen, um in einem weiteren Treffen zu besprechen, wie zukünftig vermieden werden kann, dass Projektlaufzeiten verkürzt werden, bzw. wie er mehr in die Entscheidungsfindung eingebunden werden kann.

3.5 Das Werte- und Entwicklungsquadrat – die Dialektik von Werten und menschlichen Qualitäten

Jeder Wert (jede Tugend, jedes Persönlichkeitsmerkmal, jede menschliche Qualität) entfaltet nur dann seine volle konstruktive Wirkung, wenn er sich in einer Spannung zu einem positiven Gegenwert befindet. Dieser positive Gegenwert wird als „Schwesterntugend" bezeichnet. Sollte es diese Balance nicht geben, dann verkommt ein Wert zu seiner entwertenden Übertreibung (vgl. Schulz von Thun 2010b).

Oder anders ausgedrückt:

Bei jeder erstrebenswerten Qualität (= Wert) besteht das Risiko, dass sie, wenn sie einseitig gelebt wird, zu einer störanfälligen Schwäche (= Unwert) verkommt, da sie aus der Balance gerät. Aus diesem Grund benötigt sie die Ergänzung durch einen positiven Gegenwert (= „Schwestertugend"), zu dem sie in einem ausgewogenen Spannungsverhältnis steht. Das angepeilte Ideal ist nicht statisch, sondern – in Abhängigkeit von der jeweiligen Situation – in dynamischer Balance (vgl. Schulz von Thun 2010b).

Beispiel

Zuneigung (= Wert) ist wichtig für eine Beziehung. Wird sie jedoch einseitig und in zu großem Ausmaß ausgelebt, dann kann dies dazu führen, dass es „zu viel des Guten" wird und der/die Partner/in mit der Zeit aufgrund der **übertriebenen Hingabe** „von Liebe erdrückt" wird **(= entwertende Übertreibung)**.

Damit die Zuneigung nicht aus der Balance gerät, bedarf es daher eines **positiven Gegenwerts** („Schwestertugend"), mit der sie in einem positiven Spannungsverhältnis steht: der „gesunden" **Distanz**. Aber auch die Distanz kann so übertrieben gelebt werden (= **entwertende Übertreibung**), dass sie zu einem **Unwert**, zur **Gleichgültigkeit**, verkommt.

Als Wertequadrat dargestellt sieht dieses Beispiel wie folgt aus:

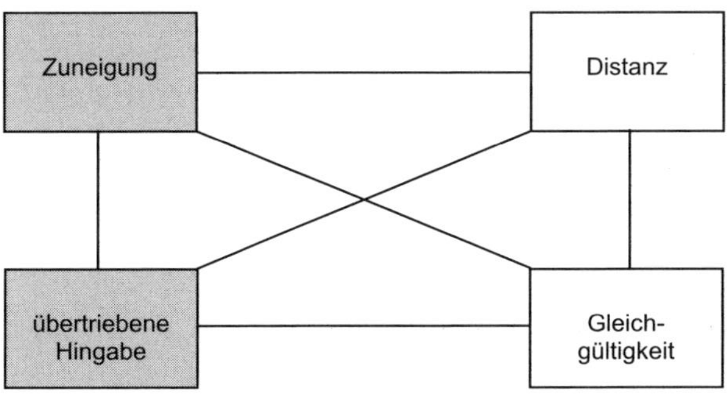

Abb. 7: Beispiel für ein Wertequadrat

Allgemein ausgedrückt stellt sich ein Wertequadrat daher folgendermaßen dar (vgl. Schulz von Thun 2010b):

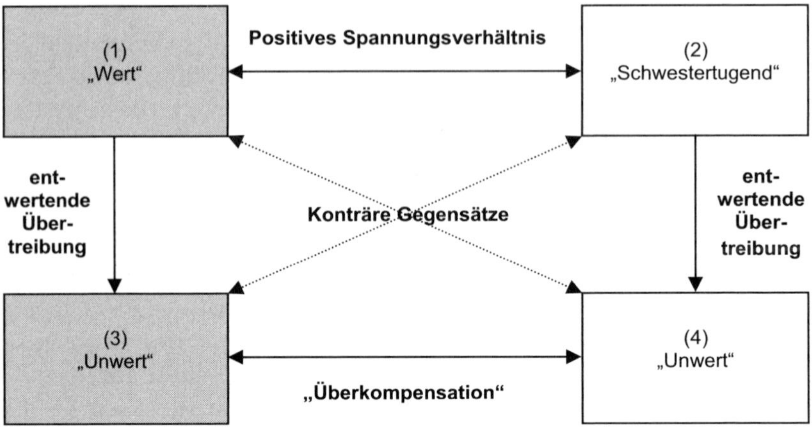

Abb. 8: Allgemeine Struktur eines Wertequadrats

- Der Wert und seine „Schwestertugend" finden sich auf der oberen horizontalen Linie: Nr. (1) und Nr. (2). Diese beiden Werte stehen in einem positiven Spannungsverhältnis (= Ergänzungsverhältnis). Zu jedem dieser beiden Werte gibt es allerdings auch einen Unwert. Der Unwert ist die entwertende Übertreibung eines Wertes: Nr. (3) = entwertende Übertreibung von Nr. (1), Nr. (4) = entwertende Übertreibung von Nr. (2).
- Auf der unteren horizontalen Linie finden sich die Unwerte: Nr. (3) und Nr. (4). Um einem Unwert zu entkommen, sollte man sich in das Spannungsverhältnis der positiven Werte weiterentwickeln (Werte der oberen horizontalen Linie). Falls es allerdings nicht gelingt, diesen Weg zu beschreiten, besteht das Risiko, von einem Unwert in den entgegengesetzten Unwert zu fliehen (= Weiterentwicklung entlang der unteren horizontalen Linie). Durch Überkompensation wird der Unwert, dem man entfliehen möchte, durch den gegenteiligen Unwert ersetzt („Überkompensation: einen persönlichen Mangel so stark überwinden, dass es des Guten zu viel wird" – Schulz von Thun 2010b, S. 40).
- Die diagonalen Linien zeigen die konträren Gegensätze zwischen einem Wert und einem Unwert: Nr. (1) und Nr. (4) bzw. Nr. (2) und Nr. (3).

Der Schritt vom Werte- zum Entwicklungsquadrat

Der praktische Sinn des Wertequadrats liegt darin, sich mit Eigenschaften (Werten oder Unwerten) von sich oder von anderen Personen auseinanderzusetzen.

Aus der Logik des Wertequadrats ergibt sich, „dass jeder Mensch mit einer bestimmten erkennbaren Eigenschaft immer auch über einen „schlummernden Gegenpol" verfügt, den er in sich wecken und zur Entwicklung bringen kann" (Schulz von Thun 2010b, S. 44).

Menschen wollen oder müssen sich weiterentwickeln, um persönlichen oder beruflichen Herausforderungen gewachsen zu sein. Das den individuellen Bedürfnissen entsprechende Wertequadrat stellt die Basis dar, um die Entwicklungsrichtung(en) einer Person zu bestimmen. Ausgehend von den Unwerten ergeben sich über die konträren Gegensätze die Entwicklungspotenziale. Damit ist der Schritt vom Wertequadrat hin zum Werte- und Entwicklungsquadrat getan (vgl. Schulz von Thun 2010b).

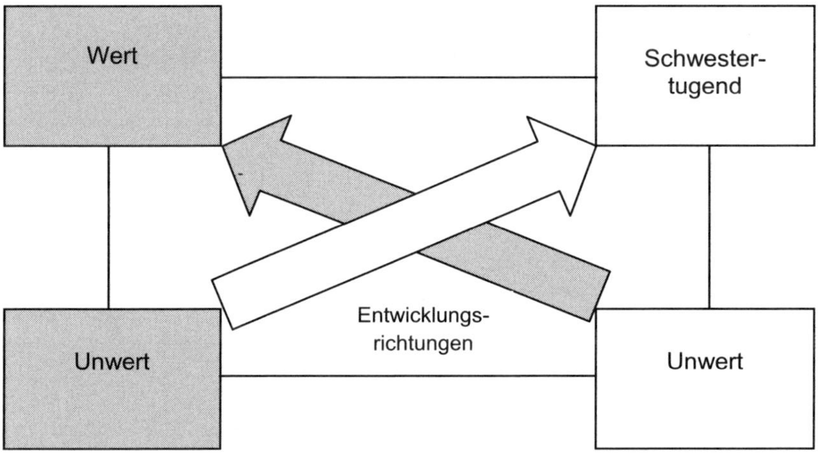

Abb. 9: Vom Werte- zum Entwicklungsquadrat

Beispiel

Nach einer Aussprache mit Frau Dr. Wichtig erkennt Herr Mag. Leiter, dass er bei seinem spontanen Gesprächsversuch zu übertrieben agiert hat und dass der Konflikt mit seiner Vorgesetzten vermeidbar gewesen wäre. Im Rahmen eines Mitarbeitergesprächs beschäftigen sich daher Frau Dr. Wichtig und Herr Mag. Leiter damit, wie dieser sich persönlich weiterentwickeln kann. Eines ist beiden klar, Herr Mag. Leiter muss noch mehr an seiner Empathie arbeiten.

- Empathie (im Sinne von: die Aufmerksamkeit auf die Bedürfnisse einer anderen Person richten) ist die Charaktereigenschaft, die analysiert wird.
- Auf gleicher Ebene, als Schwestertugend, befindet sich die ebenfalls positive Gegenstellung „gesunder" Egoismus (im Sinne von: die Aufmerksamkeit auf die eigenen Bedürfnisse richten).

- Ein Übermaß an Empathie führt zu einer völligen Selbstlosigkeit (im Sinne von: ausschließlich auf die Bedürfnisse einer anderen Person ausgerichtet sein).
- Die entwertende Übersteigerung des „gesunden" Egoismus ist die Egomanie (im Sinne von: ausschließlich auf die eigenen Bedürfnisse ausgerichtet sein).
- Entwicklungsrichtungen: Ein egozentrierter Mensch entwickelt sich zu einer empathischen Persönlichkeit. Im Gegensatz dazu würde ein völlig selbstlos agierender Mensch von einem gesunden Egoismus profitieren.

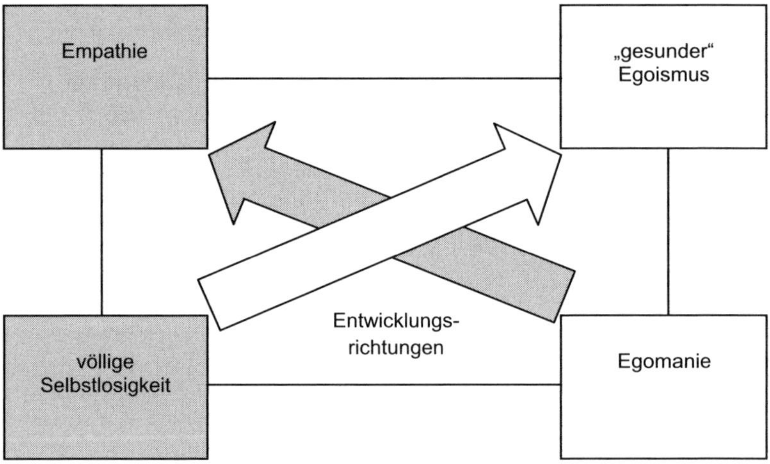

Abb. 10: Beispiel für ein Werte- und Entwicklungsquadrat

Hinweis zur Konstruktion eines Werte- und Entwicklungsquadrats

Ausgehend von einem positiven Wert kann entweder zuerst die Schwestertugend, die entwertende Übertreibung oder aber auch der konträre Gegensatz gesucht werden. Die Reihenfolge ist beliebig und wird vermutlich bei jedem zu konstruierenden Werte- und Entwicklungsquadrat variieren. Ebenso kann bei der Konstruktion von einem Unwert gestartet werden (vgl. Schulz von Thun 2010b).

4. Analyse von Kommunikation aus der Sicht der Transaktionsanalyse

Die Transaktionsanalyse wurde von Eric Berne und Thomas Harris in den 1950er-Jahren entwickelt. Dieses Modell geht davon aus, dass in jeder Person drei Persönlichkeitsinstanzen vorhanden sind, die sich als jeweilige **„Ich-Zustände"** in dem, was wir sagen und wie wir es sagen und uns verhalten, zu Wort melden können (vgl. Harris 2010).

Kern der Transaktionsanalyse ist die **Transaktion**. Eine Transaktion besteht aus einem Stimulus (Reiz, z. B. was jemand sagt und/oder macht, wie sich diese Person verhält) und einer Reaktion (Antwort auf das Gesagte, Verhalten). Jede Reaktion einer vorangegangenen Transaktion kann Stimulus der nächsten Transaktion sein. Kommunikation wird als Abfolge von Transaktionen gesehen (vgl. Harris 2010, Nowak 2011).

Eine Analyse der Transaktionen kann Aufschluss über die Kommunikation zwischen Menschen geben, Probleme in der Kommunikation aufzeigen und dem Entstehen von Konflikten zwischen Menschen entgegenwirken. Aus den Ergebnissen der Transaktionsanalyse können Maßnahmen abgeleitet werden, die dazu dienen, die Kommunikation wieder harmonisch und „fließend" werden zu lassen und Konfliktpotenzial zu verringern (vgl. Berne 1993a und 1993b, Bennett 1986). Diese werden im Abschnitt 4.3 näher beschrieben.

4.1 Unterscheidung von drei Ich-Zuständen

Die Transaktionsanalyse unterscheidet zwischen drei „Ich-Zuständen" (vgl. Berne 1993a, Harris 2010, Nowak 2011):

Der **Eltern-Ich-Zustand (das Eltern-Ich)** drückt Verhalten, Denken und Meinungen aus, die von den Eltern oder anderen „Autoritäten" wie Vorgesetzten, Lehrkräften übernommen wurden, so wie sie während des Heranwachsens wahrgenommen wurden. Drücken das Gesagte und/oder das Verhalten einer Person Normen, Gebote, Verbote oder Prinzipien aus, so kommuniziert die Person aus ihrem „Eltern-Ich-Zustand". Unterstützt werden solche Aussagen häufig durch körpersprachliche Signale wie erhobenen Zeigefinger, kritischen Blick u. Ä. (vgl. Harris 2010).

Der **Erwachsenen-Ich-Zustand (das Erwachsenen-Ich)** orientiert sich objektiv an Daten und Fakten, ist überlegt und besonnen, analysiert, trifft sachliche Entscheidungen und ist an konstruktiven Problemlösungen interessiert.

Der **Kind-Ich-Zustand (das Kind-Ich)** umfasst Verhalten, Denken und vor allem Gefühle (innere Ereignisse), die ein Kind als Reaktion auf äußere Ereignisse (alles, was es hört und sieht, z. B. das Verhalten seiner Eltern) entwickelt hat. Wird ein Mensch von seinen Gefühlen geleitet oder sogar überwältigt, hat entsprechend der Transaktionsanalyse das Kind-Ich in ihm „die Führung übernommen".

Beim Eltern-Ich- und beim Kind-Ich-Zustand werden verschiedene Facetten unterschieden: Das Eltern-Ich kann einerseits kritisch oder andererseits fürsorglich ausgeprägt sein. Das Kind-Ich umfasst das freie und das angepasste Kind-Ich. Jede Facette hat sowohl positive als auch negative Seiten:

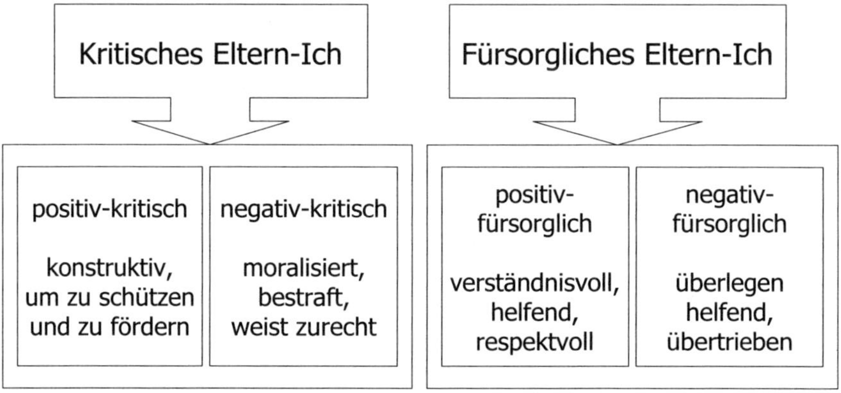

Abb. 11: Kritisches und fürsorgliches Eltern-Ich

Das **kritische Eltern-Ich** zeigt sich in (normativen) Äußerungen gegenüber anderen Personen, in denen jemand etwas muss, soll oder nicht darf. Es beinhaltet Normen, die unreflektiert oder sogar irrational sein können. Das positiv-kritische Eltern-Ich zielt darauf ab, andere zu schützen und/ oder zu fördern. Es kann als konstruktive Kritik verstanden werden. Das negativ-kritische Eltern-Ich ist moralisierend, richtend und autoritär. Es bestraft und weist zurecht (vgl. Harris 2010).

Das **fürsorgliche Eltern-Ich** will in erster Linie helfen. In diesem Ich-Zustand zeigt sich eine Person verständnisvoll, geduldig, unterstützend. Sie tröstet, beruhigt, bewertet positiv, ermutigt und gleicht aus. In der positiven Variante ist dieses Verhalten von echtem Respekt gegenüber einem Menschen geprägt, in der negativen Variante ist es übertrieben fürsorglich, drückt Überlegenheit aus und bedrängt andere Menschen, Hilfe und Ratschläge anzunehmen (vgl. Harris 2010).

Das **Kind-Ich** umfasst alle Verhaltensweisen und Gefühle, die ein Kind in Reaktion auf äußere Ereignisse entwickelt. Impulsives, intuitives und ausgelassenes Verhalten zählt genauso dazu wie gedrücktes, sich unterordnendes angepasstes Verhalten (vgl. Nowak 2011).

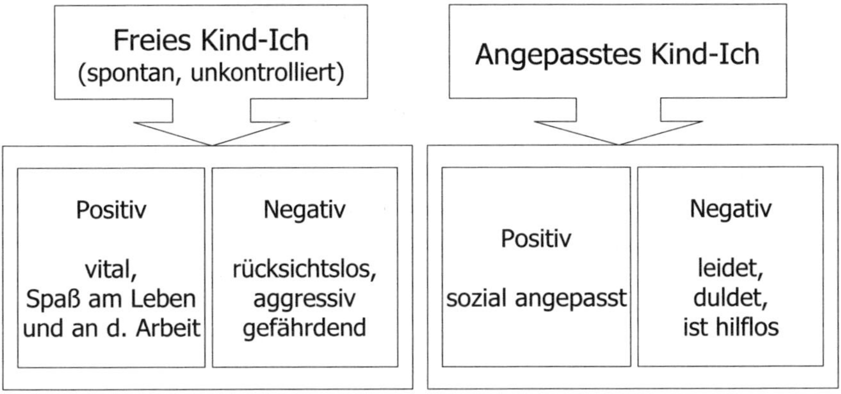

Abb. 12: Freies und angepasstes Kind-Ich

Das **freie Kind-Ich** ist dadurch charakterisiert, dass alle Gefühle und Impulse spontan und unkontrolliert geäußert werden. Diese Äußerungen sind oft unzensiert, dafür aber vollkommen authentisch. In der positiven Variante zeigt es Spaß am Leben, Vitalität, Kreativität, Tatendrang und echte Freude mit dem, was es tut und was es hat. In der negativen Variante kann es rücksichtsloses und aggressives Verhalten zeigen, da es sich an keine Normen und Gebote (der Eltern oder anderer Autoritäten) hält. Dieses Verhalten kann auch andere gefährden (vgl. Harris 2010).

Das **angepasste Kind-Ich** benimmt sich unauffällig und orientiert sich an den Erwartungen an seine Person. Zum positiven angepassten Kind-Ich-Zustand zählen sozial angepasste Verhaltensmuster, die sich vorteilhaft und konstruktiv auswirken. In der negativen Ausprägung wird das noch als angenehm empfundene Maß der Anpassung überschritten. Man leidet, duldet, tut sich selber leid, gibt nach und verzichtet, lächelt devot und bleibt dabei unglücklich (vgl. Harris 2010).

Alle Ich-Zustände sind mehr oder weniger in jedem Menschen ausgeprägt. In der Regel ist ein Mensch in der Lage, den Ich-Zustand zu wählen, den er in einer bestimmten Situation für angemessen hält: Ein Mensch, der umsorgen oder helfen möchte, wird den Ich-Zustand des fürsorglichen Eltern-Ichs annehmen. Ein Mensch, der seine Begeisterung und Freude am Spiel mit anderen ausdrückt, agiert aus dem freien Kind-Ich heraus. Weder das Eltern-Ich noch das Kind-Ich oder das Erwachsenen-Ich sind als solche als „gute“ oder „schlechte“ Ich-Zustände zu beschreiben. Jeder Ich-Zustand ist in bestimmten Situationen angemessen und in anderen unangebracht (vgl. z. B. Schmidt 2009).

Die Analyse, aus welchem Ich-Zustand eine Person agiert und welchen Ich-Zustand sie in einer anderen Person anspricht, ist der erste Schritt zur Transaktionsanalyse und damit zur Analyse von Kommunikation und Kommunikationsstörungen.

4.2. Verschiedene Formen von Transaktionen

Die einfache Transaktion

Eine **einfache Transaktion (Komplementärtransaktion, parallele Transaktion)** entsteht, wenn der/die Empfänger/in einer Transaktion aus dem Ich-Zustand reagiert, in dem er/sie angesprochen wurde, und er/sie beim Sender/bei der Senderin wieder den Ich-Zustand anspricht, aus dem heraus diese/r ursprünglich agiert hat (vgl. Harris 2010, Nowak 2011).

Das folgende Beispiel zeigt eine einfache Transaktion, bei welcher der/die Sender/in A aus dem Erwachsenen-Ich-Zustand (orientiert an Fakten: Wo ist der blaue Ordner?) den Erwachsenen-Ich-Zustand des Empfängers/der Empfängerin B anspricht. B antwortet aus dem Ich-Zustand heraus, in dem er/sie angesprochen wurde (Erwachsenen-Ich, ebenfalls orientiert an Fakten: Ganz oben im Regal!) und spricht bei A wieder den Ich-Zustand an, aus dem diese/r ursprünglich agiert hat.

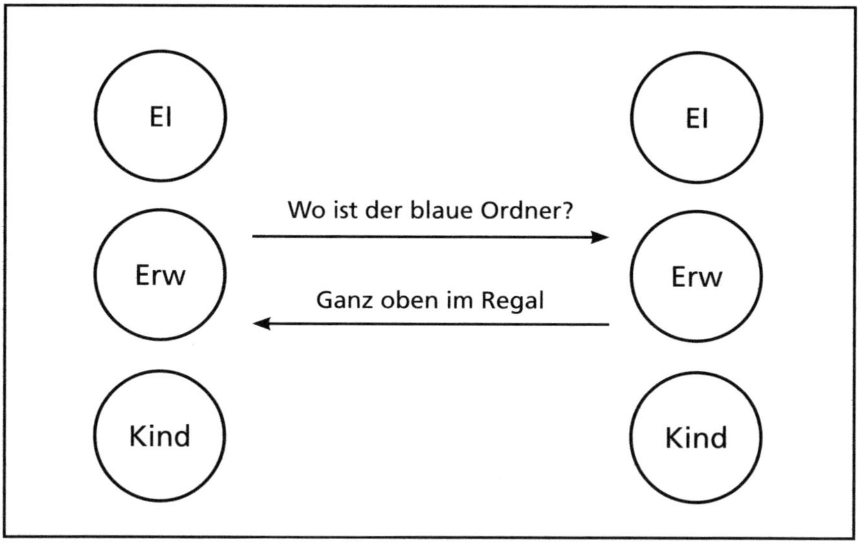

Abb. 13: Beispiel für eine einfache Transaktion (links Person A, rechts Person B)

Weitere Beispiele für einfache Transaktionen:
Sender/in (kritisches Eltern-Ich an kritisches Eltern-Ich):
Die Werbebranche ist auch nicht mehr das, was sie einmal war!
Empfänger/in (kritisches Eltern-Ich an kritisches Eltern-Ich):
Das kann man wohl sagen! Da haben Sie vollkommen recht!

Sender/in (freies Kind-Ich an freies Kind-Ich):
Ich arbeite gerne mit Ihnen zusammen!
Empfänger/in (freies Kind-Ich an freies Kind-Ich):
Ich habe auch viel Spaß an der Arbeit mit Ihnen!

Sender/in (kritisches Eltern-Ich an angepasstes Kind-Ich):
Räumen Sie doch Ihren Schreibtisch auf, hier findet man ja nicht einmal mehr einen Bleistift!
Empfänger/in (angepasstes Kind-Ich an kritisches Eltern-Ich):
Entschuldigen Sie bitte die Unordnung! Ich werde gleich mit dem Aufräumen anfangen!

Solange die Botschaften stimmig (oder „parallel" – siehe die beiden Pfeile in der Abbildung) verlaufen, bleibt die Kommunikation glatt fließend und ungestört.

Die Überkreuz-Transaktion

Zu einer **Überkreuz-Transaktion** kommt es, wenn beim Empfänger/bei der Empfängerin B ein anderer Ich-Zustand aktiv wird als jener, der vom Sender/von der Senderin A angesprochen wurde, und/oder B bei A einen anderen Ich-Zustand anspricht als den, aus dem A ursprünglich agiert hat. Man kommuniziert nicht mehr auf „einer Wellenlänge": Die Kommunikation ist gestört, sie kann abbrechen, die Grundlage für einen Konflikt ist gelegt (vgl. Harris 2010).

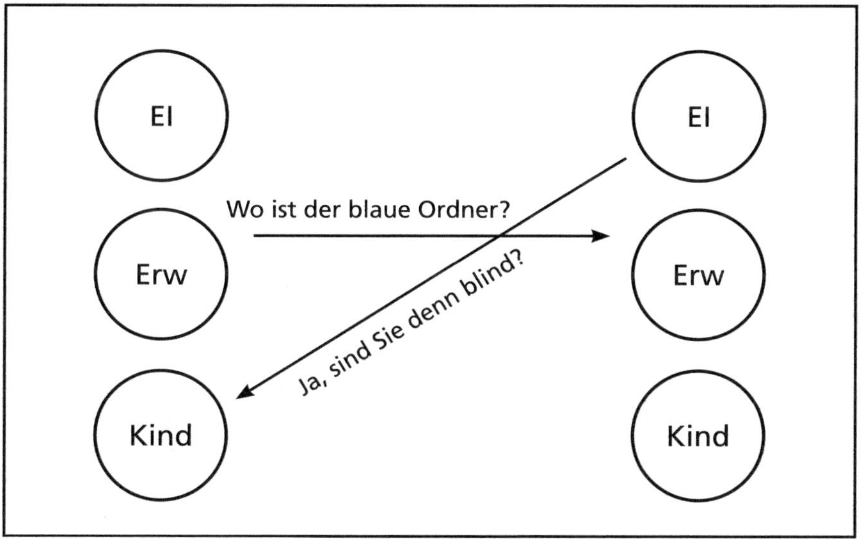

Abb. 14: Beispiel für eine Überkreuz-Transaktion (links Person A, rechts Person B)

In diesem Fall könnte A der Botschaft „Wo ist der blaue Ordner?" die „Kreuzung" der Transaktion durch B ignorieren oder überspielen, indem A so tut, als hätte er/sie die Antwort nicht gehört. Dennoch wäre die Beziehung zwischen den beiden Personen A und B gestört.

Häufig reagieren Personen jedoch mit einem verbalen Gegenangriff (z. B. „Wer ist hier blind? Sie haben wohl selbst Probleme, Ihre Sachen zu finden!“). Dadurch wird die Kommunikation nur noch schwieriger, das Gesprächsklima ist gereizt und wenig konstruktiv.

Oder A durchkreuzt die unangenehme Transaktion und versucht, das Gespräch wieder auf eine sachliche Ebene zu bringen. Das Kreuzen einer Überkreuz-Transaktion wird im Abschnitt 4.3 beschrieben.

Weitere Beispiele für Überkreuz-Transaktionen:
Sender/in (kritisches Eltern-Ich an kritisches Eltern-Ich):
Die Werbebranche ist auch nicht mehr das, was sie einmal war!
Empfänger/in (kritisches Eltern-Ich an angepasstes Kind-Ich):
Na ausgerechnet Sie sagen das! Sie sollten lieber auf Ihre eigene Branche achten!

Sender/in (freies Kind-Ich an freies Kind-Ich):
Ich arbeite gerne mit Ihnen zusammen!
Empfänger/in (kritisches Eltern-Ich an angepasstes Kind-Ich):
Wir sollten uns wirklich auf die Arbeit konzentrieren!

Sender/in (kritisches Eltern-Ich an angepasstes Kind-Ich):
Räumen Sie doch Ihren Schreibtisch auf, hier findet man ja nicht einmal mehr einen Bleistift!
Empfänger/in (freies Kind-Ich an kritisches Eltern-Ich):
Immer gehen Sie auf mich los! Hacken Sie doch einmal auf jemand anderem herum!

Verdeckte Transaktionen

Verdeckte Transaktionen bestehen darin, dass etwas anderes gemeint wird als das, was explizit (in Worten) gesagt wird. Dabei wird scheinbar in einem Ich-Zustand kommuniziert, gleichzeitig werden Botschaften (z. B. durch den Tonfall, durch Gesten, ...) von einem anderen Ich-Zustand gesendet. Es sind also zwei Ich-Zustände gleichzeitig beteiligt (vgl. Harris 2010).

Solche Transaktionen sind nicht immer klar erkennbar, für die Betroffenen sind sie oft schwer zu durchschauen und Quelle für Missverständnisse. Besonders kompliziert wird es dann, wenn die Gesprächspartner/innen nur auf das Gesprochene oder nur auf die mitschwingende Botschaft achten und die restliche Information der Nachricht nicht verstehen oder ignorieren.

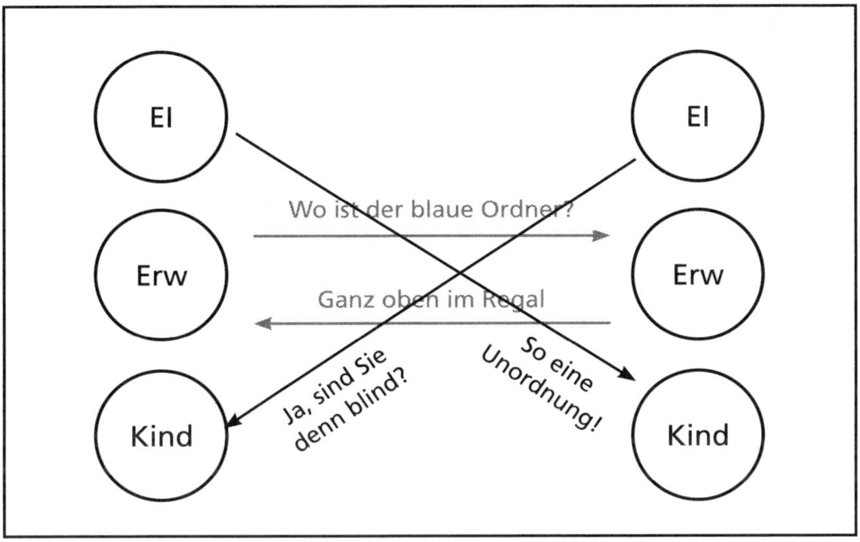

Abb. 15: Beispiel für eine verdeckte Transaktion

4.3. Zusammenfassende Hinweise für eine konstruktive Kommunikation

Es ist weder notwendig noch wünschenswert, mit einem/einer Gesprächspartner/in immer aus demselben Ich-Zustand zu kommunizieren. Beziehungen, in denen die Partner/innen ihre Ich-Zustände immer wieder wechseln, sind lebendiger, weil nicht nur Sachinformation (Erwachsenen-Ich), sondern auch Gefühle und Weltanschauungen (Kind-Ich, Eltern-Ich) ausgetauscht werden.

Wenn man Kommunikation so gestalten will, dass sie glatt fließt und vorhersehbar ist, sollte man sich um einfache (oder parallele) Transaktionen bemühen. Einfache Transaktionen im Erwachsenen-Ich sind förderlich für den Gesprächsfortschritt, Informationsaustausch und sachliche Argumentation.

Durch einfache Transaktionen im Kind-Ich kommt es zu gutem Kontakt und einer Atmosphäre der Übereinstimmung. Dieses angenehme Gesprächsklima kann wiederum förderlich für die sachliche Auseinandersetzung sein.

Erscheint die Kommunikation mit einem/einer Gesprächspartner/in „unrund", kompliziert, sprunghaft und unangenehm, sollte man überlegen, ob es zu Überkreuz-Transaktionen kommt, und diese bewusst kreuzen und/oder eigene Kreuzungen unterlassen.

Das **Kreuzen unangenehmer Transaktionen** stellt eine effektive Methode dar, um einen gewünschten Kommunikationsstil zu erreichen. Man muss den/die Gesprächspartner/in aus seinem/ihrem Ich-Zustand herausbringen und/oder den eigenen Ich-Zustand verändern.

Damit die Kommunikation wieder fließend wird, ist es wichtig, zunächst aus dem Ich-Zustand zu antworten, der von dem/der Gesprächspartner/in angesprochen wurde. Das bedeutet konkret:

- Auf einen Angriff (kritisches Eltern-Ich an angepasstes Kind-Ich) nicht sofort mit einer sachlichen Frage reagieren! Das könnte den/die Gesprächspartner/in noch weiter aufbringen! Zuerst bedauern (angepasstes Kind-Ich), dass sich der/die andere über einen geärgert hat, und dann umleiten auf eine andere Ich-Ebene (vermutlich Erwachsenen-Ich).
- Ungebetene Ratschläge (fürsorgliches Eltern-Ich an angepasstes Kind-Ich) nicht sofort sachlich auf deren Anwendbarkeit und Sinnhaftigkeit überprüfen, sondern sich zunächst bei dem/der Gesprächspartner/in bedanken (Kind-Ich), dass er/sie einem helfen will, und dann umleiten auf eine andere Ich-Ebene.
- Die Bitte um Hilfe (angepasstes Kind-Ich an fürsorgliches Eltern-Ich) zunächst mit der Zusage beantworten, dass man gerne helfen will (Eltern-Ich), und erst dann sachlich fragen, worum es geht (Erwachsenen-Ich).

Der/Die Empfänger/in einer verdeckten Transaktion sollte seine/ihre Unsicherheit, wie eine Botschaft gemeint war, mitteilen und nachfragen, insbesondere durch aktives Zuhören.

5. Aktives Zuhören

Das aktive Zuhören ist eine effektive Methode, um mehr über den/die Kommunikationspartner/in zu erfahren und dessen/deren persönliche Situation besser verstehen zu können, insbesondere in schwierigen Kommunikationssituationen. Das aktive Zuhören erfordert die Bereitschaft, sich in die andere Person hineinzuversetzen und nicht sofort das Gehörte zu bewerten und eigene Argumente oder Entgegnungen zu formulieren. Vielmehr versucht man, die Situation, die Gefühle und Gedanken des Kommunikationspartners/der Kommunikationspartnerin zu verstehen und möglichst viel darüber zu erfahren.

Das erfordert zunächst Fähigkeiten des umschreibenden Zuhörens (vgl. Weisbach 2001), indem man den Gesprächsinhalt mit eigenen Worten wiedergibt. Diese Paraphrasierung des Gesagten ist insofern eine Herausforderung, als man eigene Formulierungen finden muss, um das Gesagte nicht wortwörtlich zu wiederholen.

Eingeleitet wird das umschreibende Zuhören mit Formulierungen wie „Sie meinen also …“ oder „Dir ist wichtig, dass …“ oder „Wenn ich das richtig verstanden habe …“. Der/Die Gesprächspartner/in weiß damit, dass man nicht nur zugehört, sondern auch verstanden hat, was er/sie gesagt hat.

Diese Art des Zuhörens sollte z. B. in Besprechungen dann eingesetzt werden, wenn man merkt, dass man auf keine gemeinsame Lösung kommt oder dass man aneinander vorbeiredet. Oft wird durch das Wiederholen der anderen Meinungen klar, was der/die Gesprächspartner/in meint und was ihm/ihr wichtig ist.

Das aktive Zuhören baut darauf auf und bezieht die Gefühle, Wünsche, Sorgen des Gesprächspartners/der Gesprächspartnerin mit ein. Hier geht es nicht um die inhaltliche Wiedergabe des Gesagten, sondern um all das, was mit dem gesprochenen Wort mitschwingt. Es geht darum, zu erkennen, was der/die andere zwischen den Zeilen sagt und vor allem durch Tonfall, Stimmlage und/oder Mimik zum Ausdruck bringt.

Wenn ein Kollege oder eine Kollegin einen Fehler macht, sagt man vielleicht nicht „Ich bin jetzt sehr verärgert!", sondern man geht darüber hinweg (etwa durch „Na, das kann passieren") oder fragt z. B. danach, worin das Problem bestanden hat. Durch die Art, wie man spricht, und durch körpersprachliche Signale vermittelt man aber trotzdem den Eindruck, dass man verärgert ist. Aktives Zuhören bedeutet in dieser Situation, dass der Kollege/die Kollegin diesem Eindruck nachgeht und versucht, mehr darüber zu erfahren, wie es einem geht und ob sein/ihr Eindruck stimmt.

Sagt er/sie zum Beispiel „Du bist sicher verärgert, weil ich einen Fehler gemacht habe", fühlen wir uns ernst genommen und können darüber sprechen. Es bleibt kein Ärger unausgesprochen im Raum, der weiter in und zwischen uns „arbeitet".

Aktives Zuhören ist vor allem dann angebracht, wenn wir spüren, dass jemand ein Problem hat, die Stimmung sehr angespannt ist oder eine heikle Sachlage geklärt werden muss. Es schafft Vertrauen zwischen den Gesprächspartner/inne/n und ermöglicht dem/der Sprechenden, selbst Klarheit über seine/ihre Empfindungen und Probleme zu bekommen. Dem/Der Gesprächspartner/in wird die Gelegenheit gegeben, über seine/ihre Probleme nachzudenken.

Methoden des aktiven Zuhörens

Aktives Zuhören ist kein feststehendes Modell, es ist vielmehr eine bestimmte Haltung dem/der Gesprächspartner/in gegenüber, die Aufmerksamkeit, aufrichtiges Interesse und Anteilnahme signalisiert. Die folgenden Methoden sind Kernelemente des aktiven Zuhörens:

Verwendung von Türöffnern:
Türöffner sind Erwiderungen des Empfängers/der Empfängerin an den/die Sender/in, in denen er/sie nicht seine/ihre eigenen Gedanken, Urteile oder Gefühle ausdrückt, sondern den/die Sender/in ermuntert, ihn/sie (noch) mehr an seinen/ihren eigenen Gedanken, Gefühlen und Urteilen teilhaben zu lassen. Ganz einfache Türöffner sind Äußerungen wie: „Aha", „Hmmm, interessant!", „Tatsächlich? Was du nicht sagst!"

Der Tonfall ist bei solchen Äußerungen besonders wichtig. Klingen sie ironisch oder nicht ehrlich gemeint, können sie, statt die Tür zu öffnen, diese „zuknallen“ lassen. Türöffner können aber auch längere Sätze sein wie etwa: „Das ist aber interessant. Erzähl mir mehr darüber!“, „Möchtest du darüber sprechen? Erzähl mir ruhig die ganze Geschichte!“, „Schieß los, ich höre! Was ist passiert?“ oder „Das scheint dir wirklich wichtig zu sein.“

Formulierung von Fragen mit den Gedankengängen des anderen:
Darin besteht die eigentliche Methode des aktiven Zuhörens. Anstatt die Information, die der/die Sender/in gibt, zu bewerten, fragt man in Form einer Paraphrase zurück: Man stellt eine Frage mit den Gedankengängen des/der anderen. Dadurch wird der/die Sender/in veranlasst, weiterzusprechen, da er/sie weiß, dass seine/ihre Nachricht zwar gehört, aber nicht bewertet wird. Vielmehr versucht der/die Empfänger/in zu verstehen, was der/die Sender/in empfindet und wie es ihm/ihr geht. Er/Sie sendet keine eigene Botschaft zurück (eine Bewertung, ein Urteil, einen Ratschlag, ein Argument), sondern meldet mit seiner/ihrer Frage nur zurück, was seines/ihres Erachtens die Botschaft des Senders/der Senderin gewesen ist und was sie für diese/n bedeutet.

Folgende Beispiele sollen die Methode des aktiven Zuhörens illustrieren:

Negativbeispiel:

Kollege: Heute ist wieder so ein entsetzlicher Tag!
Kollegin: Immer müssen Sie jammern!

Positivbeispiel:

Kollege: Heute ist wieder so ein entsetzlicher Tag!
Kollegin: Sie klingen wirklich verärgert. Was ist denn Entsetzliches passiert?

Effektives aktives Zuhören wird durch folgende Maßnahmen unterstützt:

- Blickkontakt und körperliche Signale zeigen, dass man zuhört.
- Genug Zeit für das Gespräch nehmen.
- Die eigene Meinung (Ratschläge, Wertungen) bewusst zurückhalten.
- Den/Die Gesprächspartner/in nicht lenken, sondern ihm/ihr die Wahl der Themen, die er/sie besprechen möchte, überlassen.
- Pausen akzeptieren.
- In die Lage des anderen hineinversetzen, versuchen, die Gefühle und Stimmung des/der anderen zu spüren und rückzumelden („Es ist also wichtig für Sie, dass …“ oder „Sie befürchten also, dass …“)
- Das Gesagte paraphrasieren – zu erfassen versuchen, was der andere wirklich meint, und nicht an Reizwörtern festhaken („Habe ich Sie richtig verstanden, dass …“).
- Keine Suggestivfragen stellen („Glauben Sie nicht auch, dass es effektiver wäre, wenn Sie …“), sondern offen fragen (Wer? Wie? Was? Wozu? Warum?) oder gezielt nachfragen („Was bedeutet das für Sie?“).

Nachteile und Gefahren, die mit dem aktiven Zuhören verbunden sind

Ein Nachteil besteht darin, dass aktives Zuhören viel Zeit beanspruchen kann. Vielleicht gibt der/die Sender/in mehr preis, als man eigentlich wissen wollte, und kann oder will seinen/ihren Redefluss aber nicht stoppen. Damit verbunden ist das Gefühl der Ungeduld (oder Frustration), wenn man das Problem zwar erkennen, aber keine Lösung finden kann. Hier ist es wichtig, zu akzeptieren, dass ein Gespräch nicht unbedingt sofort zu einer Lösung führen muss.

Ein weiterer Nachteil besteht in der Missbrauchsgefahr: Wurde mit aktivem Zuhören eine vertrauensvolle Atmosphäre geschaffen, in der viele vertrauliche Dinge geäußert wurden, dann könnten diese Äußerungen später gegen ihn/sie verwendet werden.

Selbst wenn die Öffnung und das Vertrauen des Gesprächspartners/der Gesprächspartnerin nicht missbraucht werden, besteht noch immer die Gefahr, dass seine/ihre Gefühle überinterpretiert oder auch falsch interpretiert werden. Der/Die Gesprächspartner/in kann möglicherweise seelisch auseinandergenommen werden. Er/Sie fühlt sich dann schlechter als vor dem Gespräch.

In den folgenden Fällen empfiehlt es sich, nicht „aktiv zuzuhören“:

- wenn man an den Problemen des Gesprächspartners/der Gesprächspartnerin nicht interessiert ist, wenn man nicht helfen kann oder will.
- wenn man nicht genügend Zeit hat, um sich mit dem/der Partner/in und seinem/ihrem Problem wirklich zu beschäftigen.
- wenn nicht die richtige Zeit dafür ist: Es gibt Augenblicke, in denen Menschen über ihre Gefühle und Meinungen nicht sprechen möchten.
- wenn man selbst gerade mit eigenen Problemen beschäftigt ist und sich auf andere Personen nicht einstellen kann.
- wenn der/die Gesprächspartner/in seine/ihre Gefühle oder Probleme so deutlich ausgedrückt hat, dass sich ein Wiederholen erübrigt und eine Paraphrasierung nur schulmeisternd wirken würde.

6. Anwendungsbeispiele

1. Beispiel zum Kommunikationsquadrat, zur Transaktionsanalyse, zum Teufelskreis, zur inneren Pluralität, zum Situationsmodell und zum Werte- und Entwicklungsquadrat

Frau Mag. Renner und Herr Schön, MSc sind seit drei Jahren in einer kleinen Personalberatung angestellt. Herr Schön ist als Key Account Manager in diesem Unternehmen beschäftigt. Seine Aufgabe besteht darin, neue Firmenkunden zu akquirieren und bestehende Firmenkunden zu betreuen. Die Aufgabe von Frau Renner ist es, geeignete Bewerber/innen für die zu besetzenden Positionen zu finden und diese an den Kunden zu vermitteln. Beide Mitarbeiter/innen haben ein Grundgehalt von 2.200 Euro brutto. Ergänzend dazu bekommt Frau Renner eine Prämie von 700 Euro für jede Personalvermittlung. Herr Schön erhält eine Prämie von 4.000 Euro für jeden neu gewonnenen Firmenkunden. Frau Renner ist sehr ehrgeizig und möchte möglichst hohe Prämien erzielen. Dies kann sie allerdings nur erreichen, wenn von den bestehenden Firmenkunden viele Aufträge kommen und Herr Schön neue Firmenkunden akquiriert. Sie ist also von der Akquisetätigkeit ihres Kollegen abhängig, der jedoch – ihrer Ansicht nach – ein stressfreies Arbeitsleben bevorzugt.

Frau Mag. Renner sagt zu ihrem Kollegen Herrn Schön: „Ihr Vorgänger hatte ein echtes Talent dafür, neue Großkunden zu gewinnen!"

Was könnte Herr Schön bei dieser Aussage von Frau Renner mit seinen vier Ohren (laut Kommunikationsquadrat von Schulz von Thun) hören, wenn man die o. a. Situation berücksichtigt?

a. Benennen Sie die vier Ohren und geben Sie konkret an, was Herr Schön hören könnte!
b. Angenommen, Herr Schön fasst die Aussage als (versteckte) Kritik an seiner eigenen Akquisearbeit auf. Andererseits lächelt Frau Renner freundlich, während sie spricht. Herr Schön ist sich daher nicht sicher, was Frau Renner eigentlich sagen will.
   - Wie nennt man Nachrichten, bei denen die gesendeten Signale nicht in sich stimmig sind?
   - Was kann Herr Schön tun, um herauszufinden, wie Frau Renner ihre Aussage meint? Nennen Sie zumindest eine konkrete Maßnahme und beschreiben Sie sie!
   - Mit welchem Ohr hört Herr Schön hauptsächlich, wenn er fast jede Äußerung von Frau Renner als Kritik an seiner Person empfindet? Bitte begründen Sie Ihre Antwort!
   - Frau Renner wollte Herrn Schön eigentlich anspornen, sich mehr zu bemühen und aktiv zu werden. Welches Ohr wollte sie damit vordringlich ansprechen?
   - Welche Hinweise würden Sie Frau Renner geben, die zu einer ver-

ständlichen und gelungenen Kommunikation zwischen ihr und Herrn Schön beitragen würden? Diese Hinweise sollten sich auf alle vier Aspekte einer Nachricht beziehen.

c. Die nachstehend angeführten Aussagen stellen unterschiedliche mögliche Reaktionen von Herrn Schön auf die Aussage von Frau Renner dar. Geben Sie bitte für jede dieser Reaktionen an, aus welchem Ich-Zustand Herr Schön hier primär agiert (differenzieren Sie bitte beim Kind-Ich und Eltern-Ich, um welche Form es sich genau handelt). Und begründen Sie Ihre Entscheidung!

Reaktion	**Ich-Zustand**	**Begründung**
„Es tut mir wirklich sehr leid, dass ich nicht so gut bin wie mein Vorgänger. Ich muss halt noch viel lernen."		
„Also, das ist wirklich eine Frechheit von Ihnen, dass Sie mir so plumpe Vorwürfe machen! Ich beurteile ja auch nicht Ihre Arbeit!"		
„Also, da mach ich mir gar keine Sorgen, dass das in Zukunft besser werden wird! Ich werde mal eine Nacht drüber schlafen, was ich besser machen könnte, und dann ist sicher alles in Butter!"		
„Diese Information ist sehr wichtig für mich. Ich werde mich einmal mit ihm zusammensetzen und über seine Strategien mit ihm sprechen."		
Herr Schön sagt nichts darauf, sondern lässt die Unterlagen in seiner Hand mit einem lauten Knall auf den Schreibtisch fallen und verlässt den Raum. Als er dabei an Frau Renners Schreibtisch vorbeigeht, stößt er offensichtlich absichtlich ihre Teetasse um.		

d. Nachdem Frau Renner die Akquisetätigkeit von Herrn Schön innerhalb des letzten halben Jahres mehrmals kritisiert hat, ist das Verhältnis zwischen den beiden Kolleg/inn/en mittlerweile angespannt. Herr Schön hält die Vorwürfe von Frau Renner für ungerechtfertigt und möchte mit ihr darüber nicht mehr reden, da er davon überzeugt ist, gute Arbeit zu leisten. Frau Renner ist frustriert, da die Höhe ihrer Prämien in den letzten Monaten nur geringfügig gestiegen ist.
   - Versuchen Sie, sich in die Situation von Frau Renner bzw. Herrn Schön zu versetzen; welcher Teufelskreis könnte sich zwischen den beiden Kolleg/inn/en eingespielt haben?

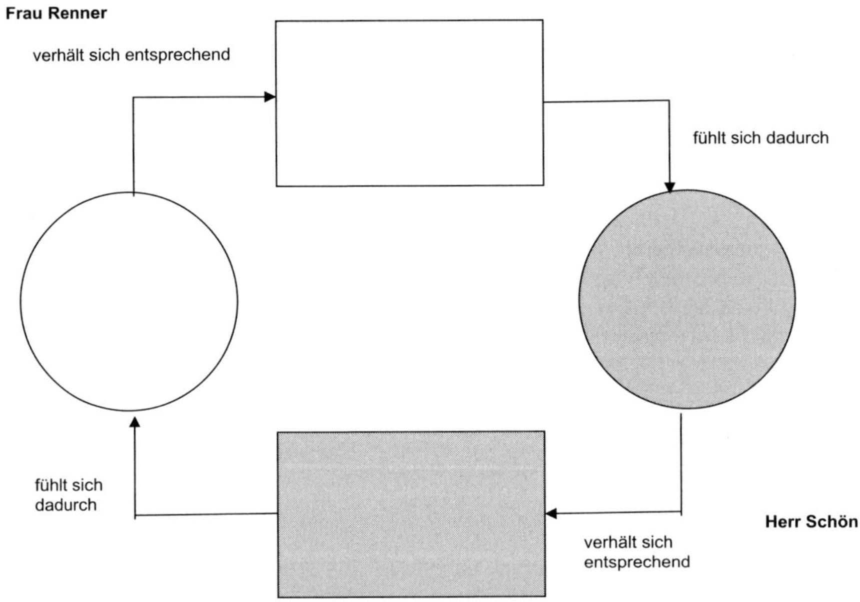

   - Welche Möglichkeiten haben Frau Renner und Herr Schön, um aus diesem Teufelskreis auszubrechen?

e. Frau Renner ist mit ihrer beruflichen Situation unzufrieden, da sie ein höheres Einkommen erzielen möchte, und überlegt daher, ob sie sich einen anderen Job suchen soll. Sie versteht sich allerdings sehr gut mit ihrem Vorgesetzten und ihren Kolleg/inn/en (sogar mit Herrn Schön, wenn sie nicht von seiner Akquisetätigkeit abhängig wäre) und möchte dieses Team eigentlich nicht verlassen.
   - Identifizieren Sie zumindest sechs verschiedene Mitglieder des inneren Teams von Frau Renner (beachten Sie dafür sämtliche Informationen, die Sie bereits zu diesem Fallbeispiel erhalten haben) und beschreiben Sie sie, indem Sie auf ihre unterschiedliche Positionen eingehen.

- Erklären Sie, wie Frau Renner mit sich selber in Einklang kommen und herausfinden kann, wie sie weiter vorgehen soll.

f. Frau Renner entscheidet sich, ein Gespräch mit ihrem Vorgesetzten, Herrn Huber, über ihre berufliche Situation zu führen. Sie möchte mit ihm über die Erhöhung ihres Grundgehalts verhandeln und kann sich auch vorstellen, ergänzend zu ihrem Aufgabengebiet, Firmenakquise zu betreiben. Da sie allerdings bereits jetzt schon sehr ausgelastet ist, wäre dies nur mit Unterstützung durch eine/n Sekretär/in möglich.
   - Überlegen Sie, wie sich Frau Renner mithilfe des Situationsmodells auf das Gespräch mit ihrem Vorgesetzten vorbereiten kann. Welche Aufzeichnungen kann sie sich zu jeder einzelnen Komponente machen?

g. Herr Huber (der Vorgesetzte von Frau Renner und Herrn Schön) fühlt sich nach dem Gespräch mit Frau Renner in seiner Annahme bestätigt, dass Herr Schön zwar sehr tolerant im Umgang mit anderen Personen ist, er allerdings noch die Schwäche aufweist, seine eigene Meinung nicht gegen andere (u. a. gegen Frau Schön) durchsetzen zu können. Herr Huber möchte daher gemeinsam mit Herrn Schön an dessen Mangel an Durchsetzungsvermögen arbeiten.
   - Tragen Sie die beiden Werte „Toleranz“ und „Durchsetzungsvermögen“ als Werte in das nachstehend skizzierte Wertequadrat ein und finden Sie die fehlenden Werte. Beschriften Sie auch die Verbindungen/Beziehungen zwischen den Werten und stellen Sie im Sinne des Entwicklungsquadrats die gewünschten Entwicklungsrichtungen dar.

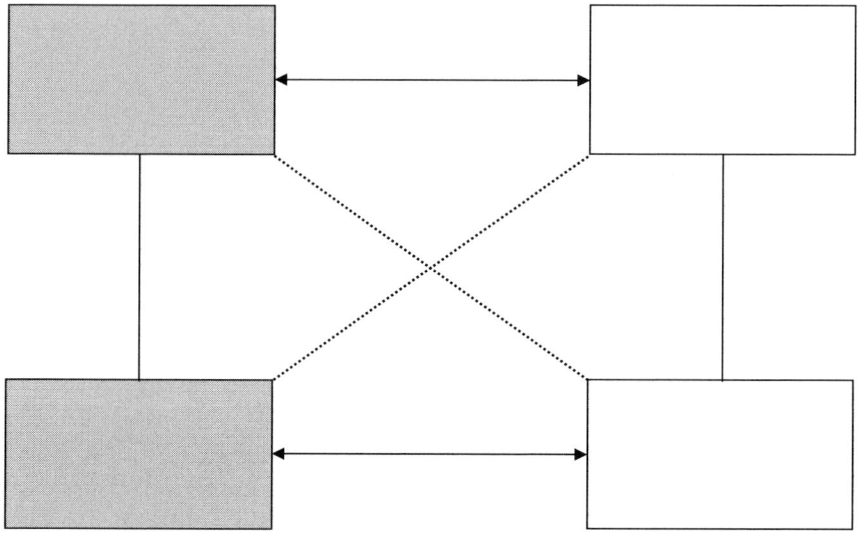

2. Beispiel zum Kommunikationsquadrat und zum Werte- und Entwicklungsquadrat

In der Verkaufsabteilung der Firma Digitaliadruck GmbH arbeiten neben anderen Angestellten:

Dr. Frederike First, Leiterin der Abteilung
Mag. Alfred Adler, Kundenbetreuer
Mag. Miriam Maier, Kundenbetreuerin

Sowohl Alfred Adler als auch Miriam Maier sind fachlich sehr gut, allerdings in der Kundenbetreuung sehr unterschiedlich. Während Alfred im Kundenkontakt oft nicht umfassend informiert und berät bzw. auf rasche Vertragsabschlüsse drängt, holt Miriam in der Kundenbetreuung oft sehr weit aus, gibt mehr Informationen als notwendig und „redet die Kunden oft in Grund und Boden". Beide haben daher trotz ihres Fachwissens im Vergleich zu anderen Kundenbetreuern leicht unterdurchschnittliche Verkaufszahlen.

a. Versetzen Sie sich in die Lage von Frau Dr. First. Sie wollen beide Kundenbetreuer/innen für den kommenden Montag 10 Uhr zu sich ins Büro zu einem Gespräch über die Art der Kundenbetreuung einladen. Wie sprechen Sie diese Einladung im persönlichen Gespräch aus, wenn Sie …

	Aussage
… mit dem Sach-Schnabel sprechen?	
… mit dem Beziehungs-Schnabel sprechen?	
… mit dem Appell-Schnabel sprechen?	
… mit dem Selbstkundgabe-Schnabel sprechen?	

– Miriam ist verunsichert, worum es in diesem Gespräch genau gehen soll. Auf die Gesprächseinladung kann sie momentan gar nichts antworten, sie vermeidet Blickkontakt mit Frau Dr. First

und blättert nur nervös in ihrem Terminkalender. Begründen Sie, warum auch dieses Verhalten die vier verschiedenen Aspekte einer Nachricht (laut Schulz von Thun) beinhaltet.
- Miriam antwortet schließlich: „Der Termin ist notiert! Die Besprechung findet am kommenden Montag um 10 Uhr in Ihrem Büro statt!“ Mit welchem Schnabel spricht Miriam nun? Begründen Sie Ihre Antwort bitte!
- Frau Dr. First hat Miriams Unsicherheit bemerkt und würde gerne wissen, warum sie sich so unsicher fühlt. Mit welcher Methode könnte sie im Gespräch mehr über die Hintergründe erfahren? Beschreiben Sie sie kurz.

b. Alfred ist in den Kundengesprächen kurz angebunden und drängt auf rasche Vertragsabschlüsse. Miriam hingegen holt weit aus, erklärt den Kunden weitschweifig alle vertraglichen Möglichkeiten, und es dauert oft lange, bis es zu einem Abschluss kommt.

Tragen Sie die beiden übertriebenen Verhaltensweisen „kurz angebunden sein“ und „weitschweifig beraten“ als Werte in das nachstehend skizzierte Wertequadrat ein und finden Sie passende positive Grundwerte dazu. Beschriften Sie auch die Verbindungen/Beziehungen zwischen den Werten und stellen Sie im Sinne des Entwicklungsquadrats die gewünschten Entwicklungsrichtungen 1) für Alfred und 2) für Miriam dar.

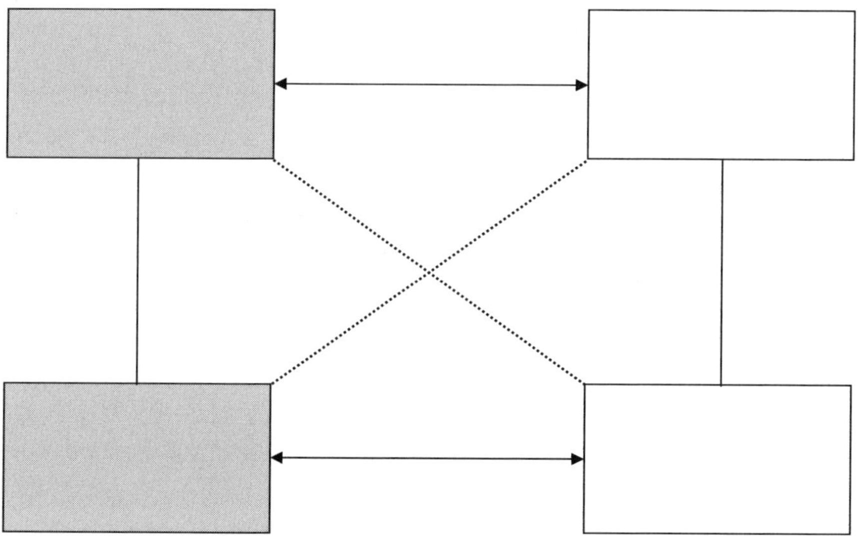

7. Literatur

Bennett, D. (1986): Im Kontakt gewinnen durch Transaktions-Analyse. Heidelberg: Verlag Sauer.

Berne, E. (1993a): Spiele der Erwachsenen. Psychologie der menschlichen Beziehungen. Reinbek bei Hamburg: Rowohlt.

Berne, E. (1993b): Was sagen Sie, nachdem Sie „Guten Tag" gesagt haben? Psychologie des menschlichen Verhaltens. Frankfurt am Main: Fischer-Taschenbuch-Verlag.

Harris, T. A. (2010): Ich bin o.k. Du bist o.k. Reinbek bei Hamburg: Rowohlt Taschenbuch Verlag.

Nowak, R. C. (2011): Transaktionsanalyse und Salutogenese. Der Einfluss transaktionsanalytischer Bildung auf Wohlbefinden und emotionale Lebensqualität. Münster: Waxmann.

Schmidt, R. (2009): Immer richtig miteinander reden. Transaktionsanalyse in Beruf und Alltag. Paderborn: Junfermann.

Schulz von Thun, F. (2010a): Miteinander reden 1. 48. Auflage. Reinbek bei Hamburg: Rowohlt.

Schulz von Thun, F. (2010b): Miteinander reden 2. 31. Auflage. Reinbek bei Hamburg: Rowohlt.

Schulz von Thun, F. (2011): Miteinander reden 3. 20. Auflage. Reinbek bei Hamburg: Rowohlt.

Schulz von Thun, F., Ruppel, J. & Stratmann, R. (2010): Miteinander reden: Kommunikationspsychologie für Führungskräfte. 11. Auflage. Reinbek bei Hamburg: Rowohlt.

Schulz von Thun, F. (2009): Klarkommen mit sich selbst und anderen: Kommunikation und soziale Kompetenz. 4. Auflage. Reinbeck bei Hamburg: Rowohlt.

Watzlawick, P., Beavin Bavelas, J. & Jackson D. D. (2011): Pragmatics of Human Communication. New York, London: W. W. Norton & Company.

Watzlawick, P., Beavin J. H. & Jackson D. D. (2003): Menschliche Kommunikation. Formen, Störungen, Paradoxien. Bern: Huber Verlag.

Weisbach, Ch.-R. (2001): Professionelle Gesprächsführung. Ein praxisnahes Lese- und Übungsbuch. dtv.

Kapitel 4

Körpersprache interpretieren und bewusst einsetzen

Birgit Schneider & Wilfried Schneider

1. Einleitung und Problemstellung

Die Autorin und der Autor dieses Kapitels haben mehr als sechs Jahre das Zentrum für Soziale Kompetenz an der Wirtschaftsuniversität Wien aufgebaut. Ein Lehrveranstaltungsangebot betraf die Körpersprache. Die oft sehr plakativen Aussagen zur Wirkung der Körpersprache von Trainerinnen und Trainern und in der Sachbuchliteratur weckten das kritische Interesse. Die empirischen Befunde in Abschnitt 6 dieses Kapitels basieren auf Birgit Schneiders Masterarbeit aus Human Resource Management (vgl. Schneider, B. 2008).

Aussagen zur Körpersprache finden sich vor allem in der Sachbuchliteratur und in Seminarunterlagen. Die Autorinnen und Autoren berufen sich meist auf Autoritäten, vermeiden es jedoch meist, die Quellen zu zitieren bzw. auf die näheren Umstände hinzuweisen, unter denen diese Befunde entstanden. Typisch für derartige Aussagen ist z.B. die sogenannte 55-38-7-Regel, die behauptet, dass 55 % der Wirkung von Aussagen von der Mimik, 38 % vom Tonfall und nur 7 % vom Inhalt abhängen. Sie wird in einer Vielzahl von Publikationen zur Körpersprache zitiert, jedoch nicht oder nur oberflächlich belegt.

Interessant ist, dass sich diese Regel nicht nur in Unterlagen bzw. in Sachbüchern zum Rhetoriktraining findet (vgl. z.B. Daeubner/Hennrich 2003, S. 21; Pobeheim/Czak 2007, S. 16; Rimser 2008, S. 26; Scheibel 2008, S. 1; Westphal 1999, S. 155; Ruhleder 1999, S. 7), sondern dass auch Autoren, die im wissenschaftlichen Bereich tätig sind, sich diesem Pauschalurteil anschließen, ohne nach den Quellen zu fragen (vgl. z.B. Gomez von der Universität St. Gallen, 2004, S. 46; Weisbach, Professor an deutschen Fachhochschulen, 2008, S. 67; Stangl, Assistenzprofessor an der Universität Linz, 2006, S. 11).

Die Behauptung von der überragenden Bedeutung der Körpersprache scheint so einleuchtend zu sein, dass nur wenige nach den Quellen forschen. Quellen mit wissenschaftlichem Anspruch sind allerdings selten und stammen überwiegend von relativ alten Autoren, die die Diskussion seit mehr als 30 Jahren beherrschen und die im wissenschaftlichen Bereich durchgehend zitiert werden.

Die wichtigsten Vertreter sind der 1925 geborene und 2002 verstorbene Michael Argyle, Professor am Department for Social Psychology an der Universität Oxford (1. Auflage von Bodily Communication in Englisch 1975, in Deutsch 1979, 9. Auflage 2005), der emeritierte Professor der University of California Paul Ekmann (geb. 1934), dessen letztes Buch – Gefühle lesen – 2007 wiedererschienen ist, und Albert Mehrabian (geboren 1939), ebenfalls Emeritus der UCLA, dessen 1971 erstmals erschienenes Werk „Nonverbal Communication" 2008 fast unverändert nachgedruckt wurde. Auf Mehrabian geht übrigens die eingangs zitierte 55-38-7-Prozentregel zurück. Was genau Mehrabian untersuchte, wird uns noch beschäftigen.

Soweit uns mehrere Auflagen der verschiedenen Publikationen zugänglich waren, konnten wir feststellen, dass sich die Texte im Verlauf der Zeit nur wenig verändert haben. Dies ist z.B. auch aus dem Literaturverzeichnis von Mehrabian (2008) ersichtlich, das nach wie vor nur Arbeiten bis etwa 1970 enthält. Lediglich bei Ekman 2005 finden sich neuere Quellen.

Weitaus zahlreicher sind die Publikationen in der Sachbuchliteratur, d.h. in jenen Werken, die sich zwar an wissenschaftlicher Literatur orientieren, aber die Quellen nicht oder nur sehr pauschal angeben. In diesem Bereich nennt allein die Website des Internetbuchhändlers Amazon über 500 lieferbare Titel.

Führend und am häufigsten zitiert ist sicher der in Wien lebende Pantomime Samy Molcho (geb. 1936), der über mehr als 30 Jahre eine Vielzahl von Praxishandbüchern in verschiedenen Verlagen und unter verschiedenen Titeln verfasst hat. Amazon nennt 40 lieferbare Titel. Langjährig am Markt sind ferner die deutsche Kommunikationstrainerin Vera Birkenbihl (geb. 1946), deren Standardwerk „Signale des Körpers" erstmals 1985 und in der 21. Auflage 2009 erschienen ist, und das Multitalent Julius Fast, (1914-2008), dessen erste Auflage von „Körpersprache" bereits 1971 in Deutsch (1970 in Englisch) erschien und bereits antiquarisch gehandelt wird. Die 22. Auflage erschien 2002.

Das Reflexionsniveau der Sachbuchliteratur ist in der Regel gering. Meist wird versucht, rezeptartige Listen bis hin zur Bewegung einzelner Finger zu entwickeln (vgl. dazu z.B. Fast 1982; Geisler 2008; Matschnig 2007; Pease & Pease 2004).

Molcho ist zwar in seiner Grundhaltung kritisch, an vielen Stellen seiner Bücher und Filme neigt aber auch er dazu, die Körpersprache der Gesprächspartner ziemlich pauschal zu interpretieren, da dies offensichtlich bei seinen Lesern und Seminarteilnehmern besonders gut ankommt (vgl. z.B. die Videotrainingskassette 2002 oder seinen Auftritt in der Barbara Karlich Show in ORF 2 am 18. August 2010).

Differenzierte Aussagen in der Fachbuchliteratur findet man vor allem bei Birkenbihl (2002/2009), die immer wieder betont, dass Körpersprache ganzheitlich wirkt und situations- und kulturabhängig ist und dass die Bedeutung der einzelnen Signale des Partners, der Partnerin durch Kontrollfragen überprüft werden sollten (vgl. z.B. Birkenbihl 2002, S. 23, S. 39).

Auch im Internet findet man gelegentlich kritische Anmerkungen zur eindeutigen Interpretation von Körpersprache (z.B. Moeslang 2006; Payer 2006).

Ein wesentlicher Unterschied zwischen wissenschaftlicher Literatur und Sachbuchliteratur besteht darin, dass sich wissenschaftliche Autoren überwiegend auf Teilaspekte konzentrieren, die sie mit akribischen Methoden untersuchen. Die Sachbuchautoren bemühen sich hingegen, die Wünsche des Marktes zu berücksichtigen, und der wieder bevorzugt Bücher, „die einfach und mit Genuss zu lesen und jedem zugänglich sind" (vgl. dazu das Vorwort von Molcho zu Matschnig 2007).

Dieses Kapitel versucht nun eine differenzierte Analyse zu folgenden Grundfragen:

- Was gehört überhaupt zur Körpersprache?
- Ist Körpersprache angeboren oder erlernt?
- Ist Körpersprache eindeutig interpretierbar oder kultur- bzw. situationsabhängig?

Zum Bereich der eindeutigen Interpretierbarkeit von Körpersprache werden Ausschnitte einer eigenen empirischen Untersuchung vorgelegt (vgl. Schneider, B. 2008). Situationen, zu denen Interpretationen von Samy Molcho vorliegen, wurden durch Studierende der Wirtschaftsuniversität neuerlich gedeutet und die Ergebnisse verglichen.

2. Was gehört zur Körpersprache?

In der Literatur findet man meist inhaltliche Beschreibungen des Gegenstandes, aber keine exakte Abgrenzung. So verwendet Argyle (2005, S. 13) eine relativ unsystematische Aufzählung, wenn er von „Gesten, Kopfbewegungen und anderen Körperbewegungen, Körperhaltung, Gesichtsausdruck, Blickrichtung, räumlicher Nähe, Körperkontakt, Tonfall und anderen nonverbalen Aspekten in der Sprache, Kleidung und Schmuck" spricht.

Mehrabian verwendet den Oberbegriff „nonverbal behavior" (Mehrabian 2008, S. 1) und bezieht aus seiner Sicht Mimik („facial expression"), Gestik („hand and arm gestures"), Haltung („postures"), Distanz („position") und andere Körperbewegungen („various movements of the body or the legs") ein.

Bereits bei dieser Abgrenzung bleibt offen, wie z.B. die Schnelligkeit oder die Sicherheit der Bewegung einbezogen werden soll. So glaubt z.B. der Verhandlungstrainer Winheller genau zu wissen, was es bedeutet, wenn ein Besucher bereits in der Tür zum Verhandlungsraum sichtbar stockt oder zunächst nur wenige Schritte in den Raum macht. Das sind für ihn eindeutige Zeichen einer defensiven Grundhaltung, weil es der andere nur vorsichtig wagt, das fremde Territorium zu betreten. Winhellers Formel dazu: „Kleine Schritte = kleine Position" (Winheller 2008).

Im weiteren Sinn sind nach Mehrabian allerdings auch viele Aspekte der Sprache, wie Schnelligkeit, Betonung, Lautstärke, Sprechfehler, Häufigkeit und Länge der Pausen zu beachten. Er selbst hat ja über die Bedeutung von Mimik und Tonfall gearbeitet (vgl. Mehrabian 1994 und 2008).

Abgesehen von der Systematik ist sicher zu fragen, ob alle nonverbalen Signale unter dem Oberbegriff „Körpersprache" oder wahrscheinlich besser unter „nonverbalem Verhalten" subsumiert werden sollen. Das heißt, dass auch Kleidung und Schmuck Teile des „Nonverbalen Verhaltens" darstellen. In diesem Fall müsste man auch Körperschmuck, wie z.B. „Tattoos", einbeziehen.

Setzt man diesen Gedankengang fort, sind auch olfaktorische (z.B. Parfums, Deodorants, Geruch von Rauchern oder Alkoholikern), gustatorische (z.B. der Geschmack des Partners, der Partnerin beim Kuss) sowie kinästhetische Signale (z.B. Stärke des Händedrucks oder Intensität der Umarmung bei der Begrüßung) zu berücksichtigen. Das hieße, dass man alle nicht verbalen, bewussten und unbewussten Signale unter dem Begriff Körpersprache oder besser „nonverbalem Verhalten" zusammenfassen müsste.

Will man Körpersprache im Hinblick auf einen bestimmten Zweck (z.B. Vorstellungsgespräch bei der Bewerbung, Anbahnungsverhalten gegenüber männlichen oder weiblichen Partnern) untersuchen bzw. verändern, scheint diese weite Definition sinnvoll. Vor allem ein Teil der Sachbuchliteratur widmet sich auch diesen Bereichen (vgl. dazu z.B. Givens 2006; Molcho 1999; Topf 2005). Auch wöchentliche oder monatlich erscheinende Hochglanzmagazine sind voll mit entsprechenden Tipps.

In Bezug auf die praktische Anwendung scheint es sinnvoll, zwischen Körpersprache im engeren Sinn und Körpersprache im weiteren Sinn zu unterscheiden.

Im engeren Sinn gehören dazu:

- Mimik (Stirn, Augen, Mund und Mundwinkel)
- Gestik (Kopfbewegung, Arme, Hände inklusive Finger)
- Position (inklusive Beinstellung)
- Distanz

(vgl. dazu auch Birkenbihl 2002, S. 44; Püttjer & Schniedera 2001, S. 60 f.).

Empirisch liegen zusätzlich Daten für die Wirkung des Tonfalls vor (vgl. vor allem Mehrabian-Ferris 1967; Mehrabian-Wiener 1967 und Mehrabian 1994).

Bewegen sich die Gesprächspartner, sind auch die Schnelligkeit und Häufigkeit des Ortswechsels, die Schrittgröße etc. zu beachten.

Im weiteren Sinn muss man auf den Gesamteindruck der nichtverbalen Signale abstellen und einerseits die restlichen Aspekte der Stimme wie

- Sprechgeschwindigkeit, Pausen, Modulation einbeziehen und auch Aspekte wie
- Kleidung, Schmuck (inklusive Körperschmuck, wie Tattoos, Piercing etc.) beachten.

Empirisch besteht das Problem darin, dass ein Gesprächspartner vermutlich nur auf den Gesamteindruck und nicht auf Einzelheiten achtet (vgl. dazu auch Birkenbihl 2002, S. 32). Das heißt aber, dass es eine Vielzahl von Variationsmöglichkeiten gibt, die kaum isoliert werden können. Welche methodischen Anstrengungen notwendig sind, um die Wirkung einiger Faktoren zu isolieren, wird noch gezeigt werden.

Zu beachten ist allerdings, dass Fachbuchliteratur, Zeitschriftenartikel und Seminare dazu führen können, dass sich Gesprächspartner besonders auf Einzelaspekte konzentrieren und diese zu interpretieren versuchen.

Intensive Forschungen scheint es am gesture center berlin (www.berlingesturecenter.de) zu geben, jedoch blieben mehrfache Anfragen über Publikationen ohne Antwort. Offensichtlich werden die Ergebnisse derzeit vor allem im Rahmen von Workshops und Seminaren diskutiert.

3. Ist Körpersprache angeboren oder erlernt?

Die meisten Autor/inn/en gehen ohne weitere Begründung von der Annahme aus, dass körpersprachliche Signale überwiegend erlernt und meist kulturspezifisch unterschiedlich sind. Die generelle Gültigkeit dieser Aussage wird schon dadurch infrage gestellt, dass psychosomatische Reaktionen, wie Rotwerden, Schweißausbrüche etc., ebenfalls zur Körpersprache zählen und sicher angeboren sind.

Paul Ekman hat einen erheblichen Teil seiner Forschungsarbeit seit 1964 dieser Frage gewidmet (vgl. zusammenfassend Ekmann 2007). In aufwendigen Untersuchungen überprüfte er, ob Basisemotionen wie Freude, Ärger, Ekel, Trauer, Furcht, Überraschung in verschiedenen Kulturkreisen zur gleichen Mimik führen und auch anhand der Mimik erkannt werden.

Um Lerneffekte (z.B. durch Fernsehen) auszuschließen, führte Ekman Untersuchungen in Steinzeitkulturen im Hochland von Papua-Neuguinea durch (vgl. Ekman 2007, S. 6 f.). Die mimischen Varianten, die bei Weißen fotografiert wurden, konnten nach seinen Angaben von den Papuas weitgehend richtig eingeschätzt werden. Um sicherzugehen, dass die Begriffe der Papua-Sprache richtig ins Englische übersetzt wurden, ließ Ekman die Versuchspersonen zu den Fotos Geschichten erzählen, die zur Gefühlslage der Fotografierten passen sollten.

In einer „Rückuntersuchung" las er neun Männern in Papua Geschichten vor, die die Grundemotionen verursachen sollten, und bat sie, einen passenden Gesichtsausdruck zu machen. Dieser wurde fotografiert, und die Fotos wurden amerikanischen Studenten vorgelegt, die wieder die Basisemotionen richtig einschätzen konnten (vgl. Ekman 2007, S. 15).

Diese Befunde sind zwar wissenschaftlich interessant, helfen jedoch bei der Interpretation von alltäglichen Signalen der Körpersprache kaum weiter. Auch Ekman gibt zu, dass die Deutungen zwar bei den Grundemotionen Freude, Ärger, Ekel, Trauer signifikante Übereinstimmungen ergaben, nicht aber bei den ebenfalls untersuchten Emotionen Furcht und Überraschung.

Ferner muss er eingestehen, dass die Intensität, in der Grundemotionen gezeigt werden, kulturspezifisch verstärkt oder herabgemindert sein kann. Ekman spricht von kulturspezifischen „Darbietungsregeln" (vgl. Ekman 2007, S. 5). So ließ er z.B. Japanern und Amerikanern Filme über chirurgische Eingriffe und über Unfälle vorführen. Schauten sich die Versuchspersonen die Filme alleine an (sie wurden mit versteckter Kamera gefilmt), so spiegelten die Gesichtszüge von beiden Gruppen ziemlich genau dieselben Regungen wieder. Sobald aber andere Menschen mit im Raum waren, überspielten die Japaner ihre negativen Empfindungen viel häufiger mit einem Lächeln als die Amerikaner.

Allein schon dieser Befund zeigt, dass bei der Deutung körpersprachlicher Signale in Kommunikationssituationen die kulturspezifischen Eigenarten berücksichtigt werden müssen.

Beispiele für Unterschiede zwischen Kulturkreisen sind z.B.:

- Intensität der Gestik,
- Intensität des Blickkontakts,
- Distanzverhalten und
- Lautstärke beim Sprechen.

Am deutlichsten sind diese Unterschiede zwischen einem Teil der Asiaten (vor allem Japanern) und Südeuropäern und vielen Südamerikanern. Japaner bevorzugen größere Distanz, geringeren Augenkontakt, sparsame Gesten und herabgeminderte Lautstärke. Für Südeuropäer und viele Südamerikaner gilt das Gegenteil. Pease & Pease zählen z.B. Länder auf, in denen Berührungen während einer Kommunikation häufig vorkommen, und solche, wo dies nicht der Fall ist (vgl. Pease & Pease 2003, S. 121).

Wenige oder keine Berührungen während der Alltagskommunikation findet man demnach in Deutschland, Japan, England, USA und Kanada, Australien, Neuseeland, Estland, Portugal, Skandinavien. Viele Berührungen begleiten die verbale Kommunikation in Indien, der Türkei, Portugal, Frankreich, Italien, Griechenland, Spanien, Nahem Osten, Teilen von Asien, Russland.

Eine Untersuchung von Körperkontakten in verschiedenen Ländern im Laufe einer Unterhaltung von einer Stunde soll z.B. laut Pease & Pease folgendes Ergebnis gebracht haben:

Zahl der Berührungen in Puerto Rico 180, in Paris 110, Florida 2, London 0. Wie in der Sachbuchliteratur üblich, wird die Quelle nicht zitiert.

Typisch für kulturspezifische Unterschiede sind auch die verschiedenen Begrüßungsrituale vom formalen „Bow" der Japaner bis zur intensiven Umarmung samt Bruder- bzw. Schwesternkuss der Russen (vgl. dazu auch Winkler 2002, der die Unterschiede im Auftrag der Kammer Österreich für die Exportwirtschaft zusammengestellt hat).

Erst die Globalisierung hat dazu geführt, dass diese Unterschiede thematisiert und teilweise auch verwischt wurden. So begrüßen Japaner Ausländer heute nach unserer persönlichen Erfahrung oft mit einem Händedruck. Bekannte mit mehrjähriger Japanerfahrung begründen dies damit, dass die Japaner nicht wollen, dass der Gast beim falsch ausgeführten „Bow" sein „Gesicht verliert". Die Tiefe des Bows hängt nämlich von der gesellschaftlichen Stellung des Grüßenden und des Begrüßten ab.

Weitere Beispiele für kulturspezifische Unterschiede sind z.B. das Victoryzeichen, der Stinkefinger, der hochgereckte Daumen, aber auch Kopfschütteln und Nicken.

Richtig benutzt, d.h. mit der offenen Hand zum Partner, bedeutet das Victoryzeichen „Sieg, Erfolg". In Großbritannien hat es allerdings die Bedeutung des Stinkefingers, wenn man es verkehrt zeigt (d.h. Handrücken zum Partner).

Im Iran wieder übernimmt der hochgestreckte Daumen, der bei uns für Okay oder Ausgezeichnet steht, die Funktion des Stinkefingers (vgl. dazu Wikipedia, Stichwort Stinkefinger).

Das „Okay-Signal" der Taucher hat in arabischen Kulturen eine obszöne Bedeutung.

In Frankreich, Belgien, Tunesien bedeutet es Wertlos, in Japan Geld (vgl. auch Payer 2006).

Auch auf Kopfschütteln und Nicken kann man sich nicht verlassen. So bedeutet Kopfwiegen in Indien Zustimmung und Kopfzurückwerfen (also eine dem Nicken ähnliche Geste) in Griechenland und der Türkei Ablehnung (vgl. z.B. Payer 2006).

Ein Professor der Wirtschaftsuniversität berichtete von der für ihn unerträglichen Situation bei Gastvorlesungen in Indien, wenn Hunderte Studierende im vollen Hörsaal ständig den Kopf hin und her wiegten. Obwohl er von der positiven Bedeutung dieses nonverbalen Signals wusste, verzichtete er auf weitere Vorlesungen in Indien, da er sich von seiner gelernten Einstellung (Kopfwiegen drückt Kritik aus) nicht lösen konnte. Ähnliches berichtet auch Fast (1982, S. 162).

Viele Signale sind überhaupt nur in Subkulturen verständlich. Man denke z.B. an die Fingersignale, die beim Aufschlag im Beachvolleyball oder im Tischtennisdoppel dem Partner die Taktik signalisieren, oder an die zahlreichen Unterwassersignale der Taucher (nur das Okay-Zeichen, siehe oben, wird oft auch außerhalb dieser Subkultur verwendet).

Die Globalisierung führt jedoch auch dazu, dass sich nonverbales Verhalten in Subkulturen annähert, auch wenn es nicht den Tendenzen in der Herkunftskultur entspricht. Ein Beispiel sind etwa Volleyballer und Volleyballerinen, bei denen es unabhängig von der Herkunftskultur nach jedem Punktgewinn zu intensiven körperlichen Berührungen zwischen allen Mannschaftsmitgliedern kommt, offensichtlich um einander zu motivieren.

Sieht man daher von Basisemotionen und psychosomatischen Reaktionen ab, helfen Ekmans Befunde wenig. Köpersprachliche Signale sind in der Alltagskommunikation offensichtlich kulturspezifisch und situational bedingt.

4. Ist alles Körpersprache?

Bereits in der Einleitung wurde darauf hingewiesen, dass sowohl in Sachbüchern als auch bei Autor/inn/en, die dem wissenschaftlichen Bereich zuzuordnen sind, ziemlich unreflektiert die Behauptung von der Dominanz der Körpersprache in der Kommunikation vertreten wird. Meist wird keine Quelle zitiert, manchmal wird pauschal auf Mehrabian Bezug genommen.

Allerdings gibt es auch Trainer/innen, die diese Aussage relativieren. So illustriert Moesslang die Bedeutung der verbalen Aussage an einigen Beispielen und meint: Wie wäre es gewesen, wenn Martin Luther King nur gerufen hätte: „Schluss mit Rassismus“ statt „I have a Dream“ oder wenn der ehemalige deutsche Bundespräsident Roman Herzog nur gemeint hätte: „In Deutschland müssen sich die Menschen wieder mehr anstrengen“, statt zu formulieren: „Es muss wieder ein Ruck durch Deutschland gehen“ (vgl. Moeslang 2006). Aktuell zu ergänzen wären diese Beispiele etwa um Barack Obamas Slogans „Change“ und „Yes, we can“, bei denen sicher die Wortwahl entscheidend war.

Nur wenige haben sich offensichtlich die Mühe gemacht, Mehrabians Studien wirklich zu lesen (wie z.B. Shovel 2008). Aber auch diese Autor/inn/en lassen sich kaum davon abhalten, die überragende Bedeutung der Körpersprache zu betonen (vgl. z.B. Moeslang 2006).

Was hat Mehrabian nun tatsächlich untersucht (vgl. Mehrabian 1994, S. 73 f.; Mehrabian-Ferris 1967; Mehrabian-Wiener 1967 sowie die unten zitierte Web-Adresse)? Mehrabians Originalartikel können über die Website „http://www.kaaj.com/psych“ auf CD bestellt werden. Auf der genannten Website präzisiert Mehrabian selbst die Bedeutung seiner Ergebnisse. Der Gegenstand der Untersuchung waren positve oder negative emotionale Botschaften (z.B. Zuneigung und Abneigung), bei denen auf zwei Kanälen divergierende Signale gesendet wurden. Einmal wurde gemessen, welche emotionale Botschaft der Empfänger wahrnimmt, wenn Mimik und verbale Botschaft gegensätzlich gestaltet wurden (vgl. Mehrabian/Ferris 1967), und einmal, wenn Stimmfärbung und verbale Botschaft gegensätzlich waren (vgl. Mehrabian & Wiener 1967).

Einer der beiden Versuche wird näher beschrieben, um den Leserinnen und Lesern ein Urteil zu ermöglichen, was Mehrabian wirklich wollte und welche Schlüsse aus derartigen Laboruntersuchungen gezogen werden können (vgl. Mehrabian/Wiener 1967).

Bei der Untersuchung der Wirkung von verbaler Botschaft und Tonfall wurde wie folgt vorgegangen:

Verwendet wurden „Ein-Wort-Botschaften“, die vorher in einer aufwendigen Prozedur geeicht wurden, d.h. es wurde geprüft, ob Versuchspersonen bei den verwendeten Wörtern eher eine positive, neutrale oder negative Beziehung zwischen Sender und Empfänger annahmen.

Als positiv empfundene Wörter wurden verwendet: „DEAR“, „GREAT“, „HONEY“, „LOVE“ and „THANKS“, als neutrale Wörter „MAYBE“, „OH“, „REALLY“, „SO“, „WHAT“, als negativ empfundene Wörter „BRUTE“, „DON`T“, „NO“, „SCRAM“ and „TERRIBLE“.

Dann wurden zwei Sprecherinnen beauftragt, die Wörter eher mit einem Tonfall der Zuneigung, neutral oder mit einem Tonfall der Abneigung oder Missbilligung zu lesen. Auch der Eindruck des Tonfalls auf Versuchspersonen wurde in Vorversuchen geeicht.

Im Hauptversuch wurden drei Gruppen von Versuchspersonen unterschiedlich instruiert. Eine Gruppe sollte nur auf den Tonfall, eine nur auf die verbale Botschaft und eine auf beides achten und dann auf einer Skala von +3 bis –3 beurteilen, ob die Beziehung zwischen Sender und Empfänger positiv, neutral oder negativ sei.

Das Ergebnis war wie folgt (vgl. Mehrabian & Wiener 1967, S. 111). Die Extremergebnisse wurden durch Fettdruck hervorgehoben.

Anweisung	**Inhalt der Botschaft**	**Tonfall**		
		negativ	neutral	positiv
Achten Sie nur auf den Inhalt	Negativ	–1,33	–1,00	**–0,67**
	Neutral	–0,47	–0,17	+0,35
	Positiv	**+1,03**	+1,30	+1,70
Achten Sie nur auf den Tonfall	Negativ	–2,47	–0,03	**+1,40**
	Neutral	–2,07	–0,67	+1,73
	Positiv	**–1,37**	+0,17	+1,63
Achten Sie auf Inhalt und Tonfall	Negativ	–1,77	+0,30	**+1,21**
	Neutral	–1,67	–0,40	+1.10
	Positiv	**–0,87**	+0,40	+1,10

Ähnlich wurde vorgegangen, um die Wirkung der Inkongruenz zwischen Mimik und verbaler Botschaft zu untersuchen (vgl. Mehrabian-Ferris 1967, S. 248 f.).

Aus der statistischen Kombination der beiden Untersuchungen entstand „Mehrabian's Rule“, dass 55 % der Einstufung einer Botschaft auf die Mimik, 38 % auf den Tonfall und nur 7 % auf den Inhalt der Botschaft zurückzuführen sei. Bezüglich der Details der Untersuchungen wird auf die Originalliteratur verwiesen.

Mehrabian betont selbst auf seiner Website (http://www.kaaj.com/psych):

> „Please note that this equation regarding relative importance of verbal and nonverbal messages were derived from experiments dealing with communications of feelings and attitudes (i.e. like-dislike). **Unless a communicator is talking about their feelings or attitudes, these equations are not applicable** (fett von den Autoren).

Wichtig ist, dass die Wirkung divergierender Signale untersucht wurde. Lesen kann man die obenstehende Tabelle auch so, dass die Wirkung von Botschaften durch kongruente Signale verstärkt wird. Die Folgerung aus den Untersuchungen von Mehrabian ist wohl, je emotionaler eine Botschaft ist, desto stärker ist auf die Kongruenz der verbalen mit den nonverbalen Signalen zu achten. Die Interpretation, der Inhalt sei unwichtig, ist nicht einmal im vorliegenden Spezialfall gedeckt.

Oft wird in der Alltagskommunikation die Inkongruenz absichtlich dazu verwendet, um die Bedeutung einer verbalen Botschaft zu relativieren bzw. in das Gegenteil zu verkehren. Ein Beispiel wäre etwa: „Ich bin ja so froh, dass Du wieder da bist“. Kombiniert mit einem sarkastischen Unterton und eventuell mit gleichzeitigem Wegdrehen vom Adressaten wird natürlich das Gegenteil der verbalen Botschaft signalisiert. Auch Kabarettisten verwenden die Inkongruenz verbaler und nonverbaler Botschaften, um Lacherfolge beim Publikum zu erzielen.

Zu vermuten ist, dass die Bedeutung nonverbaler Signale umso geringer wird, je kognitiver die Botschaft ist (z.B. bei einem Vortrag vor Wirtschaftstreuhändern über die Veränderungen der letzten Steuerreform). Desto mehr wird die Struktur der verbalen Information und die Verständlichkeit, vor allem in Bezug auf das Vorwissen der Adressaten, eine Rolle spielen (vgl. dazu z.B. Schneider, W. 1995; Pachlinger 1996; Langer, Schulz von Thun & Tausch 1974; 2002).

So zeigen z.B. Langer/Schulz von Thun/Tausch, dass bei geschriebenen informativen Texten zwar auch die zusätzliche Stimulanz eine Rolle spielt, jedoch vor allem die Strukturiertheit und die Anreicherung mit Beispielen für die positive Einstufung wichtig ist. Zu ähnlichen Ergebnissen kommt auch Pachlinger bei der Evaluation des Wiener Verständlichkeitsmodells von W. Schneider (vgl. Pachlinger 1996).

Geht es um kognitive Inhalte, ist die kongruente nonverbale Unterstützung meist automatisiert. Wasmuth spricht von „koverbialer Gestik“ (vgl. Wasmuth 2006, S. 56) und weist darauf hin, dass Gestik von den gleichen Hirnarealen gesteuert wird, die auch für die Lautsprache zuständig sind. Gehirnelektrische Messungen bei den Adressaten einer Botschaft zeigen bestimmte Reaktionen, wenn verbale und nonverbale Aussagen nicht übereinstimmen, wenn z.B. die Aussage „so klein“ von der Geste „groß“ begleitet wird. Man schließt daraus, dass Worte und Gesten gemeinsam verarbeitet werden.

Ob Körpersprache die verbale Botschaft überlagert, hängt daher davon ab,

- ob die Botschaft vor allem emotionale Signale transportieren soll,
- ob zwischen verbalen und nonverbalen Signale Kongruenz oder Inkongruenz

besteht.

Sicher ist, dass die Wirkung von Botschaften durch eine kongruente Körpersprache verstärkt und durch eine inkongruente Körpersprache abgeschwächt wird und dass diese Wirkung bei emotionalen Botschaften hoch ist.

5. Ist Körpersprache eindeutig interpretierbar?

Bereits im vorhergehenden Abschnitt wurde gezeigt, dass mit Ausnahme einiger Grundemotionen Körpersprache kulturspezifisch und situationsspezifisch bedingt ist.

Sogar Ekman spricht davon, dass es bei den von ihm festgestellten Grundemotionen nicht möglich ist, auf die Ursache zu schließen. Er verwendet den Begriff „Othello-Syndrom". Er meint damit, dass die Diagnose Othellos, dass Desdemona Angst hat, zwar richtig war, Angst ist ja eine Basisemotion, dass jedoch sein Schluss auf die Ursache, Desdemona hätte Angst vor der Entdeckung der Untreue, bekanntlich falsch war. Die Angst war durch die Raserei des Gatten bedingt (Ekman,2007, S. 19, S. 80). Sachbuchautoren behaupten im Gegensatz dazu, dass aus der Körpersprache oft die Triebkräfte einer Handlung oder die verborgenen Gefühle einer Person entschlüsselt werden können (vgl. z.B. Fast 1982, S. 164).

Manche Trainer und Sachbuchautoren sind zwar kritisch, aber nicht konsequent. So zeigt Samy Molcho in seinem Trainingsfilm Körpersprache Live (2002) an einer typischen Situation die Subjektivität der Interpretation:

Molcho geht mit zusammengekniffenen Augen auf eine Seminarteilnehmerin zu und befragt sie nach ihrem Eindruck. Sie antwortet: „Sie sehen böse aus". Samy Molcho erklärt, er hätte aus Eitelkeit seine Brille nicht genommen und müsste daher seine Augen zusammenkneifen, um die vermutlich schöne Seminarteilnehmerin scharf sehen zu können. Die Interpretation der Seminarteilnehmerin sei zwar subjektiv richtig, aber objektiv falsch.

Obwohl sich Molcho der Subjektivität der Interpretation körpersprachlicher Signale bewusst ist, interpretiert er im weiteren Verlauf seines Films und in seinen Publikationen auch schwache Signale ziemlich eindeutig. Als Beispiel sei etwa seine Deutung der Fingerbewegungen bzw. der Fingerstellungen angeführt (vgl. Molcho 2002).

„Der Mittelfinger sei der Selbstgestaltungsfinger. Er wird angehoben, wenn der Gesprächspartner (im Film eine Dame) eine Chance sieht, sich zu entfalten, bzw. beruflich weiter zu kommen".

„Der kleine Finger ist der Gesellschaftsfinger. Wird er gerieben, sieht der Partner, die Partnerin eine Möglichkeit seine/ihre Stellung zu verbessern".

Matschnig, die sich stark an Molcho orientiert, liefert weitere Interpretationen (vgl. Matschnig 2007, S. 219 f.):

- Reibt der Daumen gegen eine Fläche, wird unbewusst etwas klein gemacht.
- Berührt der Zeigefinger die Nase nur leicht, werden Geheimnisse zurückgehalten.
- Zeigt man mit dem Mittelfinger auf etwas, dann wird dem betreffenden Objekt eine besondere Bedeutung zugemessen.
- Der Ringfinger ist der Gefühlsfinger, wird er umschlossen oder an ihm gerieben, so zeigt dies von einer besonderen emotionalen Situation.
- Wird der kleine Finger abgespreizt, bedeutet dies Zuwendung oder Genuss, wird er aber eingeknickt und unter die Handfläche geschoben, ist das Gegenteil der Fall.

Eine ähnliche Liste findet sich auch bei Geisler (Website, Abruf 2008), obwohl wenige Seiten zuvor betont wird, dass der Sinn einer Aussage nur aus der Kombination von verbalen und nonverbalen Signalen zu entschlüsseln ist.

Auch Daeubner/Hennrich warnen in ihrer Arbeit über „Weltweit verhandeln" (2003) auf Seite 21 zunächst vor „Halbwissen" bei der Interpretation der Körpersprache und führen beispielhaft das „Arme vor der Brust Verschränken" oder das „seitliche Neigen des Kopfes" an. Bereits auf Seite 22 werden jedoch die „aneinandergelegten Fingerkuppen" und die „ineinander verschränkten Finger", wie von vielen anderen Trainern, als eindeutige Abwehrgesten eingestuft.

In Extremfällen geben die Autoren lange Listen von körpersprachlichen Signalen mit möglichst eindeutigen Bedeutungen an. Ein typisches Beispiel findet sich z.B. bei Ruhleder, der nicht weniger als 52 Signale anführt (vgl. Ruhleder 1999, S. 190 f.).

Ähnliche Listen, wie z.B. die folgende, finden sich auch in Magazinen aller Art (vgl. z.B. Focus Online, Abruf 22. 8. 2008):

Zur Bedeutung verschiedener Gesten:

Aussage unterstreichen	Die Fingerkuppen einer Hand aneinander pressen
Interesse	Geweitete Pupillen
Sicherheit	Armbewegungen oberhalb der Taille
Erregung	Hände in die Hüften stemmen
Sicherheit/Ablehnung	In der Luft von oben nach unten geführte Schläge (etwas soll kleiner gemacht werden, als es ist)
Selbstgefälligkeit	Das Kinn streicheln
Sicherheit/Nachdenklichkeit	Mit den Händen ein Spitzdach nach oben formen
Zufriedenheit	Sich die Hände reiben
Unsicherheit/Ablehnung	Mit den Händen ein Spitzdach in Richtung des Gesprächspartners formen
Unsicherheit/Nervosität	Mit den Fingern trommeln
Unsicherheit/Verkrampfung	Die Hände vor der Brust falten
Unsicherheit/Verkrampfung	Die Füße um die Stuhlbeine legen
Unsicherheit/Verlegenheit	Armbewegungen unterhalb der Taille
Unsicherheit/Verlegenheit	Sich an die Nase fassen
Erregung	Die Brille hastig abnehmen
Unsicherheit/Zeitgewinn	Die Brille hochschieben
Aggression	Doppelläufige Pistole: Aneinanderlegen der Zeigefinger bei Verschränkung der anderen Finger und den auf die Zeigefinger aufgelegten Daumen
Zurückhalten von Informationen	Einen oder mehrere Finger auf die Lippen legen

Eine der wenigen Sachbuchautoren, die vor der eindeutigen Interpretation der Körpersprache warnt, ist Birkenbihl. Ähnlich wie Ekman meint sie, dass man zwar anhand der Körpersprache den emotionalen Zustand erkennen kann, nicht jedoch die Ursache.

Nach Birkenbihl deuten z.B. waagrechte Stirnfalten an, dass die Aufmerksamkeit stark in Anspruch genommen ist. Sie führt jedoch an, dass dies folgende Gründe haben kann: Schreck, Angst, Begriffsstutzigkeit, (Er-) Staunen, Verwunderung, Verwirrung, Überraschung (vgl. Birkenbihl 2002, S. 95).

Prinzipiell, meint Birkenbihl, gibt es zwar eine bestimmte Wahrscheinlichkeit, dass bestimmte Körpersignale einen bestimmten emotionalen Zustand anzeigen, jedoch ermöglicht dieser wahrscheinliche Zusammenhang nicht, in einer bestimmten Situation eindeutige Schlüsse zu ziehen. Man sollte daher Interpretationen immer durch Kontrollfragen überprüfen (vgl. Birkenbihl 2002, S. 39).

In der nachfolgenden Grafik versuchen die Autoren, die Arten von nonverbalen Signalen unter dem Aspekt der Interpretierbarkeit zusammenzufassen.

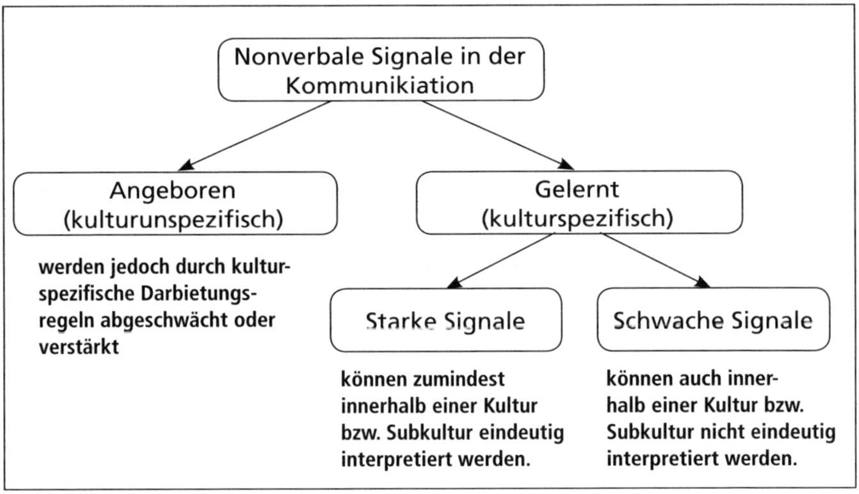

Abb. 1: Aspekte der Interpretierbarkeit nonverbaler Signale

Zu den angeborenen Signalen zählen die von Ekman identifizierten Basisemotionen. Diese lassen zwar einen Schluss auf die emotionale Grundstimmung zu, ermöglichen es aber nicht, die Ursache dieser Grundstimmung eindeutig zu erkennen („Othello-Syndrom"). Zu den angeborenen Signalen zählen auch die psychosomatischen Reaktionen wie Rot- und Blasswerden und Schwitzen.

Innerhalb eines Kulturkreises liefert vor allem die koverbiale Gestik (groß, klein, links, rechts etc. – vgl. Abschnitt 4) relativ eindeutige Signale. Es wurde jedoch darauf hingewiesen, dass manche Signale (z.B. Kopfnicken, Kopfschütteln, aufwärts gerichteter Daumen, Okay-Zeichen) in verschiedenen Kulturen verschiedene Bedeutung haben.

Starke Gesten sind eindeutig und bedürfen keiner Interpretation. Typisch sind z.B. die Bildbeispiele für Ablehnung, Abscheu bei Matschnigg (vgl. Matschnigg 2007, S. 110 f.).

Ein Großteil der körpersprachlichen Sachbuchliteratur beschäftigt sich jedoch mit schwachen Signalen und versucht, diesen eine eindeutige Interpretation zuzuschreiben (etwa bestimmte Arten zu sitzen, zu stehen, bestimmte Fingerhaltungen, Armhaltungen, Kopfhaltungen, bestimmte Beinstellungen etc.).

Ein Beispiel wären etwa die vor dem Unterleib verschränkten Hände („Freistoßhaltung“). Sie werden von Matschnig (2007, S. 152) als Zeichen „einer ganz offensichtlichen Unsicherheit bzw. für mangelndes Selbstbewusstsein“ betrachtet.

Ein Großteil der Politikerinnen und Politiker hält jedoch die Hände bei öffentlichen Anlässen in dieser Form. Sie entspricht offensichtlich der internationalen Etikette. Von Militärs bzw. Politikern in Uniform wird sie vermieden. Sie orientieren sich eher an der militärischen Grundhaltung „Hände an der Hosennaht“.

Birgit Schneider hat nun versucht, empirisch zu überprüfen, ob schwache körpersprachliche Signale, denen in der Literatur eine klare Bedeutung zugeschrieben wird, von Versuchspersonen ebenfalls so eindeutig eingestuft werden.

6. Werden schwache körpersprachliche Signale eindeutig interpretiert?

6.1 Das Untersuchungsdesign

Das Ziel der Untersuchung von Birgit Schneider war es, die Eindeutigkeit von Interpretationen schwacher körpersprachlicher Signale, wie sie in der Sachbuchliteratur vorgefunden werden, zu überprüfen.

Das umfassendste Fotomaterial findet sich im deutschen Sprachraum in den zahlreichen Publikationen von Molcho. Dazu kommt, dass sich viele andere Sachbuchautoren, Internetquellen und Magazinartikel im deutschen Sprachraum mit und ohne Zitat an Molcho orientieren.

Verwendet wurde daher eine Auswahl von 17 Fotos samt der von Molcho gegebenen Interpretation. Gemäß der Problemstellung wurden Fotos ausgewählt, die nach der subjektiven Meinung der Autorin eher schwache, d.h. mehrdeutige Signale zeigen.

In einem Vorversuch im Wintersemester 2007/08 wurden diese Fotos zehn Studierenden (davon acht weiblichen) der Wirtschaftsuniversität Wien vorgelegt. Die Studierenden wurden gebeten, anzugeben, welche Kommunikationssituation bzw. welche kommunikative Grundstimmung ihnen bei diesen Fotos einfallen.

Mit diesem Vorversuch wurden zwei Absichten verfolgt:

Erstens wurde überprüft, ob die subjektive Auswahl der Fotos tatsächlich überwiegend schwache Signale betraf. Dies traf zu, da für jedes Foto neben der Interpretation von Molcho noch mindestens zwei weitere Interpretationen abgegeben wurden. Zweitens wurden Anregungen für die Gestaltung von Distraktoren für den Fragebogen des Hauptversuchs gewonnen.

Der Hauptversuch wurde als Gruppenversuch gestaltet. 60 Studierende der Veranstaltung „Körpersprache in der Kommunikation" im Rahmen der Veranstaltung „Soziale Kompetenz" zu Beginn des Sommersemesters 2008 an der Wirtschaftsuniversität Wien erhielten den Kodierbogen.

Die Bilder wurden mit einem Beamer jeweils für ca. 30 Sekunden projiziert, und die Versuchspersonen sollten in einem Antwortbogen jene Antwort ankreuzen, die ihnen als plausibelste Interpretation erschien. Bei 15 der 17 Bilder war das Antwortformat ident (eine von fünf Auswahlantworten musste gewählt werden – vgl. die nachstehenden Beispiele 1, 2 und 4). Zwei Bilder hatten ein anderes Antwortformat (vgl. das untenstehende Beispiel 3).

Das umfangreiche Bildmaterial und die detaillierte Auswertung kann hier nur anhand von ausgewählten Beispielen dargestellt werden. Die Originalarbeit ist von der Autorin auf CD erhältlich (Birgit.Schneider@chello.at).

Die nachfolgenden Beispiele zeigen jeweils links das projizierte Bild, rechts die Auswahlantworten im Fragebogen, in Klammer die Wahlhäufigkeit in den 49 ausgewerteten Fragebogen und darunter die bei Molcho gefundene verbale Interpretation der Situation. Die Auswahlantwort, die der Interpretation von Molcho entspricht, wird jeweils gekennzeichnet.

Die Beispiele werden bei der Problematisierung der Untersuchung weiter verwendet werden.

Die Darstellung aller Bilder mit exakter Quellenangabe und die statistischen Auswertungen finden sich in der Originalarbeit.

(Der Abdruck der nachstehenden Fotos erfolgt mit der Genehmigung von Samy Molcho, im Wege der Agentur Joram Harel Management, 1180 Wien, und des Photografen, Atelier Thomas Klinger, 80333 München.)

Beispiel 1

Die um den Stuhl geschlungenen Beine signalisieren

a)	Unsicherheit	89,8%
b)	Lockerheit	10,2%
c)	Beharren	0,0%
d)	Wohlfühlen	0,0%
e)	Agressivität	0,0%

Interpretation Molcho:
Die Füße signalisieren:
„Mich bringst Du hier nicht weg, das ist meine Position"

Beispiel 2

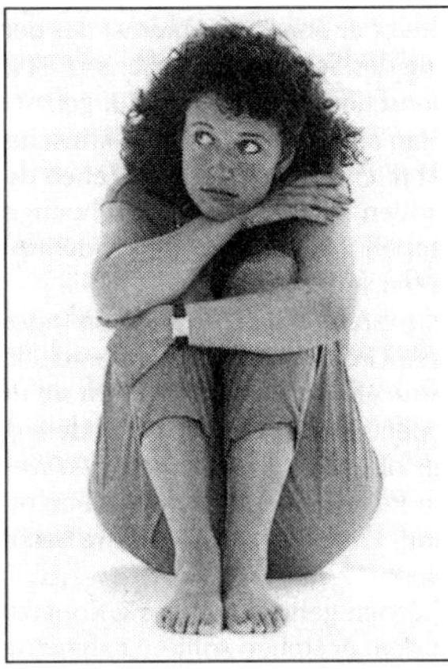

Dies Haltung ist Ausdruck von

a) Ängstlichkeit (42,9%)
b) Innerer Konzentration (4,1%)
c) Neugierde (0%)
d) Misstrauen (14,3%)
e) Verschlossenheit (38,7%)

Interpretation Molcho:
Diese Art des sich Umarmens und Sammelns ist Ausdruck innerer Konzentration und Geborgenheit.

Beispiel 3

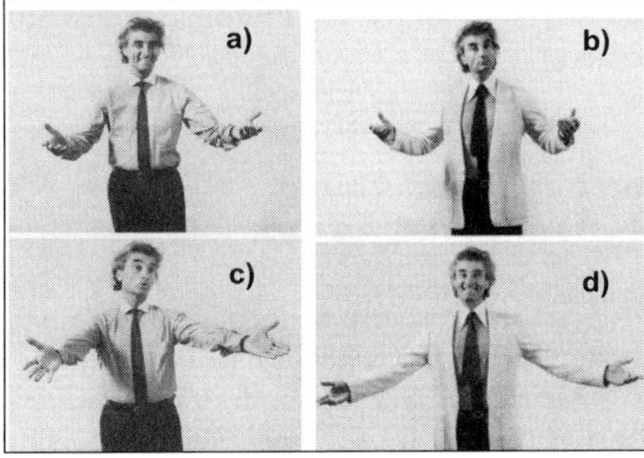

Der Redner fordert Sie auf, Stellung zu nehmen.

Welches der vier Bilder hat für Sie den stärksten Aufforderungscharakter ?

a) Bild 1 (32,7%) ←Molcho
b) Bild 2 (22,4%)
c) Bild 3 (30,6%)
d) Bild 4 (14,3%)

Beispiel 4

Diese Sitzhaltung wirkt:

a)	Verkrampft	18,4 %
b)	Erotisch	20,4 %
c)	Locker	28,6 %
d)	Offen	24,5 %
e)	Abwartend	8,2 %

Interpretation Molcho:
„Ein ästhetischer Anblick und ein erotisches Signal. Die seitlich verlängerte Beinlinie betont Leichtigkeit und Grazie“

6.2 Die Ergebnisse der Hauptuntersuchung

- Die Interpretation von Molcho wurde nur selten zu mehr als 50 % gewählt, nämlich nur in drei von 15 Fällen.
- Nur in zwei weiteren Fällen erzielte die Interpretation von Molcho wenigstens die relative Mehrheit der Wahlen.
- Die Wahlen sind nicht gleichmäßig, also zufällig verteilt, sondern jeweils mit bestimmten Schwerpunkten, die sich aber nicht an der Interpretation von Molcho orientierten. Eine Ausnahme stellt nur das obenstehende Beispiel 3 dar. In diesem Fall ergab der Test auf Gleichverteilung keine signifikante Abweichung.
- In einigen Fällen wurden andere Interpretationen als die von Molcho mit absoluter Mehrheit gewählt, nämlich in fünf Fällen. Diese absoluten Mehrheiten waren teilweise erheblich höher,als jene, die die Interpretationen von Molcho erzielten (vgl. etwa die Beispiele 1 und 2).

(Zur detaillierten Auswertung und zu den statistischen Prüfungen muss auf die Originalarbeit verwiesen werden.)

6.3 Zur Problematisierung der Untersuchung

(1) Fotos sind statisch

Es ist anzunehmen, dass die Interpretation körpersprachlicher Signale auch aufgrund der Dynamik des Verhaltens erfolgt. Das heißt, dass vor allem die Veränderung des Verhaltens (z.B. der Mimik, der Gestik und der Position) zu Interpretationsversuchen führt. Dies könnte nur mit Filmen abgebildet werden. Diese standen leider nicht zur Verfügung. Typisch für dieses Problem ist z.B. das obenstehende Beispiel 3. Wie ein nonverbales Aufforderungsverhalten wahrgenommen wird, ist sicher auch von der Dynamik abhängig.

(2) Vorhergehende Lernprozesse können die Antworten beeinflussen

Körpersprache wird intensiv in Fachbüchern, aber auch in Tageszeitungen und Wochen- und Monatszeitschriften diskutiert. Die populär gestalteten Beiträge folgen in der Regel der Sachbuchliteratur und in Österreich meist den Ansätzen von Molcho. Es ist daher durchaus möglich, dass die Interpretationen durch Vorurteile bedingt werden, die durch vorhergehende Lernprozesse entstanden sind.

Das obenstehende Beispiel 1 kann zur Illustration verwendet werden.

Molcho interpretiert die um die Stuhlbeine geschlungenen Beine als **„Beharren"**.

44 Versuchspersonen (fast 90 %) wählten jedoch die Interpretation **„Unsicherheit"**.

In einer Nachuntersuchung wurde das Bild anderen Versuchspersonen gezeigt, die gleichen Auswahlantworten vorgegeben und dann nachgefragt:

Haben Sie ein ähnliches Bild in einem Artikel, Film oder Vortrag über Körpersprache schon einmal gesehen? ☐ JA ☐ NEIN

Über 60 % der Befragten stimmten der Aussage zu.

Das heißt jedoch, dass die Interpretation von Körpersprache vermutlich auch durch vorhergehende sekundäre Lernprozesse beeinflusst wird. Das heißt also durch Lernprozesse, die nicht in Realsituationen, sondern von der Realität abgelöst ablaufen, z.B. in Seminaren oder durch Literaturstudien.

Je intensiver der Problemkreis diskutiert wird, desto wahrscheinlicher ist es, dass sich Personen der Interpretation der Sachbuchautoren anschließen und es daher zu einer Art „self-fulfilling prophecy" kommt.

(3) Mimik und Gestik bzw. Körperhaltung könnten widersprüchlich sein

Zur Illustration wird das obenstehende Beispiel 2 verwendet.

Offensichtlich orientierten sich die Versuchspersonen eher an der „Austernstellung" und wählten daher Ängstlichkeit und Verschlossenheit als Alternativen. Bei Molcho könnte der konzentrierte Blick im Vordergrund stehen und ihn zur Interpretation „innere Konzentration" führen.

(4) Über die tatsächliche emotionale Situation der Fotografierten ist nichts bekannt

Es handelt sich offensichtlich um gestellte Fotos. Die fotografierten Personen können entweder aufgefordert worden sein, sich in eine bestimmte Gefühlslage zu versetzen, z.B. eine Stellung „innerer Konzentration" einzunehmen, wie dies z.B. Ekman bei der Darstellung der Basisemotionen versuchte (vgl. Abschnitt 3), oder sie wurden lediglich in eine Stellung manövriert. Da zahlreiche Fotos Molcho selbst darstellen, ist eher anzunehmen, dass sich Molcho nicht unmittelbar in eine bestimmte Situation hineinversetzte, sondern diese nur äußerlich darstellte. Es ist daher höchst unsicher, wie eng die Bilder mit der jeweiligen Kommunikationssituation bzw. Gefühlslage der fotografierten Person übereinstimmen.

(5) Experten sind besser in der Lage, nonverbale Situationen einzuschätzen als Ungeschulte

Denkbar wäre auch, dass der Experte Molcho besser in der Lage ist, körpersprachliche Signale einzuschätzen, als Untrainierte. Dies wäre nur durch Blindversuche festzustellen, indem zuerst Versuchspersonen veranlasst werden, eine bestimmte Kommunikationssituation darzustellen, und dann diese von Experten und von Ungeschulten eingeschätzt werden.

6.4 Folgerungen aus der empirischen Untersuchung

Einerseits hat sich gezeigt, dass schwache nonverbale Signale unterschiedlich interpretiert werden. In Übereinstimmung mit den übrigen wissenschaftlichen Befunden ist daher vom Versuch abzuraten, einzelne schwache Signale des Gesprächspartners eindeutig zu interpretieren. Es ist vielmehr zu empfehlen, die Bedeutung der Signale zumindest nachzufragen.

Andererseits ist es sehr wahrscheinlich, dass eine immer größere Zahl von qualifizierten Personen (z.B. Personalverantwortliche) Körpersprache-seminare besuchen und dort lernen, bestimmte körpersprachliche Signale eindeutig zu interpretieren.

Es scheint daher sinnvoll, den Empfehlungen der Sachbuchautoren und Trainer zu folgen und jene Signale zu senden, die jedenfalls als Zuwendung, aktives Zuhören, offen, interessiert eingestuft werden, und jene Signale nach Möglichkeit zu unterlassen, die nach Meinung der populärwissenschaftlichen Literatur Unsicherheit, Überheblichkeit, mangelndes Interesse etc. signalisieren.

Unterlassen werden sollte daher:

- mit den Händen ein Spitzdach nach oben oder nach vorne bilden,
- die Arme vor der Brust falten,
- die Beine um die Stuhlbeine schlingen,
- die Beine beim Sitzen aneinanderpressen,
- ein Bein quer über das andere legen,
- sich an die Nase oder an die Ohren fassen,
- einen oder mehrere Finger bzw. die ganze Hand vor den Mund legen,
- Hände in die Hosentaschen stecken, vor allem nicht mit dem Daumen nach außen,
- Hände in die Hüften stützen,
- Hände beim Stehen vor dem Körper oder hinter dem Körper schließen,
- zu breit stehen.

Zu empfehlen sind:

- Blickkontakt, jedoch nicht zu lange,
- Lächeln, soweit es nicht künstlich wirkt,
- unterstützende Gesten, jedoch nicht zu weit ausholen,
- Handflächen eher nach oben,
- bei Präsentationen Aussagen koverbial (vor allem durch geeignete Handbewegungen) unterstützen,
- bei Fremden mittlere Distanz, etwa 0,8–1,5 m, einhalten.

In fremden Kulturen ist jedoch zu prüfen, ob nicht abweichende Usancen bezüglich Blickkontakt, Distanzzone, Gestik gelten.

7. Zusammenfassung

Vieles spricht dafür, dass körpersprachliche Signale bei einigen Basisemotionen angeboren und damit kulturunspezifisch sind. Dies gilt jedoch kaum für die Details der Körpersprache in der Alltagskommunikation, wie Armhaltung, Beinstellung, Distanzverhalten etc.

Die Kongruenz von Körpersprache und verbaler Aussage ist umso wichtiger, je emotionaler die Botschaft ist, die gesendet werden soll. Liegt Kongruenz vor, ist selbstverständlich auch der verbale Inhalt von Bedeutung. Je kognitiver Aussagen orientiert sind, desto wichtiger wird der Inhalt.

Bei der aktiven Gestaltung der eigenen Körpersprache können die Hinweise in der Fachbuchliteratur als Richtlinien dienen. Dies scheint auch deswegen sinnvoll, weil die Hinweise in der Fachbuchliteratur und die Schulungen, die sich an dieser Literatur orientieren, dazu führen, dass immer mehr Menschen sich an diesen „Rezepten" orientieren und Signale daher im Sinne dieser Literatur interpretieren. Selbstverständlich sind kulturspezifische Besonderheiten zu beachten.

Bei der Interpretation der Körpersprache der Gesprächspartnerinnen und -partner ist jedoch äußerste Vorsicht geboten, da Details wie Armstellung, Fingerhaltung, Fußstellung etc. nicht eindeutig interpretiert werden können. Dieses Problem wird durch die kulturspezifischen Besonderheiten noch verstärkt.

Die empirische Untersuchung hat gezeigt, dass die Detailinterpretation körpersprachlicher Verhaltensweisen, wie sie in weiten Teilen der Sachbuchliteratur empfohlen wird, mit viel Vorsicht zu betrachten ist. Lediglich starke Signale, wie Basisemotionen, können eindeutig interpretiert werden, schwache Signale in Gestik und Mimik jedoch nicht.

Typisch sind die unterschiedlichen Interpretationen des obenstehenden Beispiels 4. Es zeigt, zu welchen Missverständnissen es führen kann, wenn Verhaltenstrainer bestimmte Positionen vorschlagen, um eine Grundstimmung nonverbal zu zeigen. Nur 20 % interpretierten diese Grundhaltung als erotisch. Wobei hier wahrscheinlich der Umkehrschluss, dass jede Frau, die so sitzt, erotische Absichten verfolgt, für denjenigen, der diese Sitzhaltung so auslegt, ebenfalls verhängnisvoll werden könnte.

Sinnvoll scheint es daher, nur bei starken und eindeutigen Signalen der Gesprächspartner zu reagieren und nach den Ursachen zu fragen, schwachen und mehrdeutigen Signalen jedoch keine allzu große Beachtung zu schenken oder zumindest nachzufragen.

8. Problemstellungen zur Körpersprache

1. „Es kommt nicht darauf an, was jemand sagt, sondern nur, wie er es sagt. Empirische Untersuchungen zeigten, dass es zu mehr als 90 % auf die Körpersprache und nicht auf den Inhalt ankommt." Wie beurteilen Sie diese Aussage? Begründen Sie bitte Ihre Beurteilung!
2. In einem Workshop wird darüber diskutiert, ob körpersprachliche Signale eher kulturübergreifend gleich sind oder sich in verschiedenen Kulturen unterscheiden.
   Welchen Beitrag können Sie zu dieser Diskussion liefern?
3. Zahlreiche Autorinnen und Autoren publizieren detaillierte Listen, welche Bedeutung schwache Signale, wie das Abspreizen eines bestimmten Fingers oder die Berührung von Nase oder Ohren, für die Kommunikation haben. Wie beurteilen Sie diese Aussagen?
4. In der Literatur finden sich ferner Hinweise, wie stärkere Signale, z.B. das Kreuzen der Arme vor der Brust bzw. bestimmte Beinstellungen, zu interpretieren wären.
   Inwieweit sollte man derartige Hinweise beachten?
5. Welche körpersprachlichen Verhaltensweisen wurden im Beitrag eher empfohlen und von welchen wurde eher abgeraten, um Fehlinterpretationen zu vermeiden?

9. Literatur

Argyle, M. (2005): Körpersprache und Kommunikation, 9. Auflage (1. Auflage 1975). Paderborn: Junfermann.

Birkenbihl, V. F. (2002): Signale des Körpers, 16. Auflage (1. Auflage 1985, inzwischen erschienen: 20. Auflage 2007). München: mvg.

Daeubner, C. & Hennrich, D. (2003): Weltweit verhandeln. Wien: Ueberreuter.

Ekman, P. (2007): Gefühle lesen. Wie Sie Emotionen erkennen und richtig interpretieren. München: Elsevier.

Fast, J. (2002): Körpersprache, 23. Auflage (1. Auflage 1971). Hamburg: rororo.

Focus-Online: Die Botschaften der Hände. http://www.focus.de/jobs/karriere/softskills/koerpersprache/gebaerdenspiel_aid_5460.html (22. 8. 2008).

Givens, D. & Burkhardt, Ch. (2006): Körpersprache der Liebe: Selbst die richtigen Signale senden, Signale des Partners richtig deuten. München: Goldmann.

Gomez, J. (2004): Moderations- und Präsentationssituationen gestalten. St. Gallen: Universität St. Gallen.

Langer, I., Schulz von Thun, F. & Tausch, R. (1974): Verständlichkeit in Schule, Verwaltung, Politik und Wissenschaft. München, Basel.

Langer, I., Schulz von Thun, F. & Tausch, R. (2002): Sich verständlich ausdrücken. München.

Matschnig, M. (2007): Verräterische Gesten und wirkungsvolle Signale. München: Gräfe & Unzer.

Mehrabian, A. (1994): Silent Messages. Implicit Communication of Emotions and Attitudes, 2. Auflage, (1. Auflage 1974). Los Angeles: University of California.

Mehrabian, A.: Persönliche Website, http://www.kaaj.com/psych/ (10. 01. 2008).

Mehrabian, A. (2008): Nonverbal Communication, 3. Auflage (1. Auflage 1972). New Brunswick, London: Aldine.

Mehrabian, A. & Ferris, S. R. (1967): Inference of Attitudes from Nonverbal Communication in two Channels. In: Journal of Consulting Psychology, Vol. 31, No. 3 (CD).

Mehrabian, A. & Wiener, M. (1967): Decoding of Inconsistent Communications. In: Journal of Personality and Psychology, Vol. 6, No. 1 (CD).

Moeslang, M.: Was bedeutet die Mehrabian Studie wirklich? http://erfolgreichwirken.typepad.com/erfolgreich_wirken/2006/07/ (15. 01. 2008).

Molcho, S. (1983): Körpersprache. München: Mosaik.

Molcho, S. (1988): Körpersprache als Dialog – Ganzheitliche Kommunikation. München: Mosaik.

Molcho, S. (1990): Partnerschaft und Körpersprache (mit Baumgartl N). München: Mosaik.

Molcho, S. (1997): Körpersprache im Beruf. München: Goldmann.

Molcho, S. (1999): Partnerschaft und Körpersprache. München: Goldmann.

Molcho, S. (2002): Alles über Körpersprache. München: Goldmann.

Molcho, S. (2005): Körpersprache des Erfolges. Kreuzlingen

Molcho, S. (2005): Körpersprache des Erfolgs. München: Ariston.

Molcho, S. (2006): ABC der Körpersprache. Hugendubel.

Moritz, A. & Rimbach, F. (2006): Soft Skills für Young Professionals. Offenbach: Gabal.

Pachlinger, I. (1996): Das Wiener Verständlichkeitsmodell. In: Fortmüller, R. & Aff, J. (Hrsg.): Wissenschaftsorientierung und Praxisbezug. Wien.

Pease, A. & Pease, B. (2006): Die kalte Schulter und der warme Händedruck. Ganz natürliche Erklärungen für die geheime Sprache unseres Körpers. Hamburg: Ullstein.

Pease, A., Pease, B. & Bauer, G. (2003): Der tote Fisch in der Hand und andere Geheimnisse der Körpersprache. Berlin: Ullstein.

Pobeheim, B. & Czak, E. (2007): Erfolgreich bewerben. Wien: Wirtschaftskammer Österreich, Sparkassenverband, Österreich.

Püttjer, Ch. & Schniedera, U. (2001): Erfolgsfaktor Körpersprache. Frankfurt/New York: Campus.

Rimser, M. (2008): Wir können einfach nicht nicht wirken. In: Training, 1/2008.
Ruhleder, R. (2000): Rhetorik, Kinesik, Dialektik, 14. Auflage. Bonn: Deutsche Wirtschaft.
Scheibel, G.: Der Ton macht die Musik.
http://www.magazintraining.at/archiv/07-2000/nov_b.htm (12. 01. 2008).
Schneider, B. (2008): Körpersprache interpretieren und trainieren. Kritische Analyse und empirische Untersuchung. Unv. Masterthesis, PEF-Privatuniversität, Wien.
Schneider, W. (1995): Informieren, Motivieren. Wien: Manz.
Shovel, M: Mehrabian Nights: An informative tale about (mis)communication.
http://www.trainingzone.co.uk/cgi-bin/item.cgi-id=184720 (15. 01. 2008)
Stangl, W.: Arbeitsblätter zur nonverbalen Kommunikation. http://arbeitsblätter.stangl-taller.at/Kommunikation/KommNonverbale.shtm (15. 01. 2008).
Topf, Ch. (2005): Körpersprache für freche Frauen. Sicher und selbstbewusst auftreten im Beruf. redline.
Wasmuth, I. (2006): Gesten ohne Worte. In: Gehirn und Geist, Dossier Nr. 3. Heidelberg: Spektrum.
Weisbach, Ch. R. (2005): Professionelle Gesprächsführung, 6. Auflage. München: dtv.
Westphal, R. (1999): Körpersprache für Verkäufer.Regensburg, Düsseldorf.
Winheller, A.: Körpersprache bei Verhandlungen, http://www.gastlichkeit.at/koerpersprache-verhandlungen.htm (25. 07. 2008).
Winkler, E. (2002): Erfolg in aller Welt. Wien: WKÖ Service GmbH.

Schulungsfilme:

Molcho, S. (2002): Körpersprache live.Verlag moderne industrie (In verkürzter Form als DVD erhältlich).
Rückle, U. (1989): Körpersprache. Verlag moderne Industrie.

Kapitel 5

Verhalten in und von Teams

Wolfgang Mayrhofer

1. Einleitung

Erstes Ziel von Organisationen ist das langfristige Sichern ihres Überlebens. Dafür haben sie drei Grundtatbestände zu erfüllen: Sie müssen Kooperation effektiv und effizient organisieren, Legitimität bei wichtigen internen sowie externen Stakeholdern erzielen und lernen, d.h. mit sich verändernden internen und externen Umwelten umgehen und/oder diese aktiv an eigene Zielvorstellungen anpassen, etwa durch Lobbying für günstige gesetzliche Rahmenbedingungen (Martin 2001, S. 34 f.).

Bezogen auf Teams im Arbeitskontext heißt das sinngemäß, sich zunächst mit drei Fragen auseinanderzusetzen:

- Was ist das Besondere an Teams im Unterschied zu anderen Formen der Zusammenarbeit?
- Welchen Nutzen bringt der Einsatz von Teams im organisationalen Kontext?
- Wie lernen Teams?

Dazu kommt als vierte Frage:

- Was sind typische Gefahren von Arbeiten in Teams?

Sie folgt aus einem Grundprinzip: Jedes Handeln hat seinen Preis („There is no such thing as a free lunch", eine häufig dem Ökonomen Milton Freeman zugeschriebene populäre Beschreibung von Opportunitätskosten). Die Bildung von und das Arbeiten in Teams führen typischerweise zu Problemen und nicht-intendierten Handlungsfolgen.

Dieses Kapitel beantwortet diese vier Fragen. Nach dem Herausarbeiten konstitutiver Merkmale von Teams, zentraler Erfolgsfaktoren für den Einsatz von Teams im organisationalen Kontext und wesentlicher Entwicklungsstadien (Abschnitt 2) wird der potenzielle Nutzen von Teams in Organisationen herausgearbeitet (Abschnitt 3). Teamlernen, d.h. die Aneignung neuer Verhaltensweisen im Team, ist Gegenstand des nächsten Schritts (Abschnitt 4). Der Beitrag schließt mit dem Hinweis auf typische Probleme, etwa in Form von negativen Gruppeneffekten und nicht-intendierten Handlungsfolgen (Abschnitt 5), sowie einer kurzen Schlussbemerkung (Abschnitt 6).

2. Teamcharakteristika

Nach einem kurzen Überblick über wesentliche Merkmale von Teams stellt dieser Abschnitt Erfolgsfaktoren für den Einsatz von Teams in Organisationen und typische Entwicklungsstadien vor.

2.1 Gruppe versus Team

Gruppen lassen sich nach vielen Merkmalen beschreiben, etwa funktionalem Hintergrund oder Alter der Mitglieder, Größe, Aufgabe, Zusammensetzung etc. Trotzdem gibt es in der Literatur eine relative Einigkeit darüber, wann von einer Gruppe und nicht bloß von einer Ansammlung von Personen zu sprechen ist (Mayrhofer, Schneidhofer & Steyrer 2009).

- Gemeinsame Zielsetzungen und Werte
  In einer Gruppe gibt es wenigstens Ansätze für gemeinsame, tendenziell dauerhafte Zielsetzungen und Werte.

- Größe
  Zentral ist die Möglichkeit persönlicher oder sogenannter „Face-to-face"-Beziehungen. Häufig genannte Zahlen umfassen hier den Bereich zwischen 3 und rund 20 Mitgliedern.

- Häufiger Kontakt miteinander
  Gruppen brauchen und ermöglichen regelmäßigen und häufigen Kontakt der Gruppenmitglieder. Dieser Kontakt kann sowohl persönlich als auch über andere Medien wie etwa Telefon, E-Mail oder videobasierte Kommunikationsformen wie Skype erfolgen.

- Wir-Gefühl
  Gruppenmitglieder nehmen nicht nur auf ein „Ich", sondern auch auf ein „Wir" Bezug. Neben die Einzelidentität tritt eine von den Einzelnen losgelöste Vorstellung eines gemeinsamen Wir-Gefühls.

- Rollendifferenzierung
  In Gruppen erledigen nicht alle alles. Stattdessen gibt es eine Rollen- und Aufgabendifferenzierung: Verschiedene Personen erledigen – im Zeitverlauf ggfs. auch abwechselnd – unterschiedliche Aufgaben auf verschiedenen Ebenen.

Gruppe und Team werden zum Teil synonym verwendet. Insbesondere die organisationale Praxis trifft hier keine saubere Unterscheidung. Team ist hier lediglich der „modernere" Begriff mit entsprechenden Assoziationen hinsichtlich Dynamik, Kooperation oder Engagement. Gruppenarbeit mutiert dann etwa rhetorisch zur Teamarbeit, ohne dass sich inhaltlich etwas ändert. Andere spannen ein Kontinuum zwischen Teams und Gruppen auf, das hinsichtlich zentraler Dimensionen eine Unterscheidung erlaubt (vgl. Abbildung 1).

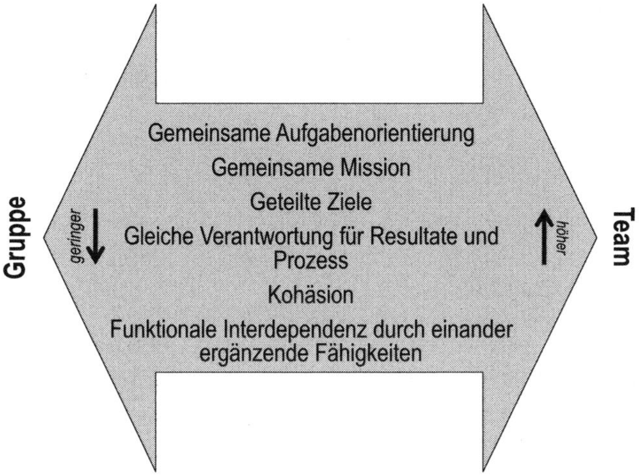

Abbildung 1: Unterschiede zwischen Gruppen und Teams (im Anschluss an: Katzenbach & Smith 1993)

2.2 Erfolgsfaktoren

Aussagen zu Erfolgsfaktoren von Teams beruhen häufig auf Befunden, die aus der Kleingruppenforschung kommen, aber wenig oder gar keinen Bezug zu Organisationen haben. Wichtige organisationale Besonderheiten wie Einbindung in eine formale Weisungsstruktur, in der Regel von einer übergeordneten Stelle – z.B. der Unternehmensleitung – vorgegebene Ziele oder spezielle Mitgliedschaftsbedingungen in diesen Teams, also etwa „Mitgliedschaft per Anweisung", finden damit keine Berücksichtigung. Dazu kommt ein Zweites. Viele häufig genannte Erfolgsfaktoren wie etwa Vertrauen unter den Teammitgliedern oder Identifikation mit der Organisation entstammen der „Unendlichkeit der Psyche", sind kaum direkt beinflussbar und oft das Ergebnis von Zusammenarbeit, nicht aber ohne weiteres die Voraussetzung.

Titscher und Stamm (2006) wählen in ihrem Ansatz für erfolgreiche Teams einen anderen Zugang. Auf Basis einer umfassenden Analyse einschlägiger Studien und eigener praktischer Erfahrungen gehen sie explizit von Organisationen als unmittelbarem Kontext von Arbeitsteams aus. Dazu fokussieren sie auf Faktoren, die im Rahmen von Führungshandeln konkret beeinflussbar sind. Sie stellen vier Gruppen zentraler Erfolgsfaktoren vor: Organisationale Rahmenbedingungen, Aufgabenstellung, Charakteristika des Teams als„kollektiver Akteur" und die einzelnen Teammitglieder selbst (vgl. Abbildung 2).

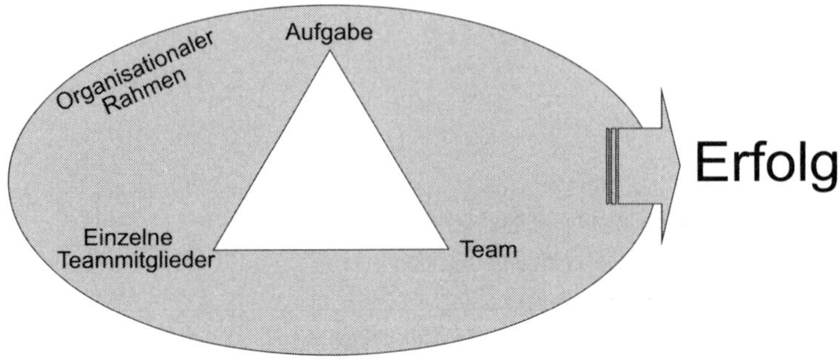

Abbildung 2: Erfolgsfaktoren in Teams

Die genannten Erfolgsfaktoren werden nun etwas detaillierter vorgestellt (genauer dazu vgl. Titscher & Stamm 2006).

2.2.1 Organisationaler Rahmen

Mehrere Elemente des organisationalen Rahmens sind für den Teamerfolg bedeutsam. Das *Interesse der Auftraggeberin oder des Auftraggebers* ist wesentlich für die Art der Unterstützung bei der Aufgabenerfüllung, etwa durch organisationsinternen Rückhalt bei Konflikten mit anderen Teams oder die Bereitstellung ausreichender Ressourcen wie Geld oder Zugang zu Informationen. Auftraggeber/in kann eine Einzelperson, etwa eine fachlich innerhalb der Organisation zuständige Person, aber auch ein „kollektiver Akteur" sein, also etwa ein für das Team verantwortliches und aus mehreren Personen bestehendes Steuerungsgremium wie z.B. der Vorstand.

Ein *angemessener Zeitdruck* hinsichtlich des erwarteten Outputs wirkt auf Teams tendenziell mobilisierend. Umgekehrt haben sowohl Zeitüberschüsse als auch Zeitdefizite negative Auswirkungen auf den Teamerfolg. Verfügt ein Team über zu viel Zeit für seine Aufgaben, wird die Arbeit wenig fokussiert sein und das Team sich tendenziell verzetteln. Zu wenig Zeit kann lähmend wirken. Ansatzpunkte für Steuerungsmöglichkeiten stellen etwa angemessene Meilensteine, Zwischenberichte oder Deadlines für das Endergebnis dar.

Die *zugewiesenen Ressourcen* beschränken und ermöglichen Teamaktivitäten. Zu den Ressourcen gehören etwa Zeit, Zahl und Art der Teammitglieder, Budget, Prämien, Wissen, Zugriff auf Arbeitsmittel und Infrastruktur, Teamcoaching oder Teamtraining. Sie sind immer im Hinblick auf ihre Relation zu den Zielen zu sehen. Die Ressourcenausstattung hat auch eine stark symbolische Komponente. Sie signalisiert dem Team selbst sowie der organisationsinternen und -externen Umwelt den Stellenwert des Teams und seiner Aufgaben.

Die *Verbindlichkeit des Kontrakts* zwischen Auftraggeber/in und Team berührt wesentliche zeitliche, sachliche und inhaltliche Aspekte der Teamarbeit. Dazu zählt etwa die Einhaltung von Spielregeln und Abmachungen hinsichtlich Terminen, Aufträgen, Ressourcen oder Teamzusammensetzung. Der Besprechung von Abweichungen aufgrund aktueller Entwicklungen, Fehler, Fehleinschätzungen bei der Planung etc. und der Reflexion des Ergebnisfortschritts und der Teamprozesse kommt ebenfalls ein hoher Stellenwert zu. Sie berühren unmittelbar die Verbindlichkeit des Kontrakts und weisen ggfs. auf die Notwendigkeit einer Veränderung hin.

Die *Akzeptanz durch „die Linie"*, d.h. die „normale" Organisation, ist für den langfristigen Teamerfolg von hoher Bedeutung. Teams sind manchmal – und jedenfalls dann, wenn sie über Abteilungs- und Funktionsgrenzen hinweg oder als temporäre Projektteams agieren – außerhalb der normalen Basisorganisation angesiedelt. Das macht sie zu etwas „Besonderem", das tendenziell „außerhalb" steht. Damit steigt aber auch die Gefahr des Abgestoßenwerdens und der Nicht-Akzeptanz. Möglichkeiten für eine Erhöhung der Akzeptanz des Teams, seiner Aufgabenstellung und seiner Ergebnisse sind etwa eine ausreichende und rechtzeitige Information über Zielsetzungen des Teams und die geplante Verwendung der Ergebnisse, die Möglichkeit der Einflussnahme auf die Teamzusammensetzung durch die Linienabteilungen oder ein regelmäßiger Informationsfluss vom Team zur „Außenwelt".

2.2.2 Aufgabe

Bezogen auf die Aufgabe ist zum einen der Grad der *Aufgabenattraktivität* erfolgswirksam. Dieser weckt bei den einzelnen Teammitgliedern und auch beim Team insgesamt Aufmerksamkeit und Energie.

Zum anderen wirkt sich der *Schwierigkeitsgrad der Aufgabe* auf den Teamerfolg aus. Er ergibt sich aus zwei Faktoren: Erstens dem Grad der Komplexität der Aufgabe, also etwa: Wie viele unterschiedliche Aufgabenaspekte sind zu berücksichtigen, wie ist die Aufgabe im Verhältnis zur gegebenen Ressourcenausstattung zu beurteilen, wie sehr verändert sich die Aufgabenstellung im Laufe der Arbeit, wie bekannt sind die mit der Aufgabe verbundenen Probleme; zweitens aus der erforderlichen Qualität und Akzeptanz des Teamergebnisses.

2.2.3 Team

Weitere Erfolgsfaktoren betreffen das Team als „kollektiven Akteur", als eigene soziale Einheit (zu den einzelnen Teammitgliedern siehe den nächsten Punkt). Zeitlich am Beginn der Zusammenarbeit stehen zwei Faktoren.

Die *Startphase* schafft wesentliche Rahmenbedingungen für die erfolgreiche Arbeit von Teams. Ob überhaupt Zeit dafür verwendet wird, z.B. durch Maßnahmen des Teambuilding, welche teaminternen Standards für die Zusammenarbeit festgelegt und wie verschiedene teamexterne Beziehungen, vor allem zu den Auftraggebern und anderen zentralen Akteuren außerhalb des Teams, gestaltet werden, ist erfolgskritisch.

Die *Teamzusammensetzung* hat zunächst die jeweilige Aufgabe zu berücksichtigen. Neben dem aufgabenbezogenem Know-how ist für ein erfolgreiches Team ein Mindestmaß an Entscheidungsbefugnis erforderlich. Ebenso braucht es in der Regel Personen mit Beziehungskapital, d.h. Teammitglieder, die sowohl teamintern als auch teamextern zu wichtigen Personen und Gruppen, zur Organisation oder zu Kunden einen „guten Draht" haben oder aufbauen können. Daneben sind bei der Teamzusammensetzung aber auch mögliche Tabubereiche oder mikropolitische, d.h. von Macht- und Interessenfragen bestimmte Aspekte zu beachten. Dazu gehören etwa: Gibt es bei einzelnen potenziellen oder tatsächlichen Teammitgliedern ungelöste Interessenkonflikte, z.B. zwischen der Gesamtaufgabe („Suchen Sie nach Möglichkeiten der Personaleinsparung in den Abteilungen X, Y und Z!") und persönlichen Zielsetzungen („Erhalt aller Arbeitsplätze in der Abteilung Y.")? Haben einzelne Teammitglieder neben ihren fachlichen Aufgaben auch „Wachhundrollen", d.h. sollen sie die Wahrung der Interessen von wichtigen Personen oder Gruppen außerhalb des Teams sicherstellen? Wie stehen die einzelnen Teammitglieder in Beziehung zueinander?

Die laufende Zusammenarbeit erfordert eine adäquate Gestaltung teaminterner Prozesse. Das umfasst drei Bereiche. Die *Arbeitsteilung* richtet sich mehr nach Aufgabenerfordernissen denn nach persönlichen Vorlieben, nutzt die Fähigkeiten der Einzelnen und steht im Einklang mit den für die Zielerreichung erforderlichen Methoden. Sie ist sinnvollerweise tendenziell flexibel und stärkt den Zusammenhalt des Teams.

Die *Teamführung* orientiert sich an Möglichkeiten und Bedürfnissen des Teams und den Rahmenbedingungen der Organisation. Sie ist in frühen Phasen meist sehr präsent und gibt Orientierung. Später beschränkt sie sich mehr auf Aufgaben, die sich im Teamgefüge als problematisch herausstellen, etwa „ungeliebte" Aspekte der Aufgabe oder Bereiche, in denen die versammelte Kompetenz des Teams nicht ausreicht. Jedenfalls als dauernde Aufgaben zu sehen sind die Regelung der Außenbeziehungen und der Schutz des Teams gegenüber ungewollten Außeneinflüssen.

Die *Aufrechterhaltung der Teamgrenzen* ist wichtig, um die gemeinsame Arbeit zu ermöglichen und unangemessene Einwirkungen von außen möglichst gering zu halten. Wesentliche Themen sind hier die Selbstbestimmung innerhalb des zulässigen, d.h. im Auftrag des Teams spezifizierten Bereichs, die Entwicklung eigener Arbeitsmethoden und Vorgehensweisen, die auf der Basis eigener Entscheidungen erfolgende interne Verteilung von Erfolgsprämien oder eine „gemeinsame Außenpolitik" gegenüber der Umwelt des Teams, also etwa gegenüber den Auftraggebern oder Kolleginnen aus den „Herkunftsabteilungen" der Teammitglieder.

Stärker auf den emotional-gruppenkulturellen Bereich bezogen ist die *Teamkohäsion.* Hier geht es darum, dass die Mitglieder sich dem Team zugehörig fühlen und einander auch ohne „Außenfeinde" unterstützen, dass das Team von außen auch als solches wahrgenommen wird und dass die Mitglieder das Ergebnis gemeinsam vertreten können. Der jeweilige Kohäsionsgrad lässt sich etwa daran ablesen, wie sehr ein Team nach außen hin geschlossen auftritt, eine gemeinsame Sprache spricht oder Einzelne – besonders in kritischen Phasen – nicht aus der gemeinsamen Linie des Teams „ausbrechen". Obwohl Kohäsion grundsätzlich notwendig ist, positive Aspekte beinhaltet und Motivationspotenzial freisetzen kann, sind stark kohäsive Gruppen in Organisationen insbesondere dann problematisch, wenn sie die Organisationsziele nicht oder nur zu einem geringen Grad akzeptieren.

Die *Arbeitsmethoden und -techniken* stellen auf die Infrastruktur der Gruppe ab. Sie müssen zu den vorhandenen Aufgaben, Ressourcen und Mitgliedern des Teams und auch zur Technologie des Unternehmens passen. Beispielsweise ist es wenig zielführend, in einem mündliche Kommunikation und persönliche Treffen bevorzugenden Kleinunternehmen primär auf eine „High-end"-IT-Lösung mit vorwiegend elektronischer Kommunikation zu setzen.

2.2.4 Teammitglieder

Drei auf die einzelnen Teammitglieder bezogene Faktoren sind für den Erfolg von Teams wichtig. Die *Nutzung individueller Ressourcen* jedes Teammitglieds erfordert zunächst Wissen darüber, was jede Person überhaupt einbringen kann, also etwa Qualifikationen, Fertigkeiten, formale Ausbildungen, Kontakte oder auch das verfügbare Zeitbudget. Dazu kommt die tatsächliche Nutzung relevanter Ressourcen. Auf der einen Seite erfordert das die Bereitschaft der Teammitglieder zur Einbringung ihrer Ressourcen in das Team. Das hängt von Faktoren wie z.B. dem eigenen Rollenverständnis, der Attraktivität der Aufgabe oder der Teamkohäsion ab. Auf der anderen Seite muss das Team und die Teamführung an einer Nutzung der Ressourcen interessiert sein und diese zulassen, ermutigen oder ggfs. auch einfordern. Nicht immer ist das der Fall: Wenn etwa einzelne Teammitglieder als „schwierig" angesehen werden, wenn damit Verpflichtungen aufgebaut werden, die „man" später nicht einlösen will, oder wenn durch teilweise Isolation einzelner Teammitglieder eine Botschaft an das Team oder die Organisation gesendet werden soll („Leute aus der Abteilung X brauchen wir aber schon gar nicht bei dieser Aufgabe!").

Die *Lernmöglichkeiten* für jedes Teammitglied stellen eine wichtige Determinante für Engagement und Durchhaltevermögen der Teammitglieder dar. Sie umfassen das der Teammitgliedschaft geschuldete Potenzial für Weiterentwicklung im fachlichen und persönlichen Bereich. Dazu gehört etwa Erweiterung des firmenspezifischen Wissens, der methodischen Kenntnisse oder der sozialen Kompetenz.

Die *Einbindung der Einzelnen in das organisationale Umfeld* fördert oder hindert die Arbeit im Team durch die Existenz oder Vertiefung vorhandener und die Entwicklung neuer sozialer Beziehungen – oder eben deren Fehlen – nicht nur im Team, sondern darüber hinaus in der gesamten Organisation.

Das spricht insgesamt im weiteren Sinne den Aufbau und die Nutzung von Sozialkapital an.

2.3 Entwicklungsstadien

Lebenszykluskonzepte sind den Sozialwissenschaften durchaus vertraut (O'Rand & Krecker 1990). Auf der Ebene des Einzelnen ist die Vorstellung einer Lebenszyklusperspektive unmittelbar eingängig. Menschen werden geboren, durchlaufen sozial und biologisch geprägte Entwicklungsphasen wie Pubertät oder Adoleszenz und sterben (z.B. Rosenmayr 1978; Erikson 1973). Auch berufliche Karrieren entwickeln sich in spezifischen Stadien (vgl. z.B. Super 1957; Schein 1997). Ähnliche Überlegungen gibt es für den Lebenszyklus von Organisationen (z.B. Kimberly, Miles & Associates 1981).

Für Teams gibt es ebenfalls vergleichbare Sichtweisen. Ein klassisches Modell legt Tuckman (1965) vor. Darauf aufbauend lassen sich fünf Phasen im Leben von Teams identifizieren (vgl. Abbildung 3).

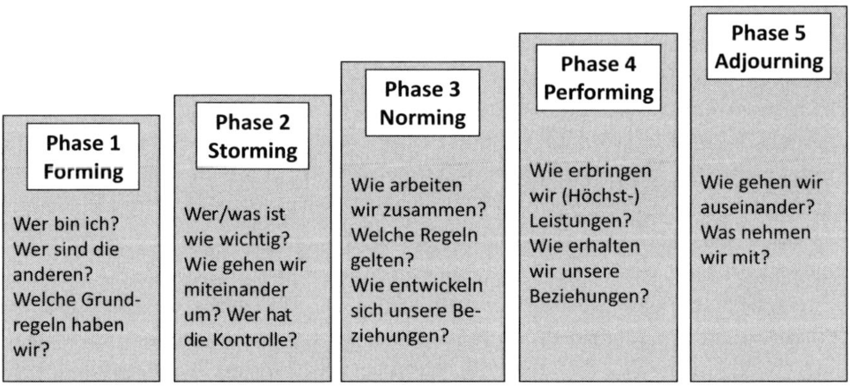

Abbildung 3: Phasen der Teamentwicklung

In jeder dieser idealtypischen Phasen steht das Team vor spezifischen Aufgaben bezüglich seiner Strukturen, Prozesse und des Mitgliederverhaltens.

- Forming
  Unsicherheit und Abhängigkeit kennzeichnen die Teamstruktur. Die Teammitglieder experimentieren hinsichtlich eines wechselseitig akzeptablen Verhaltens. Mit Bezug zur Aufgabe versuchen die Mitglieder zu definieren, was überhaupt die Teamaufgabe – Mission, Ziele, Spielregeln – ist und wie vorgegangen werden soll. Typische Fragen in dieser Phase sind etwa: Was ist eigentlich unsere Aufgabenstellung? Wer gehört nun wirklich (nicht) zum Team?

- Storming
  Manifeste oder latente Konflikte rund um alle Aspekte der Zusammenarbeit wie etwa Aufgabe, Rollenverteilung im Team oder Entscheidungsprozesse kennzeichnen diese Phase. Dazu gehören etwa Kampf um informelle – und manchmal auch: Formelle – Führungspositionen, Kontrolle von Ressourcen, Regeln der Zusammenarbeit oder Zeitpläne. In der Regel bedeutet das auch eine spürbare Emotionalisierung des Miteinanders. Diese Phase ist kritisch für die weitere Entwicklung. Wenn ein Team die in dieser Phase erforderlichen Entwicklungsschritte nicht erfolgreich bewältigt oder sich „drum rumschwindelt", dann beeinträchtigt das die zukünftige Zusammenarbeit. Wesentliche Teamaspekte sind nicht in ausreichendem Maß und der erforderlichen Tiefe geklärt. Damit besteht die Gefahr des Teamzerfalls, des Verharrens in einer solchen konfliktären Phase oder einer brüchigen Übereinkunft über zentrale Themen.

- Norming
  Die Entwicklung von Kohäsion und gemeinsamen Normen ist zentral für diese Phase. Die erfolgreiche Bewältigung von Konflikten, die Entdeckung der positiven, für die Leistungserstellung funktionalen Seiten von Andersartigkeit bei anderen Teammitgliedern und die Herausbildung gegenseitiger Unterstützung fördern die positive Bewertung der Mitgliedschaft im Team und stärken die gegenseitigen Beziehungen. Damit steigt auch die Gruppenkohäsion. Die hinter dem sich herausbildenden als positiv bewerteten Individual- und Gruppenverhalten liegenden Annahmen werden als wichtig und wertvoll erlebt und bilden so eine Richtschnur für zukünftiges Handeln („wir bei uns machen das üblicherweise so"). Damit entstehen aufgaben- und beziehungsorientierte Gruppennormen.

- Performing
  Das Durchlaufen der ersten drei Phasen schafft die Voraussetzung für eine erfolgreiche Aufgabenerfüllung. Die Teammitglieder haben eine Orientierung über die Art des von ihnen erwarteten Leistungsbeitrags, sie verfügen über erste Erfahrungswerte für das Lösen von aufgaben- und personenbezogenen Konflikten, und sie haben Vertrauen in die eigene und gruppenbezogene Problemlösungskapazität. Das setzt Kapazität für die eigentliche Aufgabenerfüllung frei, da die dafür notwendigen Rahmenbedingungen nicht dauernd grundsätzlich neu vereinbart und ausgehandelt werden müssen.

- Adjourning
  Teams haben keine unbegrenzte Lebensdauer. Es kommt notwendigerweise auch zum Abschied vom Team oder zu einer grundsätzlichen Neuorientierung. Dabei stellen sich Fragen nach dem Gelernten und

den symbolischen Formen des Abschiednehmens. Typische Aktivitäten in dieser Phase sind etwa die Räumung von Büros, das Formulieren von Abschlussberichten, die Vorbereitung von Schlusspräsentationen, gemeinsame Abschlussheurige[1], Schlussbesprechungen o.Ä. Im Rahmen eines Zyklusgedanken kann diese Phase wieder zur ersten Phase des Forming führen.

Eine wesentliche Stärke dieses Zugangs liegt in der Prominenz zeitlich und inhaltlich unterschiedlicher Anforderungen an Teams: „Keine Gruppe ist sofort arbeitsfähig, sondern benötigt Zeit für das gegenseitige Abtasten und Orientieren; Konflikte sind erforderlich, damit sich die Gruppe konstituieren kann und ein Zusammengehörigkeitsgefühl und Vertrauen für die Zusammenarbeit entwickeln kann. Konflikte nicht zu bearbeiten, kann sich zu einem späteren Zeitpunkt folgenreich rächen, wenn interpersonelle Konflikte plötzlich auf der Sachebene auftauchen. Dies ist daran erkennbar, dass auch nach Austausch aller rationalen Argumente keine Einigung erzielt werden kann und Positionen von Gruppenmitgliedern mit nebensächlichen Sachargumenten abgeblockt werden." (Heinrich 2002 S. 272).

Relativierend ist anzumerken, dass trotz einer gewissen Suggestivkraft der Phasenabfolge davon auszugehen ist, dass zu jedem Zeitpunkt der Entwicklung von Teams alle Themen aller Phasen präsent sind. Allerdings sind sie das mit einer unterschiedlichen Gewichtung und Dringlichkeit. Auch ist nicht von einer linearen Entwicklung auszugehen. Teams können sehr schnell zwischen unterschiedlichen Teamzuständen mit einem jeweils spezifischen „Phasen-Mix" hin- und herwechseln und – sinnbildlich – sich auch „zeitlich zurücklaufend" entwickeln.

3. Nutzen von Teams in Organisationen

Teams sind in Organisationen allgegenwärtig und haben – anders als Einzelarbeit – einen guten Ruf:

> „People tend to think that teams are the democratic—and the efficient—way to get things done. I have no question that when you have a team, the possibility exists that it will generate magic, producing something extraordinary, a collective creation of previously unimagined quality or beauty. But don't count on it. Research consistently shows that teams underperform, despite all the extra resources they have. That's because problems with coordination and motivation typically chip away at the benefits of collaboration. And even when you have a strong and cohesive

[1] Heuriger: aus dem althochdeutschen hiu jaru: in diesem Jahr; heute: diesjähriger Wein, Eigenbau-Ausschank des Wiener Winzers, im weiteren und obigen Sinn: Gaststätte(nbesuch) in den Weinbezirken Wiens (vgl. Wehle 1980, S. 29, 166)

team, it's often in competition with other teams, and that dynamic can also get in the way of real progress." (J. Richard Hackman, Harvard Business Review Magazine, May 2009, http://hbr.org/2009/05/why-teams-dont-work/ar/1, abgefragt 29. Mai 2012).

Das macht auf die verschiedenen mit Teams verbundenen Probleme aufmerksam (mehr dazu weiter unten). Diese Aussage weist auch darauf hin, dass sich Organisationen inhaltlich gut überlegen sollten, wann und wo sie Teams einsetzen. Die Forschung liefert relativ klare Ergebnisse, unter welchen Bedingungen Teams leistungsfähiger als Individuen sind.

Zum einen haben Teams bei einer additiven Aufgabenstruktur unbestreitbare Vorteile. Eine solche ist gegeben, wenn die Summe der Einzelergebnisse zum Gesamtergebnis führt, beispielsweise beim Seilziehen. Hier ist unmittelbar einsichtig, dass eine Einzelperson keine Chance hat, gegen ein Team von zehn Personen zu bestehen. Auch wenn bei solchen Aufgaben die Teamleistung aufgrund von Reibungsverlusten oder Leistungszurückhaltung („Trittbrettfahren") nicht exakt die Summe der Einzelleistungen ist, übersteigt sie doch die Einzelleistung bei weitem. In allen anderen Fällen ist es rein von der Aufgabenkonstellation so, dass die Teamleistung allenfalls so gut wie die beste, in manchen Fällen allerdings auch gerade noch so gut wie die schlechteste Einzelleistung ist (vgl. Wilke & van Knippenberg 1996). Ein Beispiel dafür sind etwa disjunktive Aufgaben, wo es reicht, dass ein Mitglied des Teams die richtige Lösung hat. Führt allerdings die von einem Teammitglied vorgebrachte richtige Lösung nicht zu einem kollektiven Aha-Erlebnis und einer entsprechenden Teamentscheidung, sondern geht sie im Team – etwa aufgrund mikropolitischer Überlegungen oder der schwachen informellen Position des Teammitglieds – unter, dann ist die Teamleistung schlechter als die Einzelleistung.

Zum anderen haben Teams auch deutliche Vorteile bei der Bewältigung kreativer Aufgabenstellungen und der Bewertung unklarer, ungewisser und unsicherer Situationen. Durch gemeinsames Nachdenken, den überspringenden Funken, Ausgleichseffekte und Diversität ergeben sich Synergien. Das Ganze ist in diesem Fall mehr als die Teile, das Resultat ergibt sich nicht einfach aus einer Addition, sondern 1+1 ist in diesem Fall mehr als 2. Beispiele dafür reichen vom relativ schlichten Brainstorming oder strukturierten Kreativitätstechniken, welche die Ideen der einzelnen Teammitglieder systematisch miteinander kombinieren, bis hin zum Flow, der sich aus dem konstruktiven Zusammenwirken sehr heterogener Teammitglieder – z.B. aus unterschiedlichen Fachdisziplinen oder Nationalitäten – ergibt.

Allerdings setzen Unternehmen, Nonprofitorganisationen etc. Teams zur Aufgabenerfüllung häufig auch dann ein, wenn die rein sachlich gegebenen Vorteile so klar nicht sind. Im Gegenteil: Manchmal scheint es so, dass aufgrund von Teamkonflikten, Reibungsverlusten etc. Aufgaben ohne Teams schneller und besser erledigt würden. Daher muss es wohl – will man Organisationen nicht generell Dummheit oder sträfliche Ignoranz unterstellen

– außerfachliche Gründe für den Einsatz von Teams geben.

Tatsächlich hat der Einsatz von Teams positive Auswirkungen jenseits der unmittelbaren Aufgabenerfüllung. Teamarbeit hat motivationale Effekte. Die gemeinsame Arbeit an einer Aufgabe hilft den Teammitgliedern über „Durchhänger" hinweg, verdeutlicht symbolisch die Wichtigkeit der Aufgabe und erhöht die Bereitschaft zur Mehrleistung aus Verpflichtung dem Team gegenüber. Teamarbeit hat auch eine mikropolitische Komponente. Sie steigert die Akzeptanz der Ergebnisse durch breitere Einbindung von Betroffenen oder die symbolischen Signale im Hinblick auf die Wichtigkeit der Aufgabe. Aber auch das „Gegenteil" kann hinter dem Einsatz von Teams stecken: Wenn es Entscheidern, etwa im Rahmen mikropolitischer Schachzüge, darum geht, Aufgaben nicht oder schlecht erfüllt zu sehen, bieten sich Teams dafür geradezu ideal an. So kann etwa eine gezielte personelle Schlechtbesetzung Teams bei der Aufgabenerfüllung stark behindern.

4. Teamlernen

Teams müssen sich mit internen und externen Veränderungen auseinandersetzen. Dazu gehören etwa ein Wandel in der Teamzusammensetzung, neue Aufgabenstellungen, veränderte Rahmenbedingungen hinsichtlich verfügbarer Zeit- oder Geldressourcen oder Veränderungen im Hinblick auf die Unterstützung des Teams durch zentrale Entscheidungspersonen in der Organisation. Die Reaktion auf solche Veränderungen berührt die Frage des Teamlernens.

Nicht jede Veränderung im Team ist auch Teamlernen. Wenn etwa einzelne Teammitglieder lernen, so heißt das nicht automatisch, dass auch das Team gelernt hat. Hier ist es wichtig, zwischen unterschiedlichen Ebenen zu differenzieren: Entscheidend ist das Lernen des kollektiven Akteurs und nicht lediglich einzelner Personen. Auch ist eine einmalige Veränderung des Teams nicht ausreichend. Hier ist es wichtig, die zeitliche Dimension zu berücksichtigen: Teamlernen ist dann gegeben, wenn Veränderungen in wenigstens einem der Bereiche von Strategien und Zielen, Strukturen, Prozessen und Teamkultur zu relativ überdauerndem neuen Verhalten führen.

Auf der individuellen Ebene ist die Literatur zu Lernen geradezu unüberschaubar. Ganze Wissenschaftszweige wie etwa die Psychologie, die Pädagogik oder – mit einem entsprechenden fachlichen Fokus – die Wirtschaftspädagogik widmen sich der Frage nach Bestimmungsfaktoren, Prozessen und Ergebnissen des Lernens.

Auch auf der organisationalen Ebene ist Lernen ein weit verbreitetes Thema. Insbesondere in Verbindung mit der Entdeckung von Wissen als zentraler organisationaler Ressource und der Bedeutung von Wissensmanagement (z.B. Willke 2011; Pawlowsky 2002), der lernenden Organisation (z.B. Senge 2011; Kasper, Loisch, Mühlbacher & Müller 2009) und organisationalem Lernen (Starbuck & Whalen 2008; Argyris 2005) hat Lernen auf der Ebene kollektiver Akteure eine intensive Diskussion erfahren.

Deutlich weniger Aufmerksamkeit liegt auf Lernen von Arbeitsteams. Basierend auf dem Ansatz individuellen Erfahrungslernens (Kolb 1985) legt Kayes (2003) eine Konzeption vor, welche den viergliedrigen individuellen Lernzyklus auch auf Teams umlegt. Abbildung 4 gibt einen Überblick über die vier Phasen des Teamlernens und die dahinterliegenden zentralen Dimensionen.

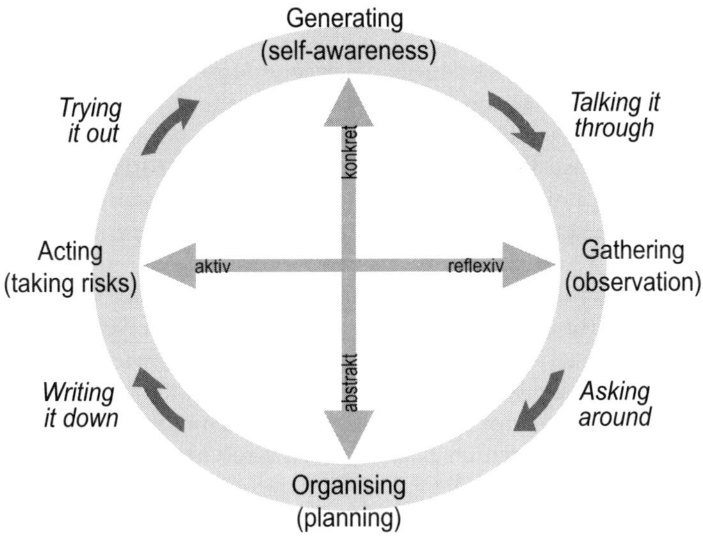

Abbildung 4: Zyklus des Teamlernens

„Talking it through" produziert das für Teamlernen erforderliche Material. Auf der individuellen Ebene braucht Lernen die durch Innen- und Außenbeobachtung angeregten Kognitionen. Für Teamlernen helfen individuelle Gedanken – da von außen nicht sichtbar oder zugänglich – wenig. Daher ist es notwendig, von den individuellen Kognitionen zur Kommunikation zu kommen. So werden die individuellen Kognitionen explizit(er) und für das Team zugänglich. Die Verbalisierung macht auch eigene implizite Annahmen über ein Problemfeld klar(er). So kommen auch „Selbstverständlichkeiten" zum Vorschein, die von anderen nicht geteilt werden. Zentrale Hindernisse in diesem Lernschritt sind das Fehlen von Kommunikationsmitteln, mangelnde Zeit zum Kommunizieren oder die in Organisationen fast immer präsente Verführung zu raschem Handeln, da dies Kompetenz signalisiert oder von Entscheidungsträgern als notwendig dargestellt wird.

„Asking around" lotet den Problem- und Lösungsraum aus. Vor allem bei neuen, unbekannten Problemen und/oder internem Ressourcenmangel liegen wichtige Informationen oft außerhalb der unmittelbaren eigenen Erfahrung einzelner Teammitglieder oder des gesamten Teams. Das erfordert die Sammlung von Informationen, die nicht unmittelbar zugänglich sind. Diese können innerhalb des Teams liegen, z.B. durch den Zugriff auf

Kompetenzen oder Wissen, welches einzelne Gruppenmitglieder besitzen, aber bisher nicht eingebracht haben oder einbringen durften. Die erforderlichen Informationen können aber auch außerhalb des Teams existieren, etwa personal bei Expertinnen und Experten oder unpersönlich in Datenbanken. Typische Hindernisse bei diesem Schritt sind eine Gruppenkultur, die Außenperspektiven und -input geringschätzt, eingefahrene „Kommunikationsseilschaften", welche stets auf ähnliche Quellen abstellen, oder auch Fragen und Denken „inside the box", das keine neuen Perspektiven erlaubt.

„Writing it down" bringt Ordnung in das generierte Material und den erarbeiteten Problem- und Lösungsraum. Es reduziert und organisiert Komplexität und ermöglicht so die Basis für kollektives und individuelles Handeln. „Writing it down" ist nicht notwendigerweise eine schriftliche Festlegung. Vielmehr geht es um die Verständigung auf eine klare und gemeinsame Sprache und eine gemeinsame Übereinkunft hinsichtlich zentraler Aspekte des Problem- und Lösungsraums, also etwa: Was ist eigentlich unser Problem, welche Lösungsmöglichkeiten stehen zur Verfügung, wer muss was tun etc. Häufige Hindernisse in diesem Schritt sind unterschiedliche Hintergrundvorstellungen über zentrale Aspekte des Teams wie z.B. Ziele oder adäquate Vorgehensweisen, verborgene Interessen im Rahmen mikropolitischer Spiele oder auch ganz praktisch das Fehlen einer von allen Teammitgliedern adäquat beherrschten *Lingua franca*, also einer Arbeitssprache wie z.B. Englisch.

„Trying it out" ist handlungsorientiert. Auf der Basis generierten Materials, entsprechender Definition von Problem- und Lösungsräumen sowie eines gemeinsamen Verständnisses von Prioritäten und Regeln ist Handeln – und damit auch: Verändertes Handeln angesichts erforderlicher Lernschritte – möglich. Dabei ist es auch notwendig, Risiken einzugehen, Fehler zu machen und auch zulassen. Hindernisse bei diesem Lernschritt sind das Fehlen materieller Voraussetzungen für geplantes Handeln, z.B. mangelnde Ressourcenausstattung, oder auch eine „Null-Fehler-Kultur". Letztere hat tendenziell lähmende Wirkung durch eine Überbetonung der Vorsichts- und Sorgfaltskomponente auf Kosten von Initiative und den in unsicheren Umwelten unvermeidbaren Fehlentscheidungen.

5. Negative Teameffekte

Teams tragen nicht nur zur sachlichen Aufgabenerfüllung bei und produzieren Prozessgewinne wie etwa sozialen Wettbewerb, d.h. das Übertreffen anderer, soziale Kompensation, d.h. härtere Arbeit leistungsstarker Mitglieder zum Ausgleich von Defiziten anderer Teammitglieder, oder kognitive Stimulierung, d.h. Anregung durch sonst nicht vorhandene Reize. Sie erzeugen auch Probleme durch typische Wirkungen. Zwei Gruppen von Effekten verdienen im Hinblick auf das Teamergebnis besondere Beachtung: Nicht-intendierte Wahrnehmungs- und Entscheidungseffekte sowie strategische Kalküle von Teammitgliedern (ausführlicher dazu s. Mayrhofer et al. 2009).

5.1 Nicht-intendierte Wahrnehmungs- und Entscheidungseffekte

Aus der einschlägigen Forschung ist eine Fülle von Effekten bekannt, welche sowohl die Wahrnehmungsprozesse der Teammitglieder als auch deren Entscheidungsverhalten beeinflusst. Ausgewählte Effekte sollen hier kurz angedeutet werden, um die Bedeutung solcher Aspekte für das Verständnis und das Funktionieren von Teams hervorzuheben.

Der möglicherweise bedeutsamste nicht-intendierte Wahrnehmungs- und Entscheidungseffekt wird durch die Anwesenheit anderer Menschen – v.a.: der übrigen Teammitglieder – ausgelöst: Konformität. In einem klassischen Experiment zeigte Asch (1946) den Einfluss von Gruppenmitgliedern auf die Wahrnehmung und Beurteilung einer einfachen Situation: Drei „objektiv" in ihrer Länge klar unterscheidbarer Linien im Vergleich zu einer Referenzlinie. Vereinfacht gesagt zeigte sich, dass Menschen wider besseres „Wissen" ihre Meinung oft in Richtung auf die Mehrheitsmeinung ändern. Unter der Annahme, dass Menschen i.d.R. sowohl richtig urteilen als auch vor anderen gut dastehen wollen, gibt es zwei einander nicht ausschließende Erklärungen für diese Tendenz.

Eine erste Erklärung stellt auf den informativen Einfluss ab. Andere Menschen sind eine Quelle von Informationen, der man oft mehr als dem eigenen Eindruck traut – insbesondere dann, wenn sich „die anderen" einig sind. „[W]ir verhalten uns konform, weil wir die Interpretation einer zweideutigen Situation, die andere treffen, als korrekter ansehen als unsere und sie uns helfen wird, einen angemessenen Verlauf der Handlung zu wählen" (Aronson, Wilson & Akert 2004, S. 272). Informativer Einfluss ist insbesondere dann von Bedeutung, wenn die Situation mehrdeutig und man selbst unsicher ist, wenn keine Zeit für intensive Auseinandersetzung bleibt, also etwa in Krisensituationen, oder wenn die anderen Menschen überlegenes Wissen haben oder es ihnen zugeschrieben wird, also etwa im Fall von Expert/inn/en.

Die zweite Erklärung betont den normativen Einfluss. Die Anpassung der eigenen Meinung an die Gruppenmeinung erfolgt primär deswegen, um von „den anderen" gemocht und akzeptiert zu werden. Der normative Einfluss ist bei größeren Gruppen und kollektivistischer Gruppenkultur hoch. Gleichfalls ist er bedeutsam, wenn die Einzelperson in der Gruppe keine Verbündeten und ein geringes Selbstwertgefühl hat sowie für sie/ihn die Mitgliedschaft in der Gruppe wichtig ist.

Beispiele für weitere wichtige Effekte sind etwa das Risikoschubphänomen – Gruppenentscheidungen fallen riskanter als Einzelentscheidungen aus – oder Groupthink, wo unter bestimmten Bedingungen wie Erfolglosigkeit, hoher Gruppenkohäsion oder strukturellen Mängeln der Organisation Entscheidungsdefekte in der Gruppe wie etwa eingeschränkte Alternativenprüfung auftreten.

5.2 Strategische Kalküle von Teammitgliedern

Stärker mit bewussten Entscheidungen oder strategischen Kalkülen von Teammitgliedern verbunden sind Effekte, die v.a. die Art des individuellen Engagements im Team beeinflussen (vgl. ausführlicher Aronson et al. 2004, S. 326 ff.).

Soziale Erleichterung tritt dann in Gegenwart anderer Menschen – hier also: der Teammitglieder – auf, wenn individuelle Anstrengungen im Team beurteilbar sind. Das führt zu Wachsamkeit und Bewertungsangst und insgesamt zu einer Erregungssteigerung, die wiederum eine Leistungssteigerung bei einfachen und eine Leistungsminderung bei komplexen Aufgaben zur Folge hat. In einer solchen Konstellation fällt es leichter, dominante Reaktionen auszuführen, als etwas Komplexes oder Neues zu machen.

Soziales Faulenzen hingegen tritt dann auf, wenn individuelle Anstrengungen im Team nicht beurteilt werden können. Das Fehlen von Bewertungsdruck und die damit verbundene Entspannung führen zu eingeschränkter Leistung bei einfachen Aufgaben. Allerdings kommt es bei komplexen Aufgaben zu leistungssteigernden Effekten.

6. Statt einer Schlussbemerkung: Teamskepsis

„Erinnert euch daran, sie waren zwölfe: Den Dreizehnten, den haben sie eiskalt verraten und verhökert an die Wölfe. Man merke: Im Verein wird keiner alt! Worum es geht, ist mir schnuppe: Mehr als zwei sind eine Gruppe, jeder Dritte hat ein and'res Ziel. Der nagelt mit Engelsmiene beiden ein Ei auf die Schiene – nein, bei drei'n ist einer schon zuviel!" (Mey, Reinhard: Bevor ich mit den Wölfen heule, auf: Mein Achtel Lorbeerblatt, Intercord 1972). Und stärker österreichisch: „Zeast kumm i, dann kumm i, und wos dann kummt, kummt nie." (Qualtinger, Helmut: Public domain).

7. Fragen und Reflexion

7.1 Fragen zum Text

(1) Nennen Sie wesentliche Charakteristika, anhand derer sich Teams von Gruppen unterscheiden.

(2) Was ist das Besondere an Arbeitsteams im Unterschied zu sonstigen sozialen Gruppen, etwa einem Freundeskreis?

(3) Welche Gruppen von Erfolgsfaktoren sind für die Teamleistung verantwortlich?

(4) Erläutern Sie für jede Gruppe von Erfolgsfaktoren für die Teamleistung die wesentlichen Faktoren.

(5) Erläutern Sie die wesentlichen Entwicklungsstadien von Teams. Diskutieren Sie dabei auch,
   a. inwieweit die Stadien notwendigerweise aufeinander folgen und
   b. wie das Verhältnis der in den einzelnen Stadien relevanten Inhalte zueinander ist.

(6) Unter welchen Bedingungen sind Teams der Einzelarbeit sachlich vorzuziehen?

(7) Warum nutzen Organisationen Teams auch dann, wenn diese rein sachlich der Aufgabenerfüllung durch Einzelpersonen nicht überlegen sind?

(8) Wenn einzelne Teammitglieder neues Verhalten gelernt haben, hat dann auch das Team insgesamt gelernt? Begründen Sie Ihre Antwort.

(9) Nennen und erläutern Sie die zentralen Schritte des Teamlernzyklus.

(10) Nennen und erläutern Sie die beiden Dimensionen, welche die Grundlage für den Teamlernzyklus bilden.

(11) Was bedeutet im Kontext von Teams „Konformität“ und welche Auswirkungen hat Konformität auf das Teamergebnis?

(12) Erläutern Sie den Unterschied zwischen „sozialer Erleichterung“ und „sozialem Faulenzen“.

7.2 Aufgabenstellungen zur Selbstreflexion

(1) Überlegen Sie vor dem Hintergrund des Teamlernzyklus,
   a. welche Auswirkungen Ihre persönlichen Stärken und Schwächen auf die unterschiedlichen Schritte des Teamlernens haben und
   b. wie Sie diese Auswirkungen in Zukunft verstärken/abschwächen können.

(2) Überprüfen Sie mit Blick auf Ihre eigene Geschichte in arbeitsbezogenen Teams,
   a. welche negativen Teameffekte Sie persönlich schon erlebt haben und
   b. wie Sie diese in Zukunft verhindern oder abschwächen können.

(3) Reflektieren Sie vor dem Hintergrund Ihrer Persönlichkeit, welche der Erfolgsfaktoren in Teams Sie besonders leicht und welche besonders schwer gestalten können.

7.3 Aufgabenstellungen zur Anwendung des Gelernten

(1) Sie sind Personalentwicklerin bei der Erste Bank. In der Seestadt Aspern, einem jungen Stadtteil im 22. Wiener Gemeindebezirk nördlich der Donau, entsteht eine neue Bankfiliale mit acht Beschäftigten inklusive der Filialleiterin. Entwerfen Sie mit Blick auf die Entwicklungsstadien von Teams und das Teamlernen ein möglichst detailliertes Konzept zur Gestaltung eines Kick-off-Tages für das neu zusammengesetzte Team. Formulieren Sie dabei wenigstens:
   - Zielsetzungen für den Tag,
   - Design für den Tag („wann passiert was durch wen aus welchem Grund in welchem zeitlichen Umfang und in welcher Sozialform“),
   - voraussichtlichen Ressourcenbedarf in Form eines ungefähren Kostenplans.

   Sollten Sie zusätzliche Informationen benötigen, treffen Sie die dafür notwendigen Annahmen und machen Sie diese deutlich.

(2) Sie sind ein neu eingesetzter Filialleiter des Hofer-Standorts Ziegelhofstraße im 22. Wiener Gemeindebezirk nördlich der Donau. Ihnen sind sieben Mitarbeiterinnen unterstellt, zwei davon als Teilzeitkräfte (50% Beschäftigung). Als Vorbereitung auf Ihre neue Tätigkeit arbeiten Sie gerade an einer persönlichen „10-Gebote-Liste für Filialleiter“, die Sie an gut sichtbarer Stelle für Ihre Mitarbeiterinnen aufhängen wollen. Formulieren Sie vor dem Hintergrund Ihres Wissens um Teamerfolgsfaktoren, den Nutzen von Teams und von Teameffekten eine für Ihre Mitarbeiterinnen verständliche Liste. Sollten Sie zusätzliche Informa-

tionen benötigen, treffen Sie die dafür notwendigen Annahmen und machen Sie diese deutlich.

8. Literatur

Argyris, C. (2005): On organizational learning. 2. Auflage. Malden, Mass. et al.: Blackwell.

Aronson, E., Wilson, T. D. & Akert, R. M. (2004): Sozialpsychologie. 4. Auflage. München et al.: Pearson Studium.

Asch, S. (1946): Forming Impressions of Persons. Journal of Abnormal & Social Psychology, 40, S. 258–290.

Erikson, E. H. (1973): Identität und Lebenszyklus. Frankfurt: Suhrkamp.

Hackman, J. Richard Harvard Business Review Magazine, May 2009, http://hbr.org/2009/05/why-teams-dont-work/ar/1, abgefragt 29. Mai 2012.

Heinrich, M. (2002): Gruppenarbeit: theoretische Hintergründe und praktische Anwendungen. In: Kasper, H. & Mayrhofer, W. (Hrsg.): Personalmanagement – Führung – Organisation. 3. Auflage. Wien: Linde, S. 289–335.

Kasper, H., Loisch, U., Mühlbacher, J. & Müller, B. (2009): Organisationskultur und lernende Organisation. In: Kasper, H. & Mayrhofer, W. (Hrsg.): Personalmanagement – Führung – Organisation. 4. Auflage. Wien: Linde, S. 309–364.

Katzenbach, J. R. & Smith, D. K. (1993): The Wisdom of Teams: Creating the High-Performance Organisation. Boston, Mass.: Harvard Business School Press.

Kayes, D. C. (2003): Proximal Team Learning: Lessons From United Flight 93 on 9/11. Organizational Dynamics, 32(1), S. 80–92.

Kimberly, J. R., Miles, R. H. & Associates (1981): The organizational life cycle. Issues in the creation, transformation, and decline of organizations. 2. Auflage. San Francisco et al.: Jossey-Bass.

Kolb, D. (1985): Experiential Learning. New York: Prentice Hall.

Martin, A. (2001): Personal – Theorie, Politik, Gestaltung. Stuttgart et al.: Kohlhammer.

Mayrhofer, W., Schneidhofer, T. & Steyrer, J. (2009): T.E.A.M. – "Together Everyone Achieves More" oder "Toll, ein anderer macht's"? Teams in Organisationen. In: Kasper, H. & Mayrhofer, W. (Hrsg.): Personalmanagement, Führung, Organisation. Wien: Linde, S. 189–214.

O'Rand, A. M. & Krecker, M. L. (1990): Concepts of the Life Cycle: Their History, Meanings, and Uses in the Social Sciences. Annual Review of Sociology, 16, S. 241–262.

Pawlowsky, P. (Hrsg.) (2002): Wissensmanagement für die Praxis: Methoden und Instrumente zur erfolgreichen Umsetzung. Neuwied et al.: Luchterhand.

Rosenmayr, L. E. (1978): Die menschlichen Lebensalter: Kontinuität und Krisen. München: Piper.

Schein, E. H. (1997): Career stages. In: Peters, L. H., Greer, C. R. & Youngblood, S. A. (Hrsg.): The Blackwell Encyclopedic dictionary of human resource management, Vol. IX. Cambridge, MA: Blackwell, S. 38–40.

Senge, P. M. (2011): Die fünfte Disziplin: Kunst und Praxis der lernenden Organisation. 11. Auflage. Stuttgart: Schäffer-Poeschel.

Starbuck, W. H. & Whalen, P. S. (Hrsg.) (2008): Learning by organizations: organizational learning and knowledge management, Vol II. Cheltenham, Glos. et al.: Edward Elgar.

Super, D. E. (1957): The Psychology of Careers. New York: Harper & Row.

Titscher, S. & Stamm, M. (2006): Erfolgreiche Teams. Teams richtig einsetzen, fördern und führen. Wien: Linde.

Tuckman, B. W. (1965): Development sequence in small groups. Psychological Bulletin, 63(6): 369–384.

Wehle, P. (1980): Sprechen Sie Wienerisch? Von Adaxl bis Zwutschkerl. (Erweiterte und bearbeitete Neuausgabe ed.). Wien: Ueberreuter.

Wilke, H. & van Knippenberg, A. (1996): Gruppenleistung. In: Stroebe, W., Hewstone, M. & Stephenson, G. M. (Hrsg.): Sozialpsychologie. 3. Auflage. Heidelberg et al.: Springer, S. 455–502.

Willke, H. (2011): Einführung in das systemische Wissensmanagement. 3. Auflage. Heidelberg: Carl-Auer-Systeme.

Kapitel 6

Informieren, motivieren und überzeugen

Wilfried Schneider

1. Informieren oder Überzeugen?

Ein Vortrag kann zwei verschiedene Ziele verfolgen:

- Sie wollen den Zuhörerinnen und Zuhörern etwas so erklären, dass sie die Zusammenhänge richtig verstehen und vielleicht dann selbständig etwas tun können **(„Informationspräsentation“).**

> **Beispiel:**
>
> Sie wollen Ihren Mitarbeitern und Mitarbeiterinnen erklären, wie Anlagefonds mit Kapitalgarantie funktionieren.

- Sie wollen die Zuhörer und Zuhörerinnen dafür gewinnen, etwas Bestimmtes zu tun oder zu unterlassen **(„Überzeugungspräsentation“).**

> **Beispiel:**
>
> Sie wollen einen Anlagesuchenden davon überzeugen, dass für seine Anlageziele ein Investmentfonds mit Kapitalgarantie das Beste sei und er Anteile an diesem Fonds kaufen soll.

Selbstverständlich müssen Sie auch bei der Informationspräsentation überzeugen bzw. bei der Überzeugungspräsentation informieren, jedoch müssen die Schwerpunkte verschieden gesetzt werden.

Die wesentlichen Unterschiede zwischen den beiden Informationsarten sind:

	Informations-präsentation	**Überzeugungs-präsentation**
Ziele	• Wissen • Verständnis • Erkennen von Zusammenhängen	• Einstellungen • Meinungen • Verhalten
Teilnehmer-analyse	• Welches Vorwissen ist vorhanden? • Wie können die Zuhörer die Informationen beruflich oder privat Nutzen?	• Welche Einstellungen Bedürfnisse, Ängste sind vorhanden?

Aufbau	• Struktur • Erläuternde Beispiele, die den gesamten Sachverhalt illustrieren	• Auf den Zuhörernutzen abgestellte Argumente • Ausgewählte Beispiele, die überwiegend den Nutzen der Argumentation illustrieren
Abschluss	• Kurze Zusammenfassung	• Appell • Handlungsaufforderung

Anmerkung: Der Ansatz basiert auf einer Eigenentwicklung (vgl. Schneider 1994; 1999), dem sogenannten „Wiener Verständlichkeitsmodell". Dieses Modell wurde von Dr. Ilse Pachlinger evaluiert (vgl. Pachlinger 2004). Ergänzungen zur Überzeugungspräsentation stammen von Dr. Ilse Altrichter, der langjährigen Leiterin der Abteilung für Soziale Kompetenz an der Fachhochschule Wiener Neustadt.

2. Wie plant man Informationspräsentationen?

2.1 Übersicht

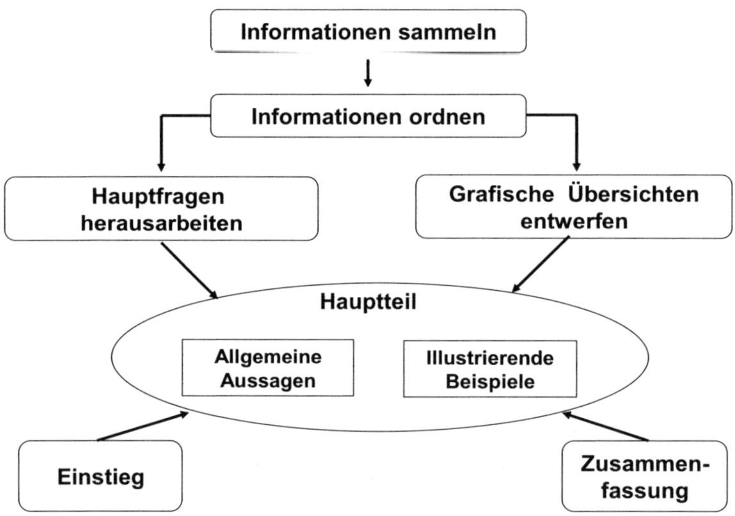

Abb. 1: Wie plant man Informationspräsentationen?

Die grafische Übersicht zeigt Ihnen die einzelnen Phasen der Vorbereitung. Wir werden sie nun im Detail besprechen.

2.2 Wie gehen Sie an ein Thema heran?

(1) Informationen sammeln

Wollen sie nur einen bestimmten Artikel oder einen Abschnitt aus einem Buch präsentieren, brauchen Sie selbstverständlich keine Informationen zu sammeln.

Wissen Sie jedoch nur das Thema und müssen Informationen selbst suchen und dann auswählen, ist es schwieriger. Je mehr Quellen wie Zeitschriftenartikel, Buchkapitel, Informationen aus dem Internet Sie zur Verfügung haben, desto komplizierter wird es.

Sie könnten so vorgehen, wie es die nachfolgende Übersicht beschreibt.

1. Überblick verschaffen

Lesen Sie alle Texte durch.

Markieren Sie wichtige Teile, indem Sie diese unterstreichen oder mit einem Markierstift anzeichnen.

Kürzere Zeitungsartikel sollten Sie ausschneiden, Internetseiten ausdrucken, lochen und in einem Ordner ablegen.

Sie können natürlich auch eine entsprechende Datensammlung in ihrem Computer anlegen. In der Regel werden Sie das Material jedoch ausdrucken müssen, da Sie dann mehrere Quellen nebeneinanderlegen und gleichzeitig bearbeiten können.

2. Inhalte ordnen

Nun müssen Sie die ausgewählten (bzw. die markierten) Stellen ordnen.

Dies geht mit einer Zettelkartei oder mit dem Computer.

Legen Sie für jedes wichtige Problem einen Zettel oder ein Dokument an.

Wenn möglich, sollten Sie bei den Stichworten auch immer gleich Beispiele notieren.

Ergeben sich viele wichtige Aussagen, ist es sinnvoll, ein Inhaltsverzeichnis anzulegen.

Beispiel: Thema „Verpackung und Umweltschutz"

Sie könnten Ihre Stichworte nach Verpackungsarten ordnen, z.B. Flaschen, Packerl, Plastiksackerl, Styropor, Dosen etc.

Auf jedes Kärtchen notieren Sie jetzt alles, was Sie zu diesen Themen finden, z.B.

Lösungsmöglichkeiten: Pfand, Rücknahmeverpflichtung, biologisch abbaubar, Mehrfachverwendung, Weiterverarbeitung, Verbot.

Probleme bei der Lösung: teuer, Widerstand des Handels, Gewohnheiten der Konsumenten, Probleme beim Sammeln und Wiederverwerten, EU-Vorschriften, z.B. kein Verbot von Einwegflaschen möglich.

(2) Hauptfragen herausarbeiten

Haben Sie die Informationen gesammelt, versuchen Sie die wichtigsten Fragen bzw. Probleme zu formulieren, die Sie behandeln wollen.

Mein Tipp ...
Vor allem wenn Sie über wirtschaftliche Themen reden, sollten Sie nicht „über ein Thema sprechen", sondern versuchen, Probleme herauszuarbeiten und Lösungsmöglichkeiten zu zeigen.

Beispiel: Verpackung und Umweltschutz – Hauptfragen

- Welche Probleme verursacht die Verpackung für den Umweltschutz?
- Was könnten der Handel und die übrige Wirtschaft zum Umweltschutz beitragen?
- Was könnten wir als Konsumenten zum Umweltschutz beitragen?
- Warum sind manche Maßnahmen nicht so einfach durchzuführen, wie manche glauben?

Beachten Sie: Meist steht für Ihren Vortrag nur eine beschränkte Zeit zur Verfügung. Sie müssen daher entscheiden, welche der Hauptfragen Sie in der gegebenen Zeit behandeln können.

Zu viel in zu kurzer Zeit ergibt eine schlechte Präsentation.

(3) Versuchen Sie Ihre wichtigsten Aussagen grafisch darzustellen

Mein Tipp ...

Nehmen Sie ein A4-Blatt zur Hand und ordnen Sie Begriffe, Beispiele, Aussagen sinnvoll an. Auf der nächsten Seite finden Sie ein Beispiel zu „Verpackung und Umweltschutz." Weitere Beispiele für grafische Übersichten finden Sie in späteren Abschnitten.

Wie das Beispiel auf der nächsten Seite zeigt, sollten Sie bei der grafischen Übersicht Folgendes überlegen:

- Wie gehören welche Aussagen zusammen (vgl. die Pfeile)?
- Mit welchen Beispielen kann ich meine Aussagen verständlich machen?
- Werden durch die grafische Übersicht und durch die Beispiele meine Hauptfragen ausreichend beantwortet?

Beachten Sie: Eine Präsentation ist dann **verständlich** und **motivierend**,

- wenn Fragen, die für die Zuhörerinnen und Zuhörer **wichtig** sind, **übersichtlich** dargestellt und **sinnvoll** beantwortet werden;
- wenn die Probleme mit **Beispielen erläutert** werden, die Zuhörerinnen und Zuhörer **interessieren**.

Die grafische Übersicht ist daher zunächst für Sie selbst wichtig.

Sie soll Ihnen helfen, den richtigen Aufbau für das Thema zu finden und die entsprechenden Beispiele zuzuordnen. Selbstverständlich können Sie diese Beispiele auch zur Unterstützung Ihres Vortrages verwenden. Dazu kommen wir in späteren Abschnitten.

Prüfen Sie immer, ob die Probleme der Interessenlage des Zuhörerkreises entsprechen.

Bedenken Sie, Ihre Interessen müssen sich nicht mit denen der Zuhörerinnen und Zuhörer decken.

Beispiel: Grafische Darstellung der Hauptprobleme

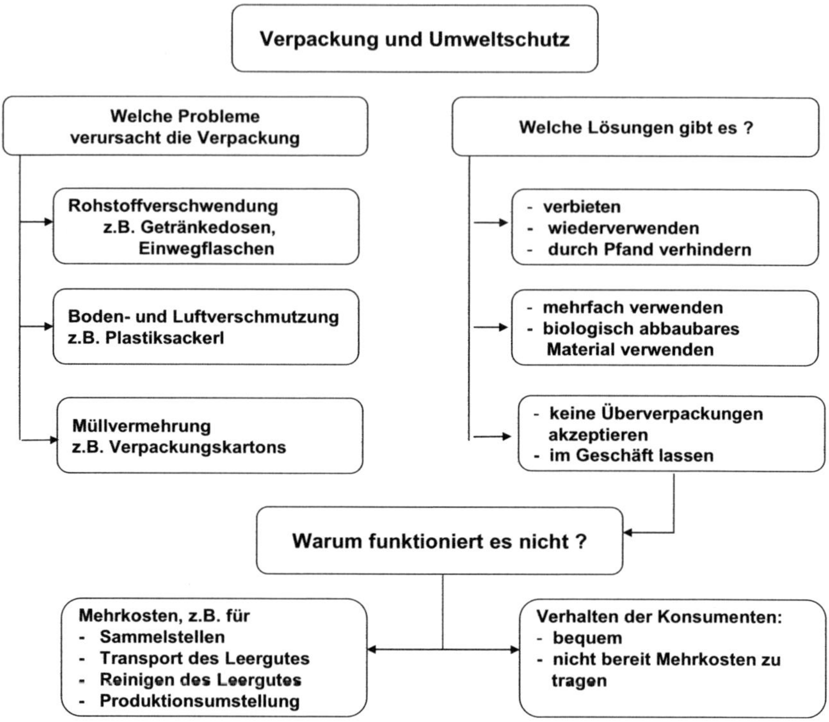

Abb. 2: Grafische Struktur zu „Verpackung und Umweltschutz"

2.3 Wie planen Sie den Hauptteil der Präsentation?

Haben Sie die Informationen gesammelt und geordnet, die Hauptfragen herausgearbeitet und eine grafische Übersicht entworfen, können Sie den Hauptteil Ihres Vortrages planen.

(1) Die Eingangsvoraussetzungen

Ein wesentlicher Punkt bei Präsentationen sind die Eingangsvoraussetzungen der Teilnehmer und Teilnehmerinnen. Vor allem das unterschiedliche Vorwissen ist ein großes Problem.

Unterschätzen Sie die Eingangsvoraussetzungen, sind die Teilnehmer/innen unterfordert und reagieren oft beleidigt, überschätzen Sie die Eingangsvoraussetzungen, verstehen die Zuhörer/innen ihre Ausführungen nicht.

Bei einer kleineren Zuhörergruppe und bei längeren Vorträgen bzw. bei Seminaren könnten Sie das Vorwissen der Zuhörer/innen abtesten (anonymer Eingangstest) oder mit einer Kärtchenmoderation abfragen.

Beispiel: Thema „Bilanzanalyse" (Ausschnitt)

(Die Teilnehmer sollten bereits wissen, was eine Bilanz und was eine G+V-Rechnung ist.)

Kärtchenabfrage: Bitte kleben Sie je einen Klebepunkt neben die Antwort, die für Sie zutrifft (einfacher: Machen Sie mit dem Filzstift einen Strich neben den zutreffenden Antworten).

Kärtchen 1 (bzw. Frage am Flipchart):
Ich kenne den Unterschied zwischen Anlage- und Umlaufvermögen

eher ja   eher nein

Kärtchen 2 (bzw. Frage am Flipchart):
Ich kann mir unter Anschaffungswertprinzip und Niederstwertprinzip bei der bilanziellen Bewertung etwas vorstellen.

eher ja   eher nein

Kärtchen 3 (bzw. Frage am Flipchart):
Ich weiß, was der Posten Rückstellung auf der Passivseite der Bilanz bedeutet

eher ja   eher nein

Mein Tipp ...

Drehen Sie die Pinnwand um und lassen Sie die Teilnehmer/innen einzeln hinter die Pinnwand treten und ihren Strich machen, bzw. die Klebepunkte setzen, etwa wie in einer Wahlzelle. Der Gruppendruck, etwas bereits zu wissen oder nicht zu wissen, ist dann geringer.
Drehen Sie dann die Pinnwand um und zeigen Sie das Ergebnis.

Reicht die Zeit für eine Kärtchen- bzw. Punktabfrage nicht aus, können Sie während des Vortrags „entschuldigende Redewendungen“ einbauen:

Beispiel: Entschuldigende Redewendung bezüglich der Vorkenntnisse

„Ich weiß natürlich, dass einige von Ihnen bereits wissen, was Rückstellungen sind. Manche von Ihnen haben jedoch mit Buchhaltung noch wenig zu tun gehabt. Ich erkläre daher den Sachverhalt kurz.“

(2) Die grafische Unterstützung

Beachten Sie: Ihre wichtigsten Aussagen sollten Sie immer grafisch unterstützen.

Die grafische Unterstützung werden Sie aus Ihrer grafischen Übersicht entwickeln. Sie müssen prüfen, ob Sie die gesamte Übersicht auf einen Bogen (eine Folie) bringen oder ob Sie sie teilen müssen.

Eine Regel lautet: **Die Übersicht sollte nicht mehr als 8 bis 12 Zeilen haben.**

Diese Regel muss jedoch nicht genau befolgt werden. Besser ist es, einige Zeilen mehr zu verwenden und dafür eine verständliche Grafik zu erhalten.

Die grafische Übersicht zum Thema „Verpackung und Umweltschutz" müsste jedoch sicher geteilt werden. Die Probleme bei der Lösung sollten Sie auf einem zweiten Bogen bzw. auf einer zweiten Folie anordnen.

Beachten Sie: Jede Teilübersicht sollte eine Überschrift haben, aus der sofort das Thema ersichtlich ist.

Beispiel: Teilgrafik, Verpackung und Umweltschutz

(Die Überschrift „Warum funktioniert es nicht" wäre unzureichend, da sie nur im Zusammenhang mit der Hauptüberschrift verständlich ist. Man müsste sie daher umformulieren.)

Abb. 3: Teilgrafik, Verpackung und Umweltschutz

Beachten Sie:

- Wenn es der Platz auf den Übersichten erlaubt, sollten Sie auch auf Beispiele hinweisen, die Ihre Aussagen verständlich machen (vgl. die Übersicht zu „Verpackung und Umweltschutz"). Die Übersicht wird dadurch **„selbsterklärend"**, d.h., die Zuhörer und Zuhörerinnen bekommen sofort ein grobes Bild des Problems.

- Zu viele grafische Unterstützungen (z.B. zu viele Folien) verwirren. Als einfache Regel könnte gelten, dass Sie etwa für je 2 Minuten Ihres Vortrags eine grafische Unterstützung verwenden sollten. Nur bei Kurzvorträgen (z.B. 5-10 Minuten) dürfen es mehr sein.
- Selbstverständlich können Sie zusätzlich Bilder, Comics etc. zur Illustration verwenden. Scannen Sie Bilder oder Karikaturen ein, suchen Sie passende Abbildungen im Internet und verwenden Sie diese zur Auflockerung.

Mein Tipp ...

Beobachten Sie andere Vortragende. Welche Übersichten sind für Sie gut verständlich, welche nicht?
Wie fühlen Sie sich, wenn die Vortragenden keine grafische Unterstützung verwenden?

Beachten Sie bitte:
Halten Sie öffentliche Vorträge gegen Entgelt, sollten Sie die urheberrechtlichen Probleme berücksichtigen. Vor allem die Verwendung von Fotos kann zu teuren urheberrechtlichen Ansprüchen der Fotografen führen. Meist reicht ein Zitat allein nicht aus. Sie brauchen die ausdrückliche Zustimmung des Urhebers.

(3) Die Beispiele

Eine Präsentation ist nur dann motivierend und verständlich, wenn sie durch Beispiele unterstützt wird, die die Zuhörer und Zuhörerinnen verstehen, die sie interessieren und die die Hauptfragen betreffen. Sollten in Ihrer grafischen Übersicht zu wenige Beispiele enthalten sein, versuchen Sie, weitere Beispiele zu finden, mit denen Sie Ihre wichtigsten Aussagen illustrieren. Diese Beispiele sollten Sie sich ebenfalls notieren.

Mein Tipp ...

Gute Beispiele müssen vorbereitet werden. Auch „Profis" können gute Beispiele nicht während der Präsentation erfinden.

Die grafische Unterstützung und die Liste mit den zusätzlichen Beispielen sollten als Unterlage für den Hauptteil Ihrer Präsentation ausreichen.

Die grafische Unterstützung ersetzt den „Stichwortzettel". Mithilfe dieser Unterlagen sollen Sie versuchen, Ihre Präsentation frei vorzutragen. Das Ablesen des gesamten Textes hat nämlich zwei erhebliche Nachteile:

- Geschriebene Texte sind meist komplizierter (z.B. längere Sätze, umständliche Formulierungen) und sind daher für die mündliche Präsentation nicht geeignet.

- Geschriebene Texte bringen meist zu viel Information in zu kurzer Zeit. Beim Sprechen sollte man jedoch „Schleifen" machen, d.h. denselben Gedanken nochmals mit anderen Worten wiederholen (z.B. mithilfe von Formulierungen wie „das heißt ...", „das bedeutet für uns ..." oder durch weitere Beispiele).

2.4 Wie planen Sie „Einstieg" und „Zusammenfassung"?

(1) Der Einstieg

Der Einstieg soll
- **die Aufmerksamkeit der Zuhörer/innen erregen und**
- **zu den Hauptfragen des Vortrags führen.**

Es gibt viele Möglichkeiten, die Aufmerksamkeit zu erregen. Man kann z.B.
- mit einem aktuellen Ereignis beginnen,
- eine Geschichte erzählen,
- ein Bild oder mehrere Bilder zeigen,
- den Zuhörern eine Frage stellen, die in das Thema einführt.

Immer sollte der Einstieg jedoch zu den „Hauptfragen" des Vortrages führen.

Einstiegsbeispiele zum Thema „Verpackung und Umweltschutz"

Aufmerksamkeit erregen:
- „Können Sie ungefähr abschätzen, wie lange ein Güterzug wäre, auf den man den gesamten Verpackungsmüll auflädt, der in Österreich in einem Jahr anfällt?
  Der Güterzug würde etwa 40.000 Waggons umfassen und von Wien bis Innsbruck reichen."
- Bilder von Verpackungsmüllcontainern bei Supermärkten und Einkaufszentren zeigen – „So sieht es bei allen Einkaufszentren und Supermärkten aus."
- Ein Plastiksackerl mit Getränkedosen unter großer Lärmentwicklung ausleeren – „Diese Dosen habe ich gestern bei einem Ausflug auf einem einzigen Rastplatz auf der Autobahn gesammelt, ich hoffe, dass keine Dose von Ihnen stammt. Und das Plastiksackerl ist schließlich auch nicht umweltfreundlich."

Zu den „Hauptfragen" überleiten:
„Das Beispiel zeigt, wie wichtig mein heutiges Thema ‚Verpackung und Umweltschutz' ist. Ich möchte besprechen:
- in welchem Umfang die Umwelt durch die Verpackung geschädigt wird,

- welche Lösungsmöglichkeiten es gibt, aber auch
- warum die Lösung des Problems nicht immer so einfach ist, wie wir uns dies vorstellen."

Der Einstieg ist daher erheblich von Ihrem Einfallsreichtum abhängig. Überlegen Sie daher bereits bei der Materialsammlung, welche Informationen, Beispiele, Bilder Sie für den Einstieg verwenden könnten.

Beachten Sie:

- Ist der Einstieg zu kurz, haben die Zuhörer und Zuhörerinnen zu wenig Zeit, sich auf Ihr Thema einzustellen. Sie werden zu Anfang Ihrer Präsentation unaufmerksam sein.
- Ist der Einstieg zu lang, d.h., kommen Sie zu spät zu Ihren Hauptfragen, wird es für die Zuhörenden langweilig, und die Aufmerksamkeit leidet ebenfalls.

Einstiege zu kurzen Präsentationen (unter 10 Minuten) sollten daher etwa 1 Minute dauern (geschrieben wäre dies etwa eine halbe Seite).

Mein Tipp ...

Sehen Sie sich Einstiege in Fernsehsendungen zu Sachproblemen an oder hören Sie sich Radiovorträge an. Die Profis versuchen meist, die „Hauptfragen" an einem aktuellen Ereignis oder an einer interessanten Einstiegsgeschichte „aufzuhängen".

(2) Die Zusammenfassung

Zuhörer und Zuhörerinnen merken sich Aussagen besonders gut, die zu Beginn oder zu Ende der Präsentation angeordnet sind.

In der Zusammenfassung sollte man daher die wichtigsten Aussagen kurz wiederholen.

Bei guter Vorbereitung werden in der Zusammenfassung

- **die Hauptfragen, die im Einstieg herausgearbeitet wurden,**
- **mithilfe der grafischen Unterstützung des Hauptteils**

nochmals **kurz** beantwortet.

Wollen Sie bei Ihren Zuhörern und Zuhörerinnen auch eine Verhaltensänderung erreichen, so ist die Zusammenfassung der richtige Platz für eine entsprechende Aufforderung.

Beispiel: Zusammenfassung zu „Verpackung und Umweltschutz"

„Ich habe Ihnen erklärt, wie überflüssige Verpackungen Rohstoffe verschwenden, Boden und Luft verschmutzen und den Müllberg vermehren.

Es wäre jedoch zu einfach, der Wirtschaft alleine die Schuld zu geben. Oft wollen wir als Konsumenten die Kosten für das Sammeln, Reinigen und Wiederverwerten nicht tragen und wählen billigere Waren, die jedoch in umweltschädlicher Verpackung angeboten werden. Oft sind wir auch nur zu bequem, Mehrwegflaschen zurückzutragen, auf Dosengetränke zu verzichten oder Joghurtbecher zu sammeln.

Wir können bei jeder Einkaufsentscheidung Wesentliches zur Verringerung jener Probleme beitragen, die die Verpackung für die Umwelt verursacht.

Wählen Sie daher immer Getränke in Mehrwegflaschen, verwenden Sie Plastiksackerln mehrfach, bevorzugen Sie einfach verpackte Waren.

Nur wenn sich alle Konsumenten umweltbewusst verhalten, wird auch die Wirtschaft ihr Angebot verändern."

Mein Tipp ...

Bitte verzichten Sie auf Schlussformeln wie „Danke für Ihre Aufmerksamkeit", Sie nehmen Ihrem letzten Satz die Wirkung.

3. Wie führen Sie Präsentationen durch?

3.1 Die wichtigsten Verhaltensregeln

Selbstverständlich hängt der Erfolg Ihrer Präsentation nicht nur von der Vorbereitung, sondern auch von Ihrem Verhalten während der Präsentation ab.

Einige wichtige Regeln sind:

- Betonen Sie Wichtiges.
- Machen Sie Zwischenzusammenfassungen.
- Sprechen Sie die Zuhörer bewusst an („wir", „Sie").
- Machen Sie nach wichtigen Aussagen Pausen.

Beispiel:

„Das Problem der Einwegflaschen wird daher nicht nur von der Wirtschaft verursacht, sondern auch von **uns** Konsumenten. Fast immer gibt es auch ein Angebot mit Pfandflaschen. **Wir** alle sind jedoch häufig zu bequem oder zu sparsam, dieses Angebot zu wählen."

- **Setzen Sie Ihre grafische Unterstützung bewusst ein.**
  Zeigen Sie jeweils auf den entsprechenden Abschnitt der Grafik (vgl. dazu Abschnitt 7).

- **Passen Sie auf, dass die Informationsmenge nicht zu dicht wird.**
  Zwei Möglichkeiten, die Informationsmenge pro Zeiteinheit zu verringern, sind:
  - Aussagen mit anderen Worten zu wiederholen (das heißt...; ich meine...; mit anderen Worten...),
  - die Zahl der Beispiele zu erhöhen.

Natürlich können zu viele „Schleifen" bei einem gut qualifizierten Publikum zur Langeweile führen. Die Wahl der passenden Informationsdichte ist daher nicht leicht.

3.2 Die Sprechtechnik

(1) Richtiges Atmen

Die richtige Sprechtechnik beginnt beim richtigen Atmen.

Entspannendes Atmen erfolgt mit dem „Bauch", d.h., beim Ein- und Ausatmen sollte sich nicht der Brustkorb, sondern die Bauchdecke heben und senken.

Beim Ausatmen sollten Sie die Luft nicht aus dem Mund „ausblasen", sondern locker „ausströmen" lassen.

Das klingt ganz leicht, ist aber schwer zu lernen und muss geübt werden.

(2) Richtige Aussprache

- Keine Endungen verschlucken.
- Harte Mitlaute hart, weiche weich sprechen (z.B. „d" und „t").
- Lautstärke an die Gruppengröße anpassen(auch in der letzten Reihe sollte man Sie hören und verstehen).
- Lautstärke variieren (bei Wichtigem lauter werden).
- Nicht zu schnell und nicht zu langsam sprechen.

Mein Tipp ...

Verwenden Sie einen Rekorder, nehmen Sie Teile Ihres Vortrages auf und hören Sie ihn selbst an.
Versuchen Sie, Ihre Fehler zu verbessern, und machen Sie eine zweite Aufnahme.

3.3 Die Körpersprache

Die Wirkung Ihrer Präsentation hängt nicht nur vom Aufbau, von der grafischen Unterstützung und Ihrer Sprache ab, sondern auch davon, wie Sie Ihren Körper bei der Präsentation einsetzen. Man spricht auch von der **„nonverbalen Kommunikation“** (vgl. dazu den Beitrag Schneider, B. & Schneider, W. zur Körpersprache in diesem Band).

Die wichtigsten Regeln für eine wirkungsvolle Körpersprache sind:

(1) Stehen Sie auf beiden Füßen und wechseln Sie Ihren Standplatz nur gelegentlich.

Die Füße sollen leicht geöffnet sein (bei Herren etwa 30 cm, bei Damen etwas weniger), und die Fußspitzen sollen ca. auf gleicher Höhe sein. So haben Sie ein besseres „Auftreten“.

Fußstellung bei der Präsentation:

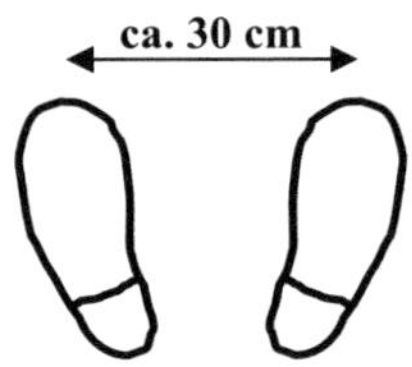

Stehen Sie nicht auf einem Bein, mit gekreuzten Beinen, mit völlig geschlossenen Füßen oder in Schrittstellung.

Wenn Sie sich bewegen, gehen Sie eher auf die Gruppe zu und wieder zurück und nicht nach links und nach rechts. Durch das Hin- und Herlaufen wirken Sie sehr unruhig.

(2) Halten Sie Augenkontakt mit Ihren Zuhörern und Zuhörerinnen.

D.h., schauen Sie nur gelegentlich in Ihre Unterlage, auf die Folie oder den Bildschirm Ihres Laptops, schauen Sie auch nicht zur Seite, sondern blicken Sie den einzelnen Zuhörern und Zuhörerinnen bewusst in die Augen.

Präsentationsfachleute geben oft folgenden Rat: Verteilen Sie den Augenkontakt zunächst wie ein großes „W“ im Raum und dann wie ein großes „M“. Sie haben dann Ihren Blickkontakt über alle Zuhörer verteilt (vgl. dazu die Skizze).

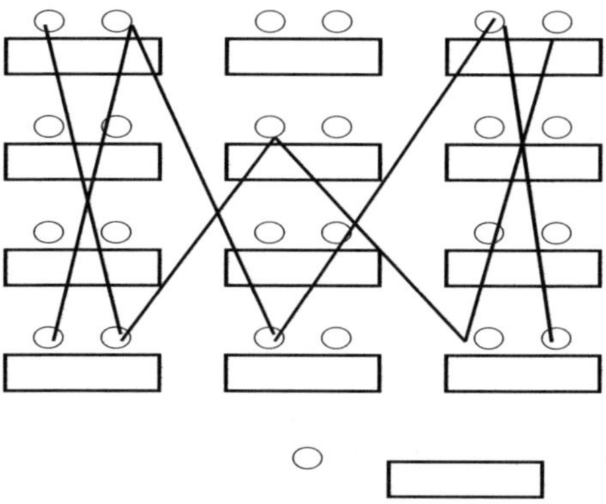

Abb. 4: Verteilung des Blickkontaktes bei der Präsentation

Mein Tipp ...

Halten Sie den Augenkontakt mit den einzelnen Zuhörern und Zuhörerinnen 2 bis 3 Sekunden, d.h., „wischen Sie nicht mit Ihren Blicken über die Zuhörer weg".

(3) Setzen Sie auch Arme und Hände ein.

Die nachfolgende Skizze zeigt die drei Zonen, in denen sich Arme und Hände beim Reden befinden können.

Hängen die Arme schlaff herunter, machen Sie einen passiven Eindruck. Heben Sie die Hände häufiger in Brust- oder sogar in Schulterhöhe oder darüber, wirkt Ihre Präsentation aktiver.

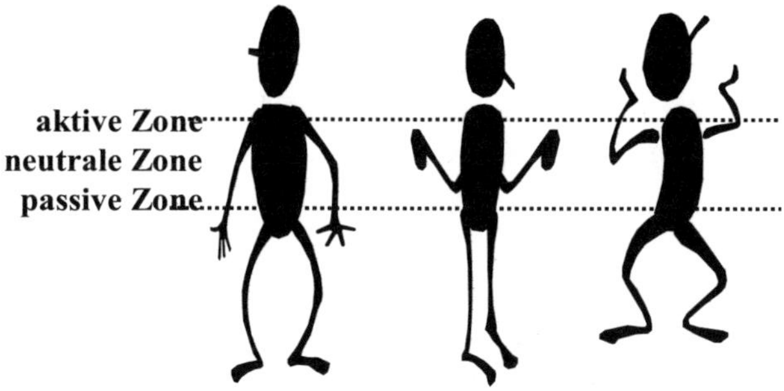

Abb. 5: Zonen für Arm- und Handbewegungen bei der Präsentation

Natürlich muss man das Spiel der Hände trainieren, damit die Bewegung zur Sprache passt und damit man nicht zu wild „herumrudert".

Sie können auch die Blickkontakte durch Arm- und Handbewegungen unterstützen. Zeigen Sie jedoch nicht mit den Fingern auf jemanden, sondern verwenden Sie eher die nach oben gekehrten Handflächen.

Mein Tipp ...

Beobachten Sie Schauspielerinnen und Schauspieler im Fernsehen. Sie setzen immer ihre Hände ein.
Nur selten werden Sie finden, dass die Hände längere Zeit schlaff herunterhängen, vor der Brust oder hinter dem Rücken verschränkt sind oder ineinander gefaltet bleiben. Es sei denn, es soll ein passiver oder ein sehr unsicherer Mensch dargestellt werden.

4. Was Sie noch beachten sollen

(1) Stichworte oder vollständiger Text?

Selbstverständlich könnten Sie den vollständigen Text Ihres Vortrags ausarbeiten. Dies hat jedoch mehrere Nachteile:

- Es besteht die Gefahr, dass Sie sich an den vollständigen Text halten oder ihn sogar auswendig lernen. Ihr Vortrag wird zur „Schreibsprache" und daher meist langweilig.
- Wir sagten bereits, geschriebener Text besteht meist aus längeren Sätzen und enthält meist nur wenige Schleifen. Der Leser kann ja einen Satz mehrmals lesen.

Informationspsychologen weisen darauf hin, dass ein Satz nur dann bei einmaligem Hören verstanden werden kann, wenn er vollständig im „Arbeitsspeicher" abgespeichert werden kann. D.h. aber, ein Satz sollte beim Sprechen nicht länger als ca. 10 Sekunden dauern, das sind maximal 3 Schreibmaschinenzeilen.

Vollständige Texte sind daher nur dann zu empfehlen, wenn es auf jedes Wort ankommt und wenn nur sehr wenig Zeit für eine Aussage zur Verfügung steht (z.B. wenn eine Politikerin im Fernsehen in 60 Sekunden zu Vorwürfen gegen ein Regierungsmitglied Stellung nehmen soll).

Mein Tipp ...

Versuchen Sie, Ihren Vortrag nur mithilfe Ihrer grafischen Unterstützung (Folien, Beamerprojektion) zu halten. Verzichten Sie auf Textkärtchen oder andere Unterlagen, die nur das Spiel Ihrer Hände behindern.
In manchen Präsentationsratgebern werden derartige Textkärtchen zur Unterstützung empfohlen. Sie werden jedoch in der Praxis nie Profis erleben, die mit Textkärtchen arbeiten, wenn sie über vertraute Themen sprechen.
(Fernsehsprecher und Fernsehsprecherinnen müssen oft solche Kärtchen verwenden, weil sie die Informationen erst kurz vor der Sendung erfahren und sich daher nicht vorbereiten können.)

(2) Welche Unterlagen braucht der Zuhörer?

- Als **Mindestunterlage** sollte jeder Zuhörer und Zuhörerinnen eine Kopie der verwendeten Abbildungen in die Hand bekommen. Abschreiben von Folien oder Flipcharts lenkt vom Vortrag ab. Zusätzlich bleibt keine Zeit, weitere schriftliche Anmerkungen zu machen. Zuhörerfreundlich ist es, wenn Sie die Folien ausdrucken und ausreichend Raum für Notizen lassen (vgl. dazu auch Abschnitt 7).
- **Beispiele, Formulare, umfangreiche Tabellen**
  Verwenden Sie komplizierte Beispiele oder Formulare (z.B. Ausfüllen einer Steuererklärung oder eines Frachtbriefes), sollten die Zuhörenden auch diese Unterlagen bekommen. Sie sind auf Folien meist schlecht zu lesen.

Mein Tipp ...

Unterlagen, die Sie für Ihre Präsentation benötigen, sollten Sie **vor** der Präsentation austeilen. Austeilen während des Vortrags stört. Austeilen nach dem Vortrag lässt die Zuhörer und Zuhörerinnen im Unklaren, welche Unterlagen sie bekommen.
Unterlagen während eines Referates durch die Reihen gehen zu lassen, ist nicht zu empfehlen. Die Unterlagen kommen bei den einzelnen Teilnehmern dann an, wenn Sie gerade über etwas anderes sprechen.
Umfangreiche Unterlagen, die Ihre Präsentation ergänzen, sollten Sie erst **nach** dem Vortrag austeilen.

(3) Wie geht man mit Zwischenfragen um?

Zwischenfragen sind wichtig. Sie zeigen, dass sich die Zuhörer und Zuhörerinnen für das Thema interessieren. Sind Vortragende schlecht vorbereitet, fühlen sie sich oft durch die Zwischenfragen gestört und „würgen sie ab“. Redewendungen wie

- „Das gehört jetzt nicht hierher“ oder
- „Lassen Sie mich doch zuerst ausreden“

sind für solche Situationen typisch.

Gute Vortragende sollten sich auch durch Zwischenfragen nicht aus der Ruhe bringen lassen. Die folgende grafische Übersicht zeigt Ihnen, wie Sie mit Zwischenfragen umgehen sollten.

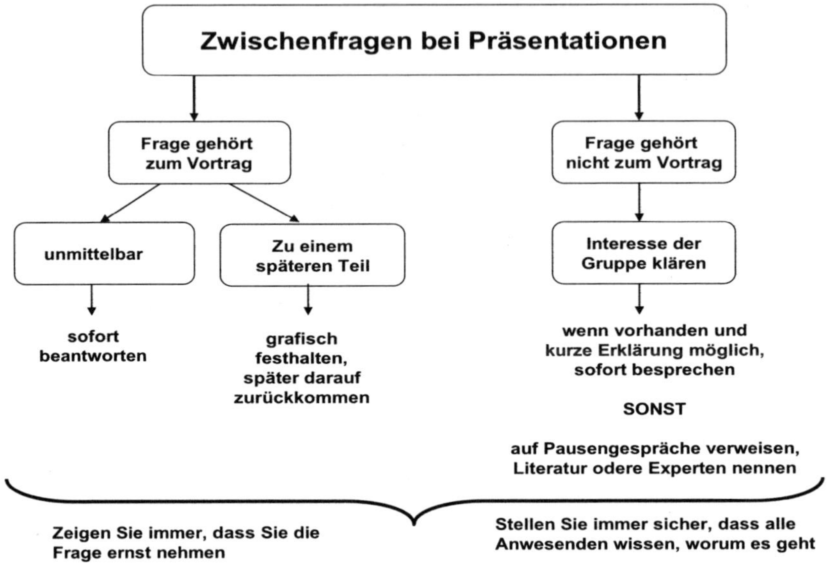

Abb. 6: Zwischenfragen bei Präsentationen

Mein Tipp ...

Wendungen wie

- „Das ist ein wichtiger Gesichtspunkt"
- „Das ist eine interessante Sichtweise, an die habe ich gar nicht gedacht"
- „Diese wichtige Frage würde für ein weiteres Referat reichen, vielleicht können wir später darüber diskutieren"

zeigen, dass Sie die Frage ernst nehmen.

Wenn Sie Lust haben, können Sie im Rahmen einer Übung versuchen, Vortragende durch möglichst viele Zwischenfragen aus dem Konzept zu bringen. Bitte übertreiben Sie nicht, sonst haben die Vortragenden kaum eine Chance.

5. Wie können Sie Fehler bei der Präsentation verbessern? (Zwischenzusammenfassung)

Versuchen Sie gemeinsam, nach jeder Präsentation folgende Fragen zu beantworten:

(1) Aufbau der Präsentation

- War die grafische Unterstützung „selbsterklärend"?
- Konnte man die grafische Unterstützung auch aus den hinteren Reihen gut lesen?
- Wurden die wichtigsten Aussagen durch geeignete Beispiele erläutert?
- Waren die Beispiele verständlich und interessant?
- War der Einstieg motivierend?
- Ist beim Einstieg klar geworden, welche „Hauptprobleme" besprochen werden sollen?
- Wurde zusammengefasst, und enthielt die Zusammenfassung die wichtigsten Punkte?
- Wurden auf Zwischenfragen angemessen reagiert?
- Wurde die geplante Zeit eingehalten?

(2) Sprachliches („verbales") Präsentationsverhalten

- Wurde Wichtiges betont?
- Wurde Wichtiges wiederholt?
- Wurden „Zwischenüberschriften" gesprochen und „Zwischenzusammenfassungen" gemacht?
- Wurden Pausen gemacht?
- Wurde die grafische Unterstützung in den Vortrag einbezogen?
- War die Sprechgeschwindigkeit angemessen?
- Wurde deutlich gesprochen?
- Wurde die Betonung variiert?

(3) Nonverbales Präsentationsverhalten

- Wurde Augenkontakt gehalten?
- Stand der Vortragende/die Vortragende fest auf beiden Beinen oder stand er/sie mit gekreuzten Beinen, oft auf einem Bein etc.?
- Hat er/sie gelegentlich, jedoch nicht zu oft den Standort gewechselt?
- Hat er/sie die Aussagen durch geeignete Arm- und Handbewegungen unterstützt?

Mein Tipp ...

Beginnen Sie bei der Besprechung der Präsentation immer mit der Frage „Was ist gut gelungen?“

Arbeiten Sie dann heraus:
„Was könnte man besser machen?“ **und nicht**
„Was war schlecht?“

Nur gemeinsam können Sie Ihr Präsentationsverhalten verbessern!

6. Die Überzeugungspräsentation

6.1 Wie baut man Überzeugungspräsentationen auf? (Übersicht)

Bei der Überzeugungspräsentation sollen die Zuhörenden zu einer bestimmten Handlung veranlasst werden. Dazu ist es oft notwendig, dass die Zuhörer und Zuhörerinnen ihre Einstellung ändern. D.h., die Überzeugungspräsentation soll das „Denken“, „Fühlen“ und „Tun“ Ihrer Zuhörer und Zuhörerinnen beeinflussen.

Vereinfacht ausgedrückt, soll die Überzeugungspräsentation Hirn, Herz und Bauch der Zuhörer und Zuhörerinnen ansprechen:

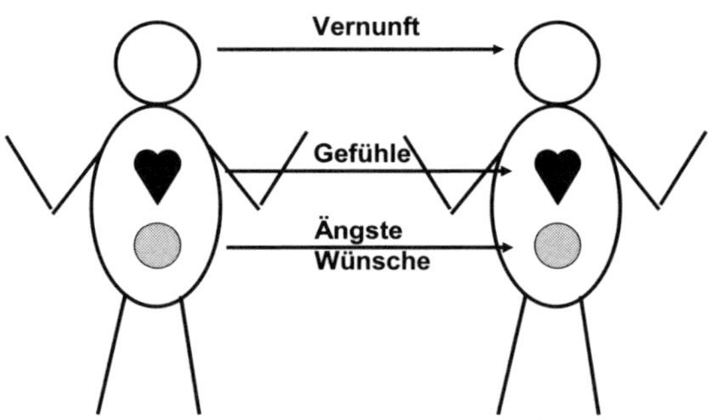

Abb. 7: Ebenen bei der Überzeugungspräsentation

Wie eine Überzeugungspräsentation aufgebaut wird, zeigt Ihnen die nachfolgende Übersicht. Die einzelnen Schritte werden anschließend besprochen.

Formulieren Sie den Zielsatz samt Appell	Überlegen Sie, was Ihre Zuhörerinnen und Zuhörer nach Ihrer Präsentation **„denken“**, **„fühlen“** und schließlich **„tun“** sollen, und formulieren Sie einen „Zielsatz“, mit dem Sie zur Handlung auffordern.
Setzen Sie die Brille des Zuhörers auf	Überlegen Sie, welche Bedürfnisse und Ängste die Zuhörer haben könnten.
Sammeln Sie Argumente	Sammeln Sie Argumente und übersetzen Sie diese in Nutzenaussagen für die Zuhörerinnen und Zuhörer, d.h., überlegen Sie, warum die Argumente aus der Sicht der Zuhörenden wichtige Argumente sein könnten.
Nehmen Sie Einwendungen vorweg	Überlegen Sie, welche Einwendungen gemacht werden könnten und wie Sie diesen Einwendungen begegnen könnten.
Entwickeln Sie Beispiele und grafische Unterstützungen	Beim Überzeugungsvortrag sind Beispiele und grafische Unterstützung noch wichtiger als beim Informationsvortrag. Überlegen Sie auch gleich, mit welchem Beispiel Sie den Vortrag beginnen könnten.
Ordnen Sie Ihre Argumente strategisch an	Ordnen Sie jetzt die Elemente Ihres Vortrages strategisch an. Sorgen Sie für entsprechende Schwerpunkte zu Beginn und am Ende.

6.2 Zielsätze formulieren

Überlegen Sie, was die Zuhörer und Zuhörerinnen nach Ihrem Vortrag **„tun“** sollen.

Beispiele:

- Sie sollen nicht mehr mit dem Auto, sondern mit den öffentlichen Verkehrsmitteln zur Arbeit (in die Uni) fahren.
- Sie sollen einen Bausparvertrag abschließen.

Wichtig ist, dass die Handlung auch von den erwünschten Gedanken und Gefühlen begleitet wird, sonst besteht die Gefahr, dass die Einstellungsänderung nicht dauerhaft ist.

Beispiele:

- Eigentlich ist es richtig, ich fahre mit den öffentlichen Verkehrsmitteln viel schneller, bequemer und billiger und schone noch dazu die Umwelt (und nicht „einmal kann ich es ja versuchen, aber bequemer ist es schon mit dem eigenen Auto").
- Bausparen ist bei den sicheren Sparformen tatsächlich die rentabelste (und nicht „jetzt habe ich mich wieder überreden lassen, einen Vertrag abzuschließen. Das ist aber sicher das letzte Mal").

Aus diesen Überlegungen ergibt sich Ihr Zielsatz samt der Handlungsaufforderung („Appell").

Beispiele:

- Fahren daher auch Sie mit den öffentlichen Verkehrsmitteln zur Arbeit; Sie sparen Zeit und Geld und schonen noch dazu die Umwelt.
- Schließen Sie einen Bausparvertrag ab, er ist sicher und bringt höhere Zinsen als Sparbücher und festverzinsliche Wertpapiere. Wollen Sie bauen, erhalten Sie noch dazu einen Kredit zu günstigen Konditionen.

6.3 Sich in die Zuhörer und Zuhörerinnen versetzen

Der häufigste Fehler bei Überzeugungspräsentationen besteht darin, dass man glaubt, die Zuhörenden hätten dieselben Wünsche und Ängste wie man selbst. Wichtig ist es daher, zu überlegen, welche Wünsche und Ängste die Zuhörer und Zuhörerinnen tatsächlich haben könnten.

Sie müssen daher auch überlegen, wer die Zuhörer überhaupt sind (Kollegen, Pensionisten, junge Mütter etc.). Man könnte sagen: „Sie müssen die Brille der Zuhörer und Zuhörerinnen aufsetzen".

Fortsetzung der Beispiele:

- Ältere Autofahrer sind bequem, möchten aber Geld und Zeit sparen. Junge Autofahrer haben Freude am Fahren und fahren auch, um ihren Freunden zu imponieren; sie haben jedoch wenig Geld und sind vielleicht auch umweltbewusster als ältere Fahrer.
- Ältere Sparer wollen ihr Geld zwar nicht so lange binden, aber vielleicht möchten sie für ihre Kinder oder Enkel einen Bausparvertrag als Geschenk abschließen.
- Bei jüngeren Sparern könnte die Verzinsung nicht so wichtig sein. Ein Bausparvertrag könnte jedoch den ersten Schritt zu einer kleinen Eigentumswohnung bilden.

6.4 Argumente sammeln und in Zuhörernutzen übersetzen

Im nächsten Schritt sammeln Sie Argumente und überlegen, welchen Nutzen der Zuhörer und Zuhörerinnen davon haben könnte. Dazu brauchen Sie natürlich die Überlegungen, die Sie im vorigen Schritt angestellt haben.

Die folgende Grafik zeigt Ihnen einige „Denkrichtungen", die Ihnen bei der Übersetzung in die „Nutzsprache" helfen.

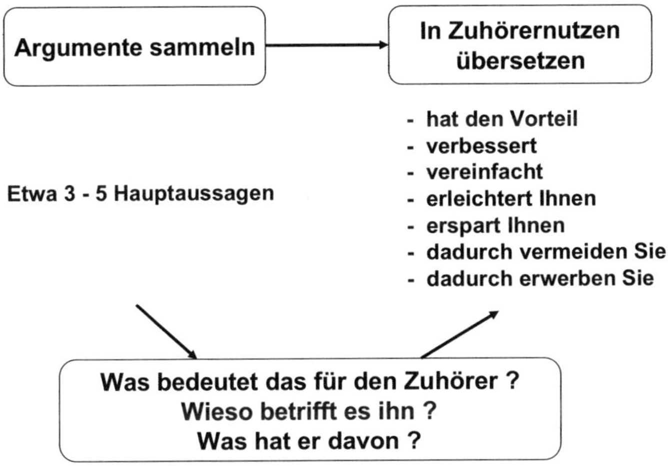

Abb. 8: Argumente in Zuhörernutzen übersetzen

Beispiele:

Sie wollen ältere, bequeme, kinderlose Autofahrer, die gerne im Auto Radio oder CDs hören, zum Umsteigen auf öffentliche Verkehrsmittel bewegen. Diese Autofahrer sind nicht sehr umweltbewusst.

Argumente und Nutzen:

- Sie sparen täglich ca. 1 Stunde, die Sie mit Parkplatzsuchen und im Stau verbringen. Fahren Sie mit „Öffis", können Sie in der Früh eine halbe Stunde länger schlafen oder das Morgenjournal hören. Ihre Lieblingsmusik können Sie bequemer im Zug aus einem Walkman oder i-Pod hören und müssen nicht auf den Verkehr achten.
- Sie fahren derzeit täglich 40 km zur Arbeit und zurück, d.h., die Fahrt zur Arbeit kostet Sie mindestens 50 Euro pro Woche, damit können Sie einen ganzen Monat mit den öffentlichen Verkehrsmitteln fahren. Sie sparen im Jahr rund 2.000,– Euro.

Argumente, die auf die Verringerung des CO_2-Ausstoßes oder auf weniger Abgase in Bodennähe, die Kinder gefährden, gerichtet sind, werden in diesem Fall nicht so wirkungsvoll sein.

6.5 Einwendungen vorwegnehmen

Natürlich gibt es gegen jedes Argument Einwendungen. Eine Überzeugungspräsentation wird dann glaubhafter, wenn der/die Vortragende auch Einwendungen vorwegnimmt und entkräftet.

Zielführende Taktiken sind:

Kleiner Nachteil, großer Vorteil

Beispiel:

Natürlich ist Ihr Geld etwas länger gebunden, dafür bekommen Sie aber etwa viermal so viel Zinsen wie auf einem gewöhnlichen Sparbuch.

Kleiner Nachteil statt großem Nachteil

Beispiel:

Selbstverständlich sind die öffentlichen Verkehrsmittel gelegentlich auch unpünktlich, aber auf der Autobahn gibt es täglich Unfälle mit ausgedehnten Stauungen.

Vorteile bündeln, Nachteile aufteilen

Beispiele:

- Wenn Sie mit öffentlichen Verkehrsmitteln fahren, ersparen Sie sich pro Jahr fast 2.000 Euro.
- Für den Bausparvertrag müssen Sie pro Tag nicht einmal 3 Euro aufwenden, also weniger als für eine Packung Zigaretten.

Gerade deshalb ist diese Lösung günstig

Beispiel:

Gerade weil der Vertrag sechs Jahre läuft, sind Ihnen die hohen Zinsen sicher und Sie müssen sich nicht vor Zinssenkungen fürchten..

Diese Taktiken können Sie natürlich auch in der Diskussion einsetzen.

Versuchen Sie, Einwendungen für Ihre Themen zu finden und Gegenargumente zu entwickeln.

6.6 Beispiele und grafische Unterstützung entwickeln

Bei meinungsbildenden Vorträgen kommt den Beispielen eine überragende Bedeutung zu. Die allgemeine Aussage, der Appell, muss sich scheinbar „logisch" aus den Beispielen ergeben.

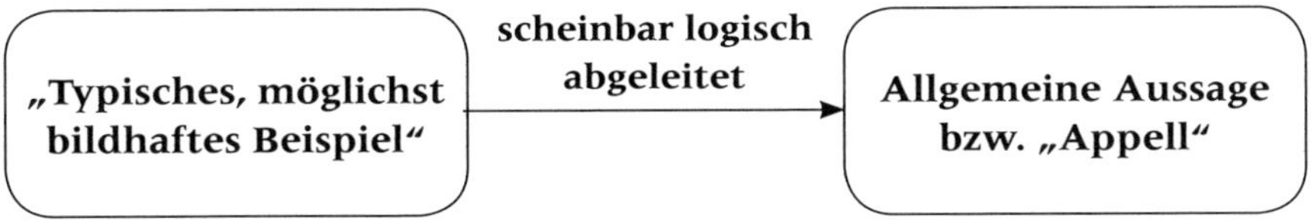

Besonders einprägsam lassen sich Beispiele durch Bilder (Fotos, Dias, Videos) illustrieren.

Beispiel:

Es sollen Spenden für ein Bewässerungsprojekt in Afrika gesammelt werden.

- Bilder der ausgetrockneten Landschaft, von hungernden Menschen (vor allem Kindern), und verdursteten Tieren.
- Eventuell Beschreibung und Abbildung eines erfolgreich durchgeführten Projektes (grüne Felder, lachende Menschen, kauende Rinder).

Daraus Ableitung der „meinungsbildenden Aussage":
„Diese Bilder zeigen, wie sich die wirtschaftliche Lage eines ganzen Landesteiles durch ausreichende Bewässerung verändern kann. Wo früher Armut und Hunger herrschten, gibt es nun Wohlstand und Zufriedenheit. Helfen Sie uns, dass auch dieses Projekt Wirklichkeit wird. Helfen Sie, dass diese anderen, schrecklichen Bilder verschwinden. Spenden Sie ..."

Geeignet sind Beispiele vor allem dann:

- wenn sie sofort die Anteilnahme der Zuhörer und Zuhörerinnen erwecken (daher werden häufig Bilder von Kindern, alten, gebrechlichen Personen oder jungen Tieren verwendet);
- wenn sie die Zuhörenden unmittelbar betreffen („Vor drei Tagen wurde der neue Laptop von Susanne gestohlen, vorgestern der Beamer aus dem Seminarraum und heute Nacht die Handkasse aus dem Sekretariat. Wir brauchen unbedingt einen Bewachungsdienst, der unser Bürogebäude effizient kontrolliert.").

Durch geeignete Bildgestaltung können Aussagen in eine bestimmte Richtung manipuliert werden (Farbe, Blumen machen Bilder freundlicher, Schwarz-Weiß, Unordnung, Schmutz machen Bilder abstoßend etc.).

Mein Tipp:

Vor allem aus Werbespots im Rundfunk und im Fernsehen können Sie lernen, wie „meinungsbildende" Aussagen aufgebaut sind.

Auch Politikerreden sind geeignet, den Aufbau solcher Aussagen zu erkennen.

6.7 Vortrag strategisch aufbauen

(1) Einstiegssituationen entwerfen

Noch wichtiger als beim Informationsvortrag ist der „Einstieg" beim Überzeugungsvortrag. Verwenden Sie Geschichten, Bilder (z.B. Karikaturen), Hinweise auf aktuelle Ereignisse, die das Problem dramatisch darstellen.

Beispiel:

Wollen Sie Autofahrer überzeugen, dass sie mit öffentlichen Verkehrsmitteln zur Arbeit fahren sollen, könnten Sie z.B. folgenden Einstieg verwenden:

> „In der vergangenen Woche sind in den Morgenstunden nur in unserem Bundesland acht Menschen tödlich verunglückt, 27 wurden schwer verletzt.
>
> Im Durchschnitt gab es auf einer unserer Stadteinfahrten an vier Tagen in der Woche zwischen 6 und 8 Uhr früh mindestens einen unfallbedingten Stau mit Verzögerungen über einer Stunde. Wir sollten uns fragen, ob dies unbedingt sein muss oder ob es nicht Möglichkeiten gibt, bequemer, schneller und billiger zum Arbeitsplatz zu kommen."

(Grafisch könnten Sie mit „Unfallstatistiken" arbeiten, geeignete Zeitungsüberschriften einscannen, Videos vom letzten Stau oder vom letzten Massenauffahrunfall zeigen.)

(2) Argumente auswählen und reihen

Sie sollten in einem Überzeugungsvortrag nicht zu viele Argumente bringen. Wie beim Verkaufsgespräch verwirren auch beim Überzeugungsvortrag zu viele Argumente. Drei bis maximal fünf Argumente reichen in der Regel aus. Vergessen Sie nicht, den Nutzen für die Zuhörer und Zuhörerinnen in den Vordergrund zu stellen.

> **Beispiel:**
>
> Die drei wichtigsten Vorteile unseres Investmentfonds sind:
> - Die garantierte Mindestverzinsung liegt weit über einer Sparbuchverzinsung.
> - Sie erhalten 100% Kapitalgarantie.
> - Sie partizipieren zu 80% am Ertrag, der über die Mindestverzinsung hinausgeht.

Gegebenenfalls verweisen Sie auf die Unterlage oder besprechen Details nur bei Fragen der Zuhörer.

Sie müssen auch überlegen, wie Sie die Argumente anordnen. Jedenfalls sollten Sie am Ende nochmals die stärksten Argumente wiederholen bzw. in den Appell einbauen.

(3) Mehrsatztechniken verwenden

In der Vortragstechnik werden Mehrsatzmodelle verwendet, um aus Gegenüberstellungen Forderungen abzuleiten.

Grundsätzlich gibt es folgende Möglichkeiten:

- Aus zwei schwachen positiven Ideen wird eine bessere Kombination entwickelt.
- Zwei unzureichenden Ideen wird eine entscheidend bessere gegenübergestellt.
- Einem schlechten wird ein besserer Ansatz gegenübergestellt, und die Zuhörer werden aufgefordert, sich für den besseren Ansatz zu entscheiden.

Nachfolgend finden Sie Beispiele mit der sogenannten Fünfsatztechnik:

Bisher wurden folgende Versuche gemacht ...
Bisher haben wir folgende Versuche gemacht, die Müllmenge zu bewältigen.

Erster Ansatz	**Zweiter Ansatz**
Viele Gemeinden haben bereits die Mülltrennung durch Verordnung vorgeschrieben.	Andere verließen sich auf die Vernunft der Bürger und stellten Müllbehälter für die verschiedenen Müllarten auf.

Dies ist unzureichend, weil ...
Daher verlange ich Folgendes: ...
Auch wenn diese Maßnahmen erfolgreich sind, führen sie nicht zu einer Verringerung der Müllberge. Wir müssen dafür sorgen, dass Wirtschaft und Konsumenten weniger Müll erzeugen.

Diese Technik können Sie auf unterschiedliche Arten einsetzen. Nachfolgend finden Sie zwei Beispiele:

- Sie stellen zwei positive Ansätze gegenüber und entwickeln einen gemeinsamen Ansatz.

Bisher wurden folgende Versuche zur Mülltrennung unternommen:

Manche Gemeinden haben die Mülltrennung gesetzlich vorgeschrieben.	Andere Gemeinden haben in jedes Haus Sammelbehälter zur Mülltrennung gestellt.

Dies ist unzureichend, weil es sich nur um isolierte Maßnahmen handelt.
Daher verlange ich, dass in allen Gemeinden unseres Bezirks Behälter zur Mülltrennung von jedem Haus aus in höchstens 3 Minuten zu Fuß zu erreichen sind, dass die Mülltrennung gesetzlich vorgeschrieben wird und dass die wenigen Bürger, die sich nicht daran halten, entsprechend zur Kasse gebeten werden.

- Sie vergleichen zwei Möglichkeiten, kritisieren die eine und entscheiden sich für die andere.

Zwei Ansichten werden bei der Stadtplanung vertreten:

Manche wollen die „autogerechte“ Stadt bauen und die Zahl der Stadtautobahnen und der Tiefgaragen vermehren.	In vielen Städten wird jedoch versucht, zumindest die Zentren autofrei zu halten und den öffentlichen Verkehr auszubauen.

Wenn Sie je in der Hauptverkehrszeit den Gestank und das Verkehrschaos in unserer Innenstadt erlebt haben, können Sie mir nur beipflichten, wenn ich fordere:
Beendet endlich den Ausbau der Tiefgaragen und die Verbreiterung der Hauptverkehrsstraßen und verbannt den Autoverkehr aus unserer Innenstadt!

Selbstverständlich sind viele andere Verwendungen der Fünfsatztechnik möglich.

7. Medieneinsatz (Hinweise)

7.1 Wer steht im Mittelpunkt?

Ob sich die Aufmerksamkeit der Zuhörerinnen und Zuhörer überwiegend auf den/die Vortragende/n oder überwiegend auf die Medienunterstützung konzentrieren soll, hängt vor allem von zwei Faktoren ab:

- Je geringer Ihre persönliche Überzeugungskraft ist, desto intensiver müssen Sie Medien einsetzen. Diese können Sie vorbereiten und sind dann weniger von Ihrem persönlichen Vortragsstil abhängig.
- Je größer der Zuhörerkreis ist, desto wichtiger sind die Medien, da es in einem Vortragssaal mit einigen Hunderten Teilnehmern schwer ist, nur mit der eigenen Persönlichkeit durchzukommen.

Beispiele für eine optimale Kombination von Medieneinsatz und persönlichem Vortragsstil finden Sie auf der amerikanischen Plattform www.ted.com. Suchen Sie den Vortragenden „Hans Rosling“ und sehen Sie sich die abgespeicherten Videos an. Zu den englischen Texten kann man auch Untertitel in Deutsch einstellen.

Besonders zu empfehlen sind die Vorträge:

- „Shows the best stats you have ever seen” (nach ca. 5 Minuten gibt es Standing Ovations)
- “On global population growth”, in der Rosling das Bevölkerungswachstum mit Plastikkisten illustriert.

7.2 Einige Grundsätze des Medieneinsatzes

(1) Das Zweimedienkonzept

Verwenden Sie nach Möglichkeit zwei Medien, eines für Ihre vorgefertigten Unterstützungen und eines, auf dem Sie parallel zu Ihrem Vortrag schreiben und zeichnen können.

Die übliche Kombination ist

- **Beamer** (immer seltener Overheadprojektor) für die vorgefertigte Unterstützung; dazu kommen, wenn notwendig, der Videorekorder oder eventuell der Diaprojektor.
- **Flipchart oder Tafel** für spezielle Aussagen und Kommentare bzw. für die laufende Entwicklung von Beispielen.

(2) Die grafische Auflösung der Inhalte

Vermeiden Sie reine Textfolien. Besonders ungeeignet sind ganze Sätze (Ausnahme: Expertenzitate).

Versuchen Sie, die Inhalte grafisch aufzulösen. Dies gelingt in der Regel leichter, wenn Sie keine vorgefertigten Vorlagen aus „Powerpoint" verwenden. Die vorgefertigten Vorlagen führen zu einfallslosen und meist sehr „textlastigen" Folien.

Wählen Sie daher nur eine Vorlage für den Hintergrund und für die Überschrift aus und gestalten Sie den Rest selbst.

Kann man den Sachverhalt durch reale Bilder gut darstellen, kombinieren Sie ein reales Bild mit dem Text.

Beispiel 1 : Bild und Text

Mein Tipp ...

Sehen Sie sich Wirtschaftsnachrichten oder Informationssendungen im Fernsehen an. Sie werden bemerken, dass sehr viel Standbild, Grafik und zusätzlich geschriebener Text verwendet werden.

Versuchen Sie, den Inhalt auch dann grafisch aufzulösen, wenn es sich um abstrakte Informationen handelt, die durch reale Bilder nicht oder nur schwer unterstützt werden können.

Beachten Sie: Jede Folie sollte eine Überschrift haben (vgl. auch die Beispiele).

Beispiel 2: Grafische Auflösung von Texten

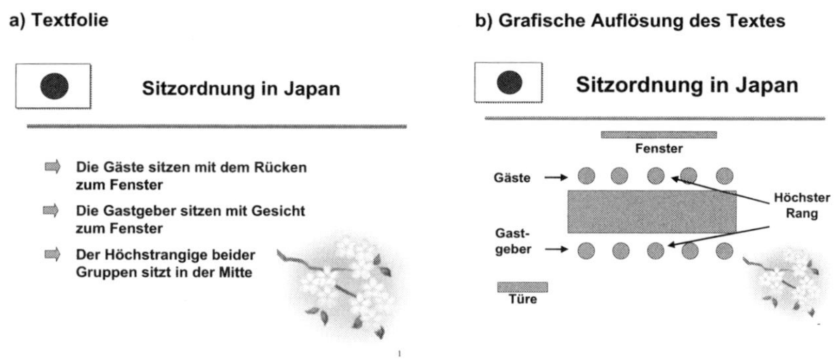

Wenn Sie Grafiken und eine vernünftige Schriftgröße verwenden (mindestens 18 Punkt), ist auch die Gefahr gering, dass Sie Folien überladen.

(3) Die grafische Unterstützung soll „selbsterklärend" sein

„Selbsterklärend" heißt, dass die Zuhörer die wesentlichen Sachverhalte nur mithilfe der Folien verstehen sollen.

In manchen Leitfäden wird zwar behauptet, „selbsterklärende grafische Unterstützungen" seien eine zu starke Konkurrenz für den Vortragenden. Folien sollten daher erst nach der Erklärung vom Zuhörer verstanden werden. Dazu jedoch folgende Gegenargumente:

- Sind Sie rhetorisch gut, ist die grafische Unterstützung keine Konkurrenz (vgl. etwa die Vorträge von Hans Rosling auf www.ted.com)
- Sind Sie rhetorisch schwach, werden Sie Ihre Botschaft auf keinen Fall durch Ihren Vortragsstil interessant gestalten können. Sorgen Sie daher zumindest für eine selbsterklärende grafische Unterstützung.

7.3 Zusammenfassende Hinweise zum Medieneinsatz

Da der Umfang dieses Beitrags beschränkt ist, werden die weiteren Hinweise zum Medieneinsatz nur kurz zusammengefasst.

- **Planen Sie den Medieneinsatz zielorientiert.**
  - **Video** für Bewegung und kommunikative Situationen

  - **Dia und Beamer** für Farben und wirklichkeitsgetreue Bilder
  - **Overheadprojektor und Beamer** für Strukturen, abstrakte Zusammenhänge und Texte.
  - **Tafel und Flipchart** für laufende Anmerkungen.
- **Setzen Sie zu Beginn und Ende Ihrer Präsentation besondere optische Schwerpunkte.**
- **Zweimedienkonzept**
  - **Verwenden Sie zwei Medien.** Eines für die vorgefertigte visuelle Unterstützung (Beamer, Dia, Video) und eines, dass Sie parallel zum Vortrag beschreiben können (Flipchart, Tafel).
- **Kontrollieren Sie die Medien vor Ihrem Vortrag.**
  - **Stellen Sie Ersatz bereit.**
- **Beamer und Overheadprojektor**
  - **Foliengestaltung**
    - Texte grafisch auflösen.
    - Folien mit Überschrift versehen.
    - Nicht zu viele Folien (etwa 1 Folie pro 2 Minuten als Obergrenze; bei Kurzvorträgen dürfen es etwas mehr sein).
    - Folie nicht überlasten (auf Papier ausdrucken und aus 2 m Entfernung betrachten).
    - Fettschrift, mindestens 18 Punkt, ohne Serifen, nicht nur Großbuchstaben.
    - Folienhintergrund eher hell als dunkel.
    - Schriftfarbe eher dunkel als hell.
    - Kontraste in Realsituation prüfen. Farben und Kontraste in der Projektion entsprechen häufig nicht dem Bild am Bildschirm.
  - **Folienanimation bei Beamerprojektion**
    - Animation nicht übertreiben (z.B. Zeilen nicht einzeln einlaufen lassen, Folienwechsel nicht mit Geräuschen unterlegen).
    - Animation an der Sprechdauer orientieren (reine Aufzählungen nicht animieren).
  - **Handout mit Foliennummerierung**
    - Handout für Teilnehmer vorbereiten.
    - Folien nummerieren (man kann dann bei Diskussionen sofort darauf Bezug nehmen).
    - Am Computer können Folien direkt angesteuert werden (Foliennummer, Enter).
  - **Zeigen bei der Projektion beim Beamer:**
    - Mit dem (vergrößerten) Cursorpfeil.
    - In die Folien animierte Pfeile einbauen.
    - Direkt auf der Projektionswand (offene Hand, nicht mit dem Rücken zu den Zuhörern) – erhöht Dynamik.
  - **Zeigen bei der Projektion beim Overheadprojektor**
    - Direkt auf dem Overheadprojektor (Bleistift, Zeigehilfe auflegen).

  - Auf der Projektionsleinwand.
  - Vermeiden Sie Zeigestöcke.
  - Vermeiden Sie die Text/Bildschere, d.h. drehen Sie die Projektion ab, wenn Sie nicht über die projizierten Inhalte reden. (Taste B am Computer, Abdecken der Projektionsfläche mit einem Stück Karton beim Overheadprojektor.)
- **Flipchart**
  - Eher als Tafelersatz verwenden als für vorgefertigte Flipcharts.
  - Vor allem geeignet für die Gruppenergebnisse der Teilnehmer.
  - Bei großen Räumen ungeeignet.
- **Tafel**
  - Als Zweitmedium gut geeignet.
- **Stifte**
  - **Flipchartstifte:** sind dick und nicht löschbar
  - **Stifte für weiße Emailtafeln:** müssen wasserlöslich sein
  - **Overheadstifte:** sind dünn und sollten wasserunlöslich sein
- **Video**
  - **Voraussetzungen prüfen**: System, Bildgröße, Abdunklung bei Großbildprojektion in großen Räumen mit Sonneneinstrahlung.
  - **Lange Sequenzen vermeiden** – vor allem im abgedunkelten Räumen.
  - **Arbeitsanweisungen** vor dem Abspielen erteilen.
- **Dia**
  - Vor allem geeignet, wenn Farbbrillanz und naturgetreue Bilder erforderlich sind.
- **Zahlenangaben und grafische Darstellung**
  - **Nur grobe Angaben** (Details gehören in die Unterlage).
  - **Vergleiche verwenden.**
  - **Richtige grafische Unterstützung wählen:**
    - Kreisdarstellungen für Gliederungszahlen
    - Säulendarstellungen für Beziehungszahlen
    - Liniendarstellungen für Indexzahlen
  - **Grafik aussagekräftig gestalten.**
    - Bedeutung in der Überschrift eindeutig klären.
    - Bestandteile der Grafik extra bezeichnen.
    - Linien und Flächen direkt bezeichnen (Achtung auf Überlastung).
    - 3D-Darstellungen sparsam verwenden.

Problemstellungen zur Präsentationstechnik

1. Vortragseinstieg, Vortragsende

1.1 Welche zwei Funktionen soll ein Vortragseinstieg erfüllen?

1.2 Welche unterschiedlichen Funktionen erfüllt das Vortragsende bei Informationspräsentationen und bei Überzeugungspräsentationen?

2. Verständlichkeit und Motivation

Durch welche Vortragselemente werden sowohl Verständlichkeit als auch die Motivation der Zuhörer und Zuhörerinnen verbessert?

3. Unterschiedliche Vorkenntnisse der Zuhörerinnen und Zuhörer

Sie fürchten, dass einige Ihrer Zuhörerinnen und Zuhörer unzureichende Vorkenntnisse haben, um Ihrer Darstellung zur Preissicherung des Rohstoffbezuges durch Termingeschäfte folgen zu können. Andererseits vermuten Sie, dass die Mehrheit sehr genau weiß, wie solche Geschäfte abgewickelt werden.
Beschreiben Sie Möglichkeiten, wie sie diese Situation berücksichtigen können, wenn es sich

a) nur um einen Vortrag von ca. 30-40 Minuten
b) um einen Workshop von einem halben Tag

handelt.

4. Grafische Unterstützung

Wie beurteilen Sie die folgenden Aussagen? Begründen Sie Ihre Antworten.

4.1 Wer gut Geschichten erzählen kann, braucht keine grafische Unterstützung.

4.2 Bei Überzeugungsvorträgen ist die grafische Unterstützung weniger wichtig als bei Informationsvorträgen.

4.3 Je mehr grafische Unterstützung verwendet wird, desto besser werden die Informationen von den Zuhörern verstanden.

4.4 Reales Bild ist immer besser geeignet als Grafik oder Tabellen.

5. Vortragsgestaltung und Vortragsunterlagen

Sie arbeiten in einem Unternehmen, das Solarheizsysteme entwickelt und verkauft.
Ihr Vorgesetzter leitet die Abteilung Forschung und Entwicklung und ist Mitglied des Vorstandes. Er will in der nächsten Vorstandssitzung, die um alle Abteilungsleiter erweitert werden soll, drei neue Produkte zur optimalen Steuerung von Solarheizungen vorstellen, deren Entwicklung soeben abgeschlossen wurde. Er macht die folgenden Vorschläge. Überlegen Sie, warum diese Vorschläge nicht optimal sind und wie sie verbessert werden könnten.

5.1 Es liegen gut bebilderte Illustrationen zur Entwicklung mit ausführlichen technischen Daten und exakten Kostenaufstellungen im Umfang von ca. 80 Seiten vor.

a) Ihr Chef schlägt vor, einige Exemplare dieser Unterlagen während seines Vortrags durch die Reihen gehen zu lassen.

b) Eine Alternative wäre es, die Unterlagen erst nach dem Vortrag durch die Reihen gehen zu lassen.

5.2 Ihr Chef beabsichtigt, zu Beginn des Vortrags festzulegen, dass Fragen erst am Ende des Vortrags gestellt werden sollen, da er fürchtet, dass die vielen Nichttechniker zu viele Detailfragen stellen.

Fallstudien zu Präsentationsentwürfen

1. Rahmenthema „Textilproduktion in Entwicklungsländern"

Verwenden Sie die folgenden Daten:

Vom Gesamtpreis einer in einem Entwicklungsland gefertigten Jeans sind lediglich 1 % Arbeitskosten, 50 % Einzelhandel und Mehrwertsteuer, 25 % Markenname inklusive Verwaltung und Werbung, 13 % Material und Gewinn der Fabrik im Billiglohnland und 11 % Transport und Importabgaben.

Die vorhandenen gesetzlichen Vorschriften für Arbeitszeit und Lohn werden von 90 % der Produktionsstätten in den Entwicklungsländern nicht eingehalten. Die Mindestlöhne betragen rund 70 Euro pro Monat, die monatlichen Überstunden sind etwa siebenmal höher als erlaubt.

Natürlich können Sie weitere Informationen im Internet suchen.

1.1 Gestalten Sie eine Überzeugungspräsentation, in der Sie für Textilprodukte werben, die unter fairen Bedingungen produziert werden.

1.2 Verwenden Sie die Daten, um das Management des Markenartiklers über mögliche Kostensenkungsmaßnahmen zu informieren. Gleichzeitig wollen Sie über Werbemaßnahmen informieren, die auf eine Verbesserung der Arbeitsbedingungen Bezug nehmen.

2. Rahmenthema Elektroauto

Versuchen Sie, das Thema unter verschiedenen Gesichtspunkten aufzubereiten:

(Im Internet finden Sie zahlreiche Quellen. Wenn Sie nur unter „Elektroautos" suchen, sind die Aussagen meist positiv, wenn Sie unter „Zulassungszahlen Elektroautos" suchen, finden Sie viel Kritisches). Überlegen Sie, welche Bilder, Zahlen und Grafiken Sie zur Unterstützung verwenden.

2.1 Eine faire Information, die die Vor- und Nachteile von Autos mit Verbrennungsmotoren und mit Elektromotoren darstellt und die Chancen alternativer Lösungen, vor allem von Hybridmodellen (wie sie Toyota forciert) und von Autos mit Brennstoffzellen, abzuschätzen versucht.

2.2 Eine Überzeugungspräsentation, die skeptische Nutzerinnen und Nutzer von den Vorteilen des Elektroautos überzeugen soll. Vergessen Sie nicht, auch kritische Einwände, wie geringe Reichweite, hohe Batteriekosten, höherer Preis, vorwegzunehmen.

2.3 Eine Überzeugungspräsentation, die eher die langfristige Chancenlosigkeit des reinen Elektroautos belegt und die Vorteile alternativer Konzepte – Hybridantrieb bzw. Brennstoffzelle – in den Vordergrund stellt.

8. Literatur

Ganz, G. (2010): Neu präsentieren: Begeistern und überzeugen mit den Erfolgsmethoden der Werbung. Campus.

Hartmann, M., Funk, R. & Nietmann, H. (2012): Präsentationen zielgerichtet und adressatenorientiert. beltz.

Hierhold, E. (2005): Sicher präsentieren, wirksamer vortragen. Redline.

Pachlinger, I. (2004): Das Wiener Verständlichkeitsmodell. unv. Diss. WU Wien.

Reynolds, G. (2005): Naked Presenter. Wirkungsvoll präsentieren – mit und ohne Folien. Addison-Wesley.

Schneider, W. (1995): Informieren, Motivieren. Manz.

Schneider, W. (1999): Forschung und Entwicklung an der Abteilung für Wirtschaftspädagogik. In: Schneider, W. (Hrsg.): Betriebswirtschaftliche Forschung an der Wirtschaftsuniversität Wien. Ueberreuter.

Skipwitz, Th. (2009): Die packende betriebsinterne Präsentation. Books on Demand.

Kapitel 7

Konflikte verstehen und aktiv gestalten

Monika Heinrich & Ilse Pachlinger

1. Konflikte – eine kostbare Angelegenheit

Konflikte kosten Unternehmen eine Menge Geld. Können die externen Kosten z.B. für Rechtsberatung, Entschädigungen oder Gerichtsentscheide meist beziffert werden, bleibt die Höhe interner Kosten, die durch Konflikte direkt oder indirekt ausgelöst werden, wie z.B. innere Kündigung, Demotivation oder ausbleibende Aufträge, im Allgemeinen unklar. Die Schätzungen und wenigen empirischen Ergebnisse (vgl. Exenberger et al. 2006 und KPMG 2009) reichen von ca. € 600,– pro Mitarbeiter/in und Jahr bis hin zu mehr als € 500.000,– für gescheiterte Projekte. Von Mobbing, einer besonderen, eskalierten Konfliktform, sind in Österreich ca. 300.000 Menschen betroffen, und man kann von einem Schaden von 1,2 Milliarden Euro pro Jahr ausgehen (Fuchs & Huber 2009, S. 13; Kolodej 2005).

Potenzial für Konflikte liegt in buchstäblich *allem*, und unbedeutende Kleinigkeiten können das sprichwörtliche Fass zum Überlaufen bringen. Der Konflikt zeigt sich häufig als sichtbare Spitze eines Eisbergs aus Bedürfnissen, Wünschen, Interessen, Werten, Zielen, Gefühlen und Strukturen:

Abbildung 1: Eisbergmodell der Kommunikation

Worum es in einem konkreten Konflikt wirklich geht, ist oft nicht leicht zu eruieren. Und je länger ein Konfliktgeschehen andauert, desto aussichtsloser ist es meist, zurückzublicken und festzustellen, was der Auslöser war (vgl. dazu die in Buchkapitel 3 thematisierten Axiome lt. Watzlawick).

Im Konflikt („confligere" – zusammenstoßen) prallen unterschiedliche oder gar gegensätzliche Bedürfnisse aneinander, die nicht alle gleichzeitig realisierbar sind und nach einer Maßnahme verlangen, sofern man aufeinander angewiesen ist. Zu wissen, wie Konflikte *funktionieren* und was man in Konflikten tun kann, ist also mit Sicherheit lohnend, denn ein Leben ohne Konflikte wäre ein Leben ohne Bedürfnisse oder ohne gemeinsam zu erreichende Ziele. Daher sind die zentralen Fragen dieses Kapitels:

- Was ist ein Konflikt?
- Wie können wir uns im komplexen Konfliktgewirr zurechtfinden?
- Was können wir konkret tun, damit Konflikte ihre potenziell wertschöpfende Kraft entfalten können?
- Was macht unsere Konfliktfähigkeit – als soziale Kompetenz – aus?

Da jede/r die eigene individuelle Verantwortung für eine konstruktive Konfliktgestaltung erkennen – und „wahr-nehmen" – sollte, liegt der Fokus in diesem Beitrag auf der individuellen Ebene, die hier nur ergänzt werden kann um situative (z.B. organisationale) Aspekte (siehe dazu z.B. Kieser 1983a,b; Kreyenberg 2004; Regnet 2001).

Die Standortbestimmung im Konflikt erscheint meist logisch, die vorgeschlagenen Methoden und Instrumente zur Konfliktbearbeitung sind aus dem Bereich Kommunikation bereits bekannt, und ihr Einsatz scheint selbstverständlich (natürlich ist „gewaltfreie Kommunikation" im Konfliktfall hilfreicher als Du-Botschaften), es kommt daher in der theoretischen Auseinandersetzung mit dem Thema Konflikt eher selten zu „AHA-Effekten". Auf der anderen Seite sind wir in privaten und betrieblichen Konfliktsituationen oft nicht in der Lage unser Wissen auch umzusetzen. „Konfliktmanagement" ist anscheinend doch komplexer als auf den ersten Blick sichtbar. Dieser Beitrag soll helfen, die Komplexität dieses Themenbereichs zu reduzieren, auch mithilfe des folgenden Beispiels, das in weiterer Folge anhand von Fragestellungen immer wieder kurz aufgegriffen werden wird. Anregungen für die Beantwortung der aufgeworfenen Fragen finden sich im Anhang.

Fall Grabner Consult GmbH:
Robert Reiterer und Kerstin Führlinger sind Mitarbeiter/innen der Grabner Consult GmbH, die sich mit der Optimierung von Produktionsabläufen beschäftigt. Seit einem halben Jahr arbeiten sie in einem Projektteam zusammen, das Frau Führlinger leitet. Bei der Zusammenstellung des Teams wurde Frau Führlinger die Leitung übertragen, weil sie als langjährige Mitarbeiterin über mehr Erfahrung mit Projekten dieser Art verfügt, obwohl Herr Reiterer eine inhaltlich einschlägige Ausbildung absolviert hat.
Seit Beginn des Projekts gibt es Schwierigkeiten bei der Zusammenarbeit der beiden, sowohl die Art der Projektleitung als auch inhaltliche

Fragen betreffend. Die zwölf Mitarbeiter/innen werden immer wieder im Rahmen von Arbeitssitzungen oder auch informellen Treffen in den Konflikt miteinbezogen. Nachdem Herr Reiterer der Meinung ist, dass er mehr von Produktionsabläufen versteht, hat er bereits zweimal Adaptionen des Projektablaufs direkt mit dem Kunden beschlossen, ohne dies mit Frau Führlinger abzustimmen. Frau Führlinger ihrerseits hat einen zusätzlichen Fachmann ins Projektteam geholt, um die inhaltliche Vormachtstellung von Herrn Reiterer einzuschränken.

Wie beurteilen Sie spontan die Situation? Liegt tatsächlich ein Konflikt vor? Wenn ja, zwischen wem? Worum? Wie gravierend ist er? Sollte etwas unternommen werden? Wenn ja, was? Mit welchen voraussichtlichen Konsequenzen?

Damit sind schon wesentliche Fragen zur Standortbestimmung im Rahmen eines aktiven Konfliktmanagements aufgeworfen.

2. Standortbestimmung im Konflikt

In diesem Kapitel wird der Frage nachgegangen, ob ein (sozialer) Konflikt besteht und, wenn ja, um welche Art von Konflikt es sich handelt (innerer – äußerer, Sach- oder Beziehungskonflikt, Ziel-, Beurteilungs- oder Verteilungskonflikt, heißer – kalter Konflikt). In diesem Beitrag werden die angeführten Konfliktarten näher erläutert, eine differenzierte Beschreibung weiterer Arten findet sich besonders bei Schwarz (2003).

2.1 Konflikt – ja oder nein?

Grundsätzlich kann unterschieden werden zwischen persönlichen (in der Person selbst gelegenen) Konflikten, strukturellen (durch den organisatorischen Aufbau bedingten) Konflikten und sozialen Konflikten, die im vorliegenden Artikel im Mittelpunkt stehen (Schmidt 2011, S. 64f.).

Was ist ein sozialer Konflikt?

Strebt man eine Definition von Konflikt an, um festzustellen, ob es sich nur um eine Meinungsverschiedenheit handelt, die mit einer knappen Erklärung oder einer Entschuldigung aus der Welt geschaffen werden kann, oder ob wirklich ein Konflikt vorliegt, landet man unweigerlich bei der Definition von Glasl, der das gegensätzliche Wollen oder Tun und die Abhängigkeit der Konfliktparteien hervorhebt: Ein „Sozialer Konflikt ist eine Interaktion zwischen Aktoren (Individuen, Gruppen, Organisationen usw.) wobei wenigstens ein Aktor eine Differenz bzw. Unvereinbarkeiten im Wahrnehmen und im Denken bzw. Vorstellen und im Fühlen und im Wollen mit dem anderen Aktor (den anderen Aktoren) in der Art erlebt, dass beim Verwirklichen dessen, was der Aktor denkt, fühlt oder will eine Beeinträchtigung durch einen anderen Aktor (die anderen Aktoren) erfolge" (Glasl 2004, S. 17).

I. Handelt es sich im Fall „Grabner Consult GmbH" um einen sozialen Konflikt?

„Das Erreichen des Ziels des einen steht dem Erreichen des Ziels des anderen (wenn auch nur scheinbar, Anm. d. Verf.) im Weg. Die Beziehung zu einem Ziel ist zu einer Beziehung zu einem anderen geworden. (...) Konflikte berühren alles in uns: unsere Gefühle, Gedanken und noch mehr." (Galtung 2007, S. 17f.)

Bevor nun Maßnahmen zur Konfliktgestaltung gesetzt werden, sollte der Konflikt analysiert werden, wobei vor allem die folgenden Aspekte betrachtet werden sollten: der Konfliktgegenstand (um zu erkennen, wie wahrscheinlich eine konstruktive Lösung ist), die Konfliktparteien (um klar zu sehen, mit wem man es zu tun hat) und der Konfliktverlauf (um festzustellen, ob man professionelle Unterstützung von Dritten benötigt). Für Schulz (2006, S. 16f.) ist übrigens eines der Erkennungsmerkmale eines Konflikts, dass die Beteiligten den Konflikt nicht mehr genau darstellen können. Ein Grund mehr, sich intensiv mit der Konfliktanalyse zu beschäftigen.

2.2 WAS – Der Konfliktgegenstand

Den **Konfliktgegenstand** erkannt zu haben und benennen zu können, ist ein wesentlicher Schritt zur Erhöhung der Wahrscheinlichkeit, das richtige Problem zu bearbeiten (Rahim 2002, S. 214).

Wie Watzlawick und darauf aufbauend Schulz von Thun (vgl. Buchkapitel 3) festgestellt haben, trägt jede Aussage neben der Inhalts- auch eine Beziehungsseite in sich. Auf Konflikte umgelegt bedeutet dies, dass jeder Konflikt immer auch die Beziehungsebene enthält bzw. berührt.

Während in Konflikten auf der ersten Eskalationsstufe (siehe Kap. 2.4.3 in diesem Beitrag) noch die Sachthemen, Forderungen und Vereinbarungen im Mittelpunkt stehen („Sachkonflikt") und die Beziehungsebene als intakt gelten kann, treten im weiteren Verlauf zunehmend feindseligere Verhaltensweisen auf und die Beziehung selbst wird zum Gegenstand und gewinnt an Bedeutung („Beziehungskonflikt"). Bei Unsicherheit, ob die Sache oder die Beziehung im Mittelpunkt des Konflikts steht, kann die Überlegung helfen, ob der Konflikt mit einer anderen – positiv oder neutral beurteilten – Person gleich verlaufen würde (Nitsche 2009, S. 27).

Diese Erkenntnis hat einen massiven Einfluss auf die Konfliktbearbeitung, weil die Klärung von Beziehungskonflikten eines speziellen Zugangs bedarf, wie auch Berkel (2011, S. 83) feststellt: „Sachkonflikte kann man (wie Probleme) lösen. Beziehungskonflikte sind (nur) zu heilen."

Ziel-, Beurteilungs-, Verteilungskonflikt

Bei Sachkonflikten geht es im Grunde darum, was erreicht werden soll (= Zielkonflikt), mit welchen Mitteln ein Ziel erreicht werden soll (= Beurteilungskonflikt) oder wer ein knappes Gut erhalten soll (= Verteilungskonflikt). Sie sind damit typisch für betriebliche Aufgaben.

Von einem **Zielkonflikt** spricht man dann, wenn zwei oder mehrere Parteien unterschiedliche Ziele realisieren wollen und sich z.B. im Arbeitsumfeld einigen müssen. Klassische Zielkonflikte kommen beispielsweise zwischen Innen- und Außendienst vor: Der Außendienst soll einen möglichst hohen Umsatz erzielen, der Innendienst aber dafür sorgen, dass Ausgaben und Risiken möglichst niedrig gehalten werden (Schmidt 2011, S. 65). Hilfreich kann hier das Harvard-Konzept sein, das hilft, das gemeinsame, übergeordnete Interesse zu eruieren.

Um vieles tiefer geht der Konflikt, wenn auch die Werte der Parteien betroffen sind – ihre „Vorstellungen darüber, was richtig und wichtig bzw. falsch und unwichtig ist. Kulturelle Werte und individuelle Wertorientierungen sind die Grundlage unseres Urteilsvermögens und steuern unser Verhalten auch unmittelbar – ohne dass wir lange nachdenken müssen. Alles was wir wahrnehmen, wird bewusst oder unbewusst an unseren Wertorientierungen gemessen. Dort wo sie in Frage gestellt werden, reagieren Menschen und soziale Systeme extrem sensibel und Konflikte können sich besonders verhärten, weil von den eigenen Werten abzurücken bedeuten würde, von etwas persönlich Wichtigem, Fundamentalem Abstand zu nehmen und sich dadurch selbst in Frage zu stellen. (Beispiele: Gerechtigkeit, Sparsamkeit, Toleranz, Zuverlässigkeit, religiöse Werte etc.)" (Heinrich & Schmidt 2009, S. 153).

Auch wenn die Parteien über das Ziel einig sind, können die möglichen Wege bzw. Mittel zur Zielerreichung unterschiedlich bewertet werden. In einem **Beurteilungskonflikt** werden die Effektivität und Auswirkungen der differierenden Vorgehensweisen von den Konfliktparteien *unterschiedlich* eingeschätzt (Kreyenberg 2004, S. 27f.). Häufig basieren Beurteilungskonflikte auf einer ungleichen Informationslage der Beteiligten.

In vielen Situationen sind die zur Verfügung stehenden Ressourcen beschränkt, und es stellt sich damit die Frage, wer ein solch knappes Gut erhält. Kann z.B. bei Freiwerden einer Projektleitung nur eine Person befördert werden, spricht man von einem **Verteilungskonflikt**.

II. Um welche Art von Konflikt handelt es sich bei der Grabner Consult GmbH?

2.3 WER – Die Konfliktparteien

Nach der Klärung, ob es sich überhaupt um einen sozialen Konflikt handelt und, wenn ja, um welche Art, ist es wichtig, folgende Fragen zu beantworten: Wer ist beteiligt? Welche Interessen haben die Parteien, welche Emotionen? Welche Ressourcen? Wie stehe ich selbst zu den Parteien? Handelt es sich um einen intra- oder einen interpersonalen Konflikt?

Konflikte *in* einer Person, intrapersonale Konflikte, sind von jenen *zwischen* Personen oder sozialen Systemen, den interpersonalen („sozialen") Konflikten, zu unterscheiden. Im Arbeitsleben ist für Erstere speziell an Rollenkonflikte, wie sie z.B. durch Beförderungen entstehen können, zu denken (wenn bspw. jemand vom Kollegen zum Chef wird und nun im Zwiespalt („Konflikt") ist, wie er sich nun den ehemaligen Kolleg/inn/en gegenüber verhalten soll, wie er seine neue Rolle ausüben soll). Je besser man sich selbst kennt, je gefestigter man ist und je besser man seine intrapersonalen Konflikte ausbalancieren kann, desto stabiler ist auch die Grundlage, in interpersonalen Konflikten kompetent agieren zu können und sich nicht unnötig zu verstricken.

Im Rahmen der Analyse von sozialen Konflikten ist es daher wichtig, sich selbst in die Analyse miteinzubeziehen und darauf zu achten, welchen Anteil man selbst am Konflikt hat. Bin ich überhaupt beteiligt, oder *„gehört* der Konflikt den anderen" (Herzlieb 2006)?

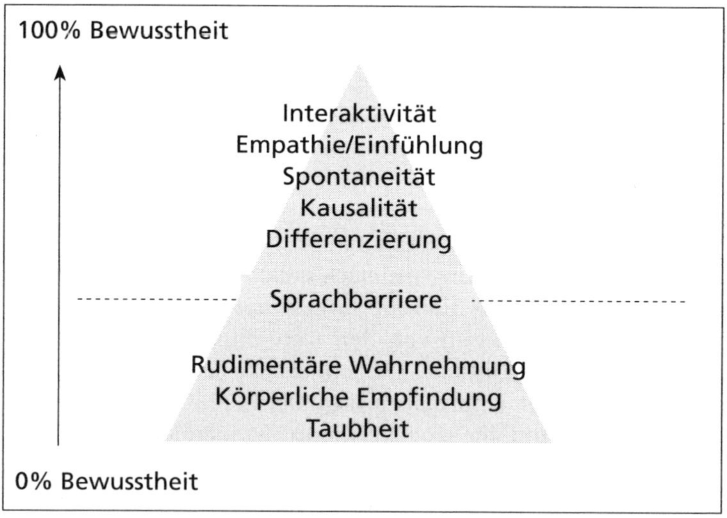

Abb. 2: Emotionalität und Bewusstheit

Jede Konfliktsituation löst Gefühle aus, am häufigsten wohl Ärger, Wut, Zorn. „Konfliktbewältigung fällt leichter, wenn einer Person bewusst ist, dass Reizeindrücke nicht nur von außen, sondern auch von innen kommen" (Berkel 1999, S. 26). Hat man die Kausalität, also den Ursprung unserer Gefühle (nämlich Bedürfnisse) begriffen, ist man als Mensch auf der

Skala der emotionalen Bewusstheit schon recht fortgeschritten, wie Abb. 2 (Steiner 1997, S. 50, zit. in Kreyenberg 2004, S. 299) zeigt.

Manche Menschen verspüren keinerlei Gefühle oder Empfindungen (sie sind „emotional taub"). Im nächsten Stadium werden zwar körperliche Empfindungen (z.B. Herzklopfen) empfunden, nicht aber Gefühle, die – impulsive, verletzliche oder depressive – Menschen nur als diffus verstörendes Energiepotenzial bemerken. Erst ab der Sprachbarriere, die den Übergang zur Bewusstheit und damit zu einem bewussten Umgang mit Gefühlen markiert, können Gefühle ausgedrückt und auch in ihrer Intensität differenziert wahrgenommen werden. Haben wir die Beschaffenheit unserer Gefühle kennengelernt, gelingt es uns, sie auch in ihrem Ursprung zu begreifen und in der Folge ihren echten, spontanen Ausdruck nicht mehr mit Impulsivität (von außen kommend) zu verwechseln. Intuition für die Gefühle anderer zu entwickeln und in der Interaktivität die Wechselwirkungen eigener und fremder Gefühle zu erkennen, beschließt die Skala. Sich der eigenen Emotionen bewusst zu sein, ist also ein erster Schritt, um in weiterer Folge die dahinter liegenden Bedürfnisse ausdrücken bzw. bei anderen erkennen zu können und eigene Anliegen annehmbar formulieren zu können. Wertvolle Impulse für den Schritt des Formulierens lassen sich aus dem Modell der gewaltfreien Kommunikation (Rosenberg 2005) ableiten.

III. Wer ist in der Grabner Consult GmbH am Konflikt beteiligt?

2.4 WIE – Die Konfliktgeschichte

Soziale Konflikte sind Situationen, in denen für mindestens zwei aufeinander angewiesene Parteien mit unterschiedlichen Verhaltenstendenzen ein gewisser Druck besteht, sich zu einigen. Wird die „Verhandlung" um diese Unterschiede nicht in wertschätzender Form ausgetragen (vgl. das in Buchkapitel 8 behandelte Harvard-Konzept), sodass die Beziehungsebene intakt bleibt, mündet die Interaktion in einen Beziehungskonflikt.

2.4.1 Wie entsteht ein Konflikt?

Die Bedeutung des Konfliktpotenzials von Beziehungen „beruht auf dem Grundbedürfnis des Menschen von anderen akzeptiert und anerkannt zu werden" (Rüttinger/Sauer 2000, S. 24). Wenn uns zum Beispiel jemand sagt: „Warum hast du das nicht ordentlich erledigt?" **nehmen** wir Kritik **wahr** (d. h., wir nehmen eine Wortmeldung wahr, definieren diese Worte für uns und nehmen eine je nach Kontext und individueller momentaner Befindlichkeit unterschiedliche, i.d.R. aber blitzschnelle Interpretation vor, z.B. Kritik). Dann ist das Für-wahr-Genommene Impuls dafür,

- dass wir **Gefühle** entwickeln → wir ärgern uns, wir fürchten uns, wir freuen uns etc.,

- dass wir **Gedanken** formen → vielleicht fällen wir schnell ein abwertendes Urteil auf der Beziehungsebene (z.B. „ahnungsloser Pedant"),
- und dass wir ein bestimmtes **Wollen** entwickeln → wir würden uns am liebsten lautstark verteidigen, tätlich werden oder wortlos den Raum verlassen etc.

Diese inneren Prozesse werden für unser Gegenüber in unserem **Verhalten** deutlich wenn wir uns tatsächlich verteidigen, selbst den anderen oder die andere kritisieren, wenn wir uns verschließen etc. Abbildung 3 veranschaulicht diesen Vorgang:

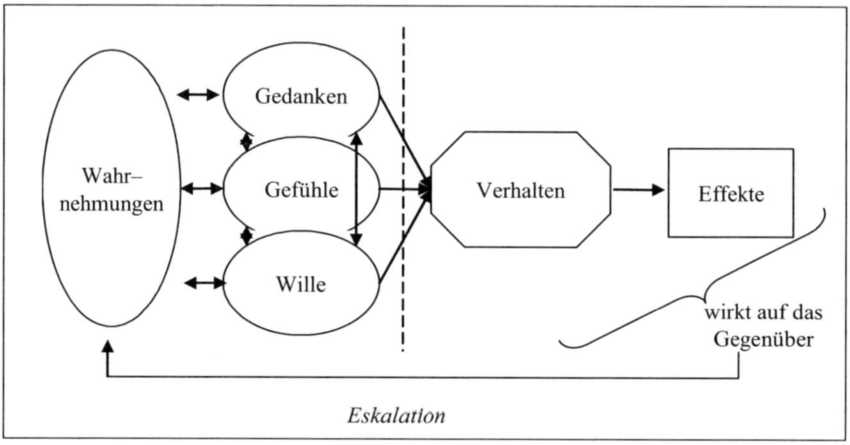

Abbildung 3: Wirkung von sozialen Konflikten (Glasl 2004, S. 39f.)

Dieses Verhalten wird wahrgenommen, interpretiert und hat wiederum bestimmte, nicht vorhersehbare Effekte beim Gegenüber (Gefühle, Gedanken, Wollen), die sich wieder im Verhalten zeigen und so weiter und so fort und in ihrer Wirkung in die Eskalation führen *können*. Konflikte können also nach und nach intensiver werden und alle in den Abgrund ziehen, weil es in einer negativen Dynamik in Konflikten zu gravierenden Beeinträchtigungen in unserer Wahrnehmung, im Fühlen, Denken und Wollen und im Verhalten kommt (vgl. Glasl 2002; 2004, S. 41f.):

- **Selektive und gefilterte Aufmerksamkeit**: Wir nehmen zunehmend nur mehr wahr, was wir wahrnehmen wollen, was in die eigenen Konstrukte passt: dass z.B. der Gegner zu manipulieren versucht, übersehen dies aber an uns selber: „Wenn der Konflikt erheblich eskaliert, dann polarisieren sich die Selbst- und Fremdbilder so weit, dass wir dem Gegner schwere moralische Mängel zuschreiben und wir uns als Vertreter des Guten sehen. (...) In Wahrheit kämpfen gar nicht die beiden Parteien gegeneinander, sondern das Bild, das sich A von B gemacht hat, kämpft gegen das Bild, das sich B von A geschaffen hat" (Glasl 2004, S. 42).

- **Kognitive Kurzsichtigkeit**: Unsere Wahrnehmung wird im Konfliktverlauf enger und unser Denken kurzfristiger. Konfliktgegenstände oder positive Verhaltensweisen des Gegenübers werden nicht mehr differenziert wahrgenommen.
- **Sozialer Autismus**: Auf der Ebene der Gefühle resultiert aus der Unsicherheit, was denn das Gegenüber wohl im Schilde führt, anfangs zwar eine erhöhte Sensibilität im Empfinden von Sympathien und Antipathien, von Nähe und Distanz. Im Konfliktverlauf kommt es jedoch zur äußeren Verhärtung, bei gesteigerter innerer Empfindlichkeit. „Es breitet sich unter dem Panzer der Unempfindlichkeit eine tödliche Gefühlskälte aus. Dadurch verlieren wir als Konfliktparteien die Beziehungen zueinander. (...) Gefühle helfen uns nicht mehr, zum Innenleben des anderen zu finden, um auf diese Weise miterleben und wahrnehmen zu können, sondern wir verlieren die Fähigkeit der Empathie, d.h. des Einfühlungsvermögens." (Glasl 2004, S. 43) Auch die Fähigkeit zu rationalem Denken und vernünftiger Argumentation geht stufenweise verloren.
- **Radikalisierung und Fixierung**: Wir erleben im Konflikt in der Realisierung unserer Ziele und Vorhaben eine Beeinträchtigung durch die andere Konfliktpartei. Bereits nach kurzer Zeit wird sich die Frage stellen, ob wir nachgeben und uns zurückziehen oder ob wir „jetzt erst recht" entschlossen sind, unseren Willen durchzusetzen. Über kurz oder lang werden die Mittel mit den Zielen gleichgesetzt. Es geht also dann z.B. nicht mehr darum, *dass* sich jemand entschuldigt, sondern die Art und Weise, *wie* das geschehen soll, tritt in den Vordergrund und wird zum Streitpunkt. Auch steigt die Wahrscheinlichkeit, dass wir Verhaltensweisen zeigen, die uns als Jugendliche oder als Kleinkinder weiterhalfen, wenn wir nicht bekamen, was wir wollten, und wir beharren justament auf Dingen, die wir dann so eigentlich nicht wollten. Ein Tiefpunkt ist erreicht, wenn wir nur mehr *wollen*, dass der Gegner oder die Gegnerin zerstört wird, auch wenn wir selbst untergehen. Kein Preis scheint zu hoch. Ein reifer, erwachsener Mensch im Vollbesitz seiner geistigen und seelischen Kräfte agiert jedenfalls anders.
- **Verarmung im Verhalten**: Der Nuancenreichtum, der es uns normalerweise ermöglicht, unsere Anliegen verbal und nonverbal treffend auszudrücken, schwindet massiv und wird ersetzt durch stereotype Verhaltensweisen und Wiederholungen. Dies ist problematisch, da diese Vereinfachung einhergeht mit einengender Wahrnehmung durch das Gegenüber und sich daher verstärkt. Authentisch-konstruktive Kommunikation, wie sie gerade im Konflikt so hilfreich wäre, scheint unmöglich.
- **Zunehmender Realitätsverlust**: Wir nehmen im Konfliktverlauf also nur mehr bestimmte Dinge wahr, können uns nicht mehr in andere einfühlen, es kommt zu affektiver Anreicherung und emotionaler

Aufladung, wobei die Fähigkeit zu rationalem Denken und vernünftiger Argumentation stufenweise verloren geht (Schwarz 2003, S. 39).

IV: Welche Auswirkungen werden die Wahrnehmungsbeeinträchtigungen im Fall der Grabner Consult GmbH vermutlich haben?

Diese Beeinträchtigungen hindern uns massiv an einer konstruktiven Gestaltung konfliktärer Situationen. Paul Watzlawick beschreibt sehr eindrucksvoll, wie das meiste an Reaktion eben *in* uns geschieht, oft nur minimal angeregt von außen und wir uns – selbsthypnotisch – quasi zu *Selbst*-Gefangenen unseres Innenlebens machen, unfähig, reale äußere Vorgänge wahrzunehmen: „Ein Mann will ein Bild aufhängen. Den Nagel hat er, nicht aber den Hammer. Der Nachbar hat einen. Also beschließt unser Mann, hinüberzugehen und ihn auszuborgen. Doch da kommt ihm ein Zweifel: Was, wenn der Nachbar mir den Hammer nicht leihen will? Gestern schon grüßte er mich nur so flüchtig. Vielleicht war er in Eile. Vielleicht hat er die Eile nur vorgeschützt, und er hat was gegen mich. Und was? Ich habe ihm nichts getan; der bildet sich da etwas ein. Wenn jemand von mir ein Werkzeug borgen wollte, ich gäbe es ihm sofort. Und warum er nicht? Wie kann man einem Mitmenschen einen so einfachen Gefallen abschlagen? Leute wie dieser Kerl vergiften einem das Leben. Und dann bildet er sich noch ein, ich sei auf ihn angewiesen. Bloß weil er einen Hammer hat. Jetzt reicht's mir wirklich. – Und so stürmt er hinüber, läutet, der Nachbar öffnet, doch bevor er Guten Tag sagen kann, schreit ihn unser Mann an: ‚Behalten Sie Ihren Hammer'." (Watzlawick 1992, S. 37f.)

2.4.2 Erscheinungsform: Heiße oder kalte Konflikte – wie erscheint ein Konflikt?

Konflikte können von ihrer Form her also unterschiedlich in Erscheinung treten: Es muss nicht immer turbulent zugehen, sondern es kann auch eine glatte, scheinbar unversehrte Oberfläche geben (Glasl 2004, S. 42):

- *Heiße Konflikte*: Bei heißen Konflikten sind die Parteien übermotiviert, erhitzen sich für ihre Ziele, halten sich für überlegen, suchen die direkte Konfrontation, wollen die andere Seite partout überzeugen, empfinden Regeln und Prozeduren als hinderlich, explodieren im Kontakt zueinander, versuchen, Anhänger/innen zu gewinnen. Aktivität steht im Vordergrund.
- *Kalte Konflikte*: Im Gegensatz dazu sind bei kalten Konflikten die Parteien voneinander enttäuscht, haben sich gegenseitig innerlich aufgegeben, zweifeln mitunter an sich selbst, behindern sich, wo sie nur können, äußern sich sarkastisch und zynisch über die Gegenpartei, empfinden tiefe Aversionen gegeneinander, gehen direktem Kontakt aus dem Weg und beziehen sich auf Regeln und Dienstwege. Passivität herrscht hier vor.

> Je asymmetrischer die Beziehung der Parteien ist – also bspw. bei großen Hierarchieunterschieden – desto geringer ist die Wahrscheinlichkeit eines heißen Konflikts, da die machtlosere Partei eine offene Konfrontation aus Angst vor negativen Konsequenzen der mächtigeren Partei vermeiden wird. Schwarz schreibt dazu sehr treffend: „Überall dort, wo asymmetrische Machtverhältnisse existieren, wird von denjenigen, die sich in der Untertanensituation befinden, alles, was ungerecht ist oder als ungerecht empfunden wird, aufgrund der Machtverhältnisse im Augenblick aber nicht geäußert werden kann, keineswegs vergessen, sondern auf eine Art ‚Seelenkonto' abgespeichert. (...) daher kommen plötzlich auch Dinge hoch, die mit dem aktuellen Konflikt nichts zu tun haben, außer dass sich die Machtverhältnisse umgekehrt haben." Und er hält weiter fest: „Ich glaube, dass es sich hier um eine allgemeine Gesetzmäßigkeit handelt." (Schwarz 2003, S. 79)

Aber wie kommt es zur Konflikteskalation? Wo haben wir die Chance, auszusteigen und das Blatt zu wenden?

2.4.3 Wie entwickelt sich ein Konflikt?

2.4.3.1 Ausweitung

Nicht immer wird so vehement zum Konflikt „eingeladen" wie in Watzlawicks Beispiel aus Kapitel 2.4.1, doch kann sich – immer in Abhängigkeit von unseren eigenen Reaktionen, unserem eigenen Verhalten – im Konfliktverlauf eine bestimmte Dynamik vollziehen: Konflikte weiten sich aus, ziehen andere hinein und werden immer komplexer. Neben persönlichen Merkmalen, die die Konfliktparteien heterogen sein lassen, wie bspw. Temperament, Fähigkeit und Bereitschaft, mit Unterschieden umzugehen, beeinflussen folgende *Treiber* die Eskalation:

- *Streitpunkte/Konfliktgegenstand*: Die eigenen Streitpunkte werden ausdifferenziert, immer mehr Aspekte und neue Streitpunkte einbezogen. Die Streitpunkte der Gegenpartei werden hingegen immer reduzierter wahrgenommen.
- *Personen/Konfliktparteien*: Immer mehr Personen werden in den Konflikt gezogen – der Schauplatz erweitert. Über die Gegenpartei wird pauschalierend geurteilt. Nicht mehr nur die „Tat" (also das Anliegen oder Ziel der anderen) ist schlecht, sondern auch die „Täter"!
- *Mittel/Ressourcen*: Der Gegenpartei werden weit schlechtere Absichten unterstellt, als zu beobachten ist. Aufgrunddessen wird (im)materiell aufgerüstet und die Gangart verschärft.

  Mit zunehmender Eskalation sind der eigenen, selbständigen Konfliktbearbeitung Grenzen gesetzt, wie die von Glasl entdeckten Eskalationsstufen (nach: Glasl 2002, S. 94f., Glasl 2004, S. 303f.; Höher & Höher 2002, S. 72; Kreyenberg 2004, S. 90 f.) offenbaren:

2.4.3.2 Verstimmung – Schlagabtausch – Vernichtung

Am Beginn, in der Phase der ***Verstimmung,*** dominiert die Sachebene, man ist noch in der Win-Win-Phase, eine offene Thematisierung von Konflikt, Interessen und Vorstellungen ist möglich, eine für alle akzeptable Lösung wird angestrebt, und die Bereitschaft zu Kooperation ist hoch. Das Klima ist vernünftig, F2F-Kommunikation dominiert. Man glaubt an das Wirken von „Selbstheilungskräften", und vom Ergebnis her können alle Konfliktparteien positiv aus der Konfliktsituation aussteigen:

VERSTIMMUNG

<table>
<tr><td rowspan="2">1. Verhärtung

Geordnete verbale Auseinandersetzung</td><td colspan="2">Eine Lösung auf der Sachebene wird von den Konfliktparteien für möglich gehalten. Standpunkte kristallisieren aus. Innere Vorbehalte werden entwickelt. Kooperation und Konkurrenz wechseln sich ab.</td></tr>
<tr><td>heiß:
Verhärtung von Standpunkten: Ärger und Betroffenheit darüber wird offen gezeigt.</td><td>kalt:
Ärger wird geschluckt. Es wird geschwiegen; indirekte Anspielungen, negative Berichte nach außen.</td></tr>
<tr><td rowspan="2">2. Debatte

Kleine Überlegenheiten</td><td colspan="2">Unterschiedliche Standpunkte beleben erst die Debatte, werden zunehmend aber polarisiert und zementiert. Selektive Wahrnehmung fokussiert auf Fehler und Schwächen in der gegnerischen Argumentation.</td></tr>
<tr><td>heiß:
„sportliche" Freude am Kräftemessen; Werben für eigenen Standpunkt. Oberton (offiziell Gesagtes) und Unterton (unterschwellig Gemeintes) klaffen auseinander. Mehr Streitthemen tauchen auf.</td><td>kalt:
Lobbying beginnt; Fehler bei Gegner/inne/n werden aufgezeigt; Abwerten des gegnerischen Standpunktes übertrifft Werben für eigenen Standpunkt.</td></tr>
<tr><td rowspan="2">3. Taten

Entschlossenheit</td><td colspan="2">Noch immer wird von den Konfliktparteien eine Lösung auf Sachebene für möglich gehalten. Aber: Taten sind entscheidend, Worte reichen nicht mehr aus; Gegner/in wird vor vollendete Tatsachen gestellt. Einfühlungsvermögen in die Gegenpartei schwindet drastisch; unbestimmtes Wir-Gefühl entsteht, Rollen differenzieren sich aus. Diskrepanzen zwischen Worten und Taten führen zu Missverständnissen und Misstrauen. Körpersprache wird wichtig – und im Zweifel negativ ausgelegt.</td></tr>
<tr><td>heiß:
Offene Drohungen finden statt.</td><td>kalt:
Fallen stellen, auflaufen lassen.</td></tr>
<tr><td>Mögliche Interventionsstrategien</td><td colspan="2">Selbst gesteuerte Konfliktbewältigung fördern/unterstützen. Eventuell Einsatz von Moderationstechniken.</td></tr>
</table>

Ist die Schwelle zum ***Schlagabtausch*** überschritten, gewinnt die schon beschädigte Beziehungsebene an Bedeutung, was sich auch in den Bezeichnungen der einzelnen Stufen sehr prägnant ausdrückt. Konkurrenzdenken herrscht vor, Feindbilder etablieren sich. Ein Gewinn für A ist ein Verlust für B – man sucht Verbündete und weitet die Konfliktarena aus. Gefühlsäußerungen, wechselseitige Aufrechnungen und Provokationen rücken ins Bild, sodass ein positiver Ausstieg oft nur mehr für eine Partei möglich ist:

SCHLAGABTAUSCH

<table>
<tr><td rowspan="2">4. Images, Koalitionen

Imagewerbung</td><td colspan="2">Die Beziehungsebene gewinnt an Bedeutung.
Die Konfliktarena weitet sich aus, der seelische Abstand zwischen den Parteien nimmt drastisch zu. „Ich bin so (positiv) … die Gegenpartei ist so (negativ).“ Das Feindbild besteht aus Urteilen über Wissen und Können der Gegner/innen (und nicht Moral). Feindbilder werden fixiert. Verbündete werden gesucht und in den Konflikt einbezogen.</td></tr>
<tr><td>heiß:
Gegner/in wird schlecht gemacht, Koalitionen offensiv gesucht.</td><td>kalt:
Geheime Kriegsräte werden gehalten. Sticheln wird geleugnet.</td></tr>
<tr><td rowspan="2">5. Gesichtsverlust

Demaskierung</td><td colspan="2">Körperliche Abneigung zum Gegenüber entsteht. Kränkungen und Beleidigungen sind keine Ausrutscher mehr, sondern an der Tagesordnung. Schwelle zu Stufe 5 wird überschritten, wenn eine Partei meint, die wahren – bösen – Absichten des Feindes durchschaut zu haben. Moralische Integrität des Gegners wird verworfen. Entlarven des Bösen ist Ziel; Bloßstellen. Gesichtsverlust erfolgt im Sinne des Verlustes der moralischen Glaubwürdigkeit.</td></tr>
<tr><td>heiß:
Verteufelung der Gegenseite, offener Hass.</td><td>kalt:
Fangfragen werden gezielt gestellt, um die/den andere/n bloßzustellen; Gegenseite werden Fallen gestellt.</td></tr>
<tr><td>6. Drohstrategien

Abschreckungsmanöver</td><td colspan="2">Der Glaube an eine eigenmächtige Lösung geht verloren.
Keine Unterscheidung heiß-kalt mehr!
Gewaltdenken und -handeln nehmen sprunghaft zu. Drohungen und Gegendrohungen bestimmen das Geschehen und werden mit Nachdruck gemacht. Ultimaten werden gesetzt. Der Konflikt zieht immer weitere Kreise.</td></tr>
<tr><td>Mögliche Interventionsstrategien</td><td colspan="2">Neutrale dritte Person als Moderator/in; Selbsthilfe kaum mehr möglich.
Moderation, Mediation.</td></tr>
</table>

Wird die Schwelle zur ***Vernichtung*** überschritten, lösen – oftmals gewaltvolle – Handlungen Worte ab. Ein Zurück ist in weite Ferne gerückt. Ohne kompetente Interventionen – von außen – kommt es mit hoher Wahrscheinlichkeit zu Verlusten für beide Seiten. Der Konflikt beherrscht die Parteien (und nicht umgekehrt), der Gegner oder die Gegnerin wird als Feind bzw. Feindin gesehen, und es droht die totale Vernichtung aller Konfliktparteien. Rationale Argumente werden als Angriffsmittel und nicht zur Lösungsfindung eingesetzt. Das Motto ist: *Hauptsache, die (entmenschlichte) Gegenpartei verliert – koste es, was es wolle (und sei es das eigene „Leben“):*

VERNICHTUNG

7. Begrenzte Vernichtung Unschädlich machen, schädigen	Glaube an eigenmächtige Lösung geht endgültig verloren. Nur mehr machtrepräsentative Lösungsmöglichkeiten werden akzeptiert! (Gericht, Vorgesetzte/r ...). Gegner/in wird als „Objekt“ gesehen. Drohungen werden in die Tat umgesetzt. Es ist klar, dass es nichts mehr zu gewinnen gibt. Schaden wird zur Freude.
8. Zersplitterung Um sich schlagen	Vernichtungsbemühungen werden heftiger. Es geht wie besessen ums Ganze. Gegenseite soll psychisch, physisch und materiell zugrunde gerichtet werden.
9. Gemeinsam i. d. Abgrund Vernichten	Die endgültige Vernichtung ist das Ziel. Auch wenn man dabei selbst alles verliert.
Mögliche Interventionsstrategien	Schlichtungsstelle, Gerichtsverfahren.

Konflikte können also eine eskalierende Dynamik entwickeln, wobei die persönliche Ebene zunehmend Konfliktgegenstand wird (gegenseitige Verletzungen der Beziehungsebene inkludiert), die Mittel massiver werden, Empathie abnimmt, Handlungsspielräume kleiner werden und eine nachhaltige und konstruktive Lösung ohne fremde Hilfe unwahrscheinlicher wird.

V: Auf welcher Eskalationsstufe ordnen Sie die IST-Situation in der Grabner Consult GmbH ein? Und ist der Konflikt ggfs. eher heiß oder kalt? Woran kann man das konkret erkennen?

2.5 Bedeutung einer Standortbestimmung für die Konfliktbearbeitung

Wissen über den Konflikt ist wichtig, aber was bringt es wirklich? Gerade für die Früherkennung von Konflikten ist, neben der systematisch-„digitalen“ Vorgehensweise, die intuitive, „analoge“ Wahrnehmung von Bedeutung. „Konflikte sind eben nicht immer rational erkennbar und analysierbar wie ein Motorschaden (...). Bei einem Konflikt spielt immer auch eine Rolle, wie Sie ihn wahrnehmen und bewerten, wie Sie die Lage einschätzen und in welcher Funktion Sie sich einbringen wollen.“ (Kreyenberg 2004, S. 19) Konflikte berühren alles in uns – auch Sachkonflikte haben immer eine Beziehungsdimension.

In einem Zielkonflikt kann es entlastend und lösungsförderlich sein, ein übergeordnetes, gemeinsames Interesse zu identifizieren (z.B. Ziele des Unternehmens). Ein Beurteilungskonflikt fußt bereits auf etwas Gemeinsamem, dem Ziel, und sollte auf dieser Basis auch gut zu handhaben sein. Dieser Typus spielt im Arbeitsleben eine große Rolle. Der Verteilungskonflikt zeigt, dass es gerade wegen eines gleichen Zieles, das jedoch aufgrund der

Ressourcenlage nur von einer Partei realisiert werden kann, zum Konflikt kommen kann.

Zu erkennen, ob ein Konflikt heiß oder kalt ist, ist schließlich von Bedeutung für die Wahl der Interventionsstrategie – beruhigen vs. endlich an die Oberfläche holen!

Der Grad der Eskalation schließlich ist für die Entscheidung zwischen Selbsthilfe und Inanspruchnahme kompetenter Hilfe von außen (Moderation, Mediation, Schiedsgericht) wesentlich. Eskalation ist KEIN Automatismus, sondern wir haben in jeder Situation die Chance, intuitive, also spontane und daher undurchdachte (und oftmals selbstschädigende) Reaktionen durch anti-intuitive abzulösen, wenn wir den Raum zwischen Reiz und Reaktion erkennen und nützen: zur Analyse, zur Klärung eigener Gefühle, zur Entwicklung von Konfliktbearbeitungsstrategien etc.:

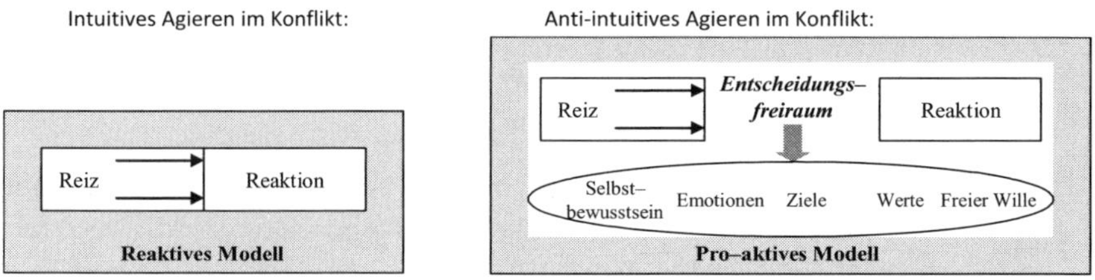

Abb. 4: Reiz-Entscheidungsfreiraum-Reaktionsmodell (vgl. Heinrich & Schmidt 2009, S. 146, erstellt nach Covey 1992, S. 64f.; vgl. auch Ballreich & Glasl 2007, S. 152f.)

„Das – wenn auch nur kurzfristige Zögern vor der Realisierung des Handlungsimpulses leitet die eigentliche Konfliktbewältigung ein"(Berkel 1999, S. 81). Jeder und jede Einzelne hat es in der Hand, mitzugestalten, ob ein interaktives Geschehen ein Konflikt wird oder nicht. Ob wir es wollen oder nicht: „Zwischen Reiz und Reaktion hat der Mensch die Freiheit zu wählen. (…) Wir besitzen die Initiative und Befähigung, Dinge zu gestalten." (Covey 1992, S. 68, zitiert nach Viktor E. Frankl)

2.6 Das Wesentliche verstehen

1. Erläutern Sie die grundlegenden Charakteristika des Begriffs „Konflikt".
2. Was (welche drei Felder) sollte im Rahmen der Konfliktanalyse beachtet werden?
3. „Jeder Konflikt ist ein Beziehungskonflikt." Nehmen Sie zu diesem Statement begründet Stellung.
4. Welchen Zusammenhang zwischen Wahrnehmung, inneren Vorgängen und äußerem Verhalten bei der Konfliktentstehung gibt es?

5. Zu welchen gravierenden Beeinträchtigungen in der Wahrnehmung, in der inneren Verarbeitung und im Verhalten kommt es häufig im Konfliktverlauf, und welche Auswirkungen haben diese?
6. Erläutern Sie, was in Zusammenhang mit Konflikten unter sozialem Autismus verstanden wird.
7. Welche drei Hauptphasen der Konflikteskalation können unterschieden werden? Benennen und skizzieren Sie diese mit ihren zentralen Merkmalen.
8. Durch welchen Moment wird eine aktive Konfliktbearbeitung eingeleitet?

Praktische Übungen

Übung 1: Wie oft interpretieren Sie vorschnell eine Situation? Mit welchen Folgen?

Übung 2: Finden Sie aus Ihrem – privaten – Bereich ein Beispiel für einen Zielkonflikt.

Übung 3: Sind Sie stärker mit heißen oder kalten Konfliktausformungen konfrontiert? Wo? In welchen Lebensbereichen? Mit welchen persönlichen Auswirkungen?

3. Konstruktive Konfliktbearbeitung

3.1 Einleitung und Kontextabhängigkeit

Die bisherigen Ausführungen legen den Schluss nahe, dass sich die eigene Sicht der Dinge von der Sicht anderer, die eigenen Bedürfnisse und Ziele von denen anderer unterscheiden werden. Wir tun also gut daran, Unterschiede als das Normale, Übereinstimmung als die Ausnahme zu sehen. „Reifes Verhalten kennt und akzeptiert die eigenen Stärken, aber auch die eigenen Beschränkungen und sieht im Anders-Sein der anderen Chancen und Möglichkeiten zur Weiterentwicklung." (Schwarz 2003, S. 95)

Dass dies alles andere als die Realität ist, verdeutlichen Analysen des Spiels „Gefangenendilemma" (vgl. dazu auch Buchkapitel 8): Wir sind es nicht gewohnt, Win-Win-Situationen zu erkennen oder zu kreieren. Im Gegenteil gehen die meisten Spieler/innen von einem wettbewerbsorientierten Gegenüber aus und verhalten sich daher ebenfalls *vorsichtshalber* wettbewerbsorientiert. Es zeigte sich: Durch Kommunikation und damit verbunden durch die Chance, Vertrauen aufzubauen, erhöhen sich aber auch die Chancen für eine kooperative Situationsdefinition und damit auf Kooperation. Es lohnt sich also, auch in Konflikten nach gemeinsamen Interessen und Optionen Ausschau zu halten, um Konflikte optimal nützen zu können. Diese Offenheit ist angesichts der Restriktionen, die sich in der

Konfliktdynamik entwickeln, zugegebenermaßen schwer zu erhalten. Hinzu kommt, dass wir eingebunden in und vor allem geprägt sind von Familienverbänden, Organisationen und Gesellschaften mit ihren je spezifischen Strukturen und Kulturen. Zudem können wir nicht davon ausgehen, dass unsere Konflikt-„Partner/innen" die gleiche Problemsicht haben, sondern sie kreieren sich ihre eigene, „subjektive" Wirklichkeit (vgl. z.B. von Förster 1995). Wir tun gut daran, in der individuellen Konfliktbearbeitung von diesen Erkenntnissen auszugehen.

3.2 Individuelle Konfliktbearbeitung

3.2.1 Ziele und Positionierungen im Konflikt: die klassischen Konfliktstile

Es gibt keinen idealen Weg, einen Konflikt zu managen. Jeder Konfliktpartner und jede Konfliktpartnerin hat i.d.R. zwei Grundinteressen: den Konfliktgegenstand und die persönlichen Beziehungen (vgl. Fisher, Ury & Patton 1995, S. 42). Und genau in diesem Rahmen bewegen sich auch die klassischen Konfliktstile, ein Konzept, das zurückgeht auf Blake und Mouton, die 1964 erstmals ein Schema präsentierten, das, abgeleitet vom Konfliktverhalten von Managern, sinngemäß diese fünf Stile zeigte. 1976 wurden die Dimensionen von Thomas als „Interesse an der Beziehung" und „Interesse am Ergebnis" reinterpretiert. Die Stile werden nachstehend in der Reihenfolge ihres entwicklungsgeschichtlichen Erscheinens skizziert (vgl. Kreyenberg 2004, S. 226f.; Rahim 2002, S. 215f; Schwarz 2003, S. 263f.).

Flucht: Ist sinnvoll, wenn die potenziellen Risiken einer Konfliktaustragung den potenziellen Nutzen weit übersteigen oder auch wenn man – im Moment – nur verlieren kann. Sie ist unangebracht, wenn das Konfliktthema für eine der Parteien sehr wichtig ist. Wird sie zur beherrschenden Strategie, wird deutlich, dass „die durch Flucht ‚gelöste' Konfliktsituation in Wirklichkeit gar nicht gelöst ist, dass sie Depressionen hinterlässt, dass der Konflikt eigentlich nur in schärferer Form wiederkommt und dass das ständige ‚Flüchten' sehr unbefriedigend ist und keine Weiterentwicklung zulässt" (Schwarz 2003, S. 266).

Kampf: Jemanden zu etwas zwingen, drohen, entlassen, einsperren, vernichten, fertigmachen, gewinnen wollen sind hier die Verhaltensweisen (zu denen auch Mobbing zählt). Der Vorteil liegt in der Beseitigung der Gegenpartei (falls man denn gewinnt), und man selbst ist gestärkt. In Nullsummensituationen, wenn nur eine Person gewinnen kann, ist „Kampf" durchaus berechtigt. Allerdings kann diese Win-Lose-Strategie auch Stillstand bedeuten, denn niemand hat i.d.R. nur Unrecht. Im organisationalen Kontext kann es bei Kampf als primärer Strategie der Konfliktbereinigung in Organisationen zu gehäuftem Auftreten von unkritischen „Ja-Sagern" kommen.

Nachgeben: Den Gegner oder die Gegnerin nicht zu vernichten, sondern zu unterwerfen, auch selbst die Möglichkeit des Nachgebens zu haben, stellt entwicklungsgeschichtlich einen großen Schritt dar. Diese Strategie ist von Vorteil *to build up social credits* oder auch wenn die andere Konfliktpartei bislang die Nachgebende war, wenn das Thema für eine/n selbst nicht so wichtig ist oder auch im Notfall, wenn dieser dadurch bewältigt werden kann. Hierarchische Verhältnisse werden dadurch stabilisiert, das „Ganze" leidet (Win-Lose), und sich bedingungslos unterzuordnen ist nicht angebracht, wenn Vereinbarungen erzielt werden sollen, die für beide tragfähig sein sollen.

Kompromiss: Kompromisse zielen auf eine Teileinigung ab – was Teilverlust inkludiert – und sind als echte Kompromisse, wenn sie die wesentlichen Teile des Konflikts betreffen, positiv zu bewerten, als faule Kompromisse, wenn sie die eigentlich wesentlichen Teile ausklammern, negativ. Ein Kompromiss ist ein gutes Konfliktergebnis, wenn die Positionen sehr polarisieren, ein Machtgleichgewicht herrscht und in kurzer Zeit ein Fortschritt erzielt werden muss. Er kann eine Vorstufe zum Konsens sein und eine vorläufige Lösung für komplexe Problemstellungen. Verhandeln ArbeitgeberInnen- und ArbeitnehmerInnenverbände z.B. neue Kollektivverträge oder Arbeitszeitregelungen, ist meist ein Kompromiss das Resultat. Die Gefahr von Kompromissen ist, dass man u.U. langfristige Ziele, weitreichendere Probleme, Werte aus den Augen verliert, wenn man sich zu sehr oder ausschließlich auf praktikable Lösungen konzentriert.

Konsens: Im Konsens wird eine neue Qualität der Lösung möglich. Gab es bisher „Entweder-oder"-Lösungen, wird hier ein „Sowohl-als auch" realisierbar. Dialog, Vertrauen und offener Austausch prägen das Bild. Empfehlenswert bei strategischen Entscheidungen und hoher emotionaler Beteiligung, nicht günstig oder nicht möglich bei hohem Zeitdruck oder fehlendem Konsenswillen der KonfliktpartnerInnen, bietet dieser Modus der Konfliktgestaltung die meisten Entwicklungsmöglichkeiten.

Eine Ergänzung der klassischen Konfliktstile stellt die Delegation dar.

Delegation: Die Konfliktregelung durch eine dritte Instanz ergänzt die klassischen Konfliktstile und ist sinnvoll, wenn das weitere Vorgehen strittig ist, die Parteien allein keine Lösung finden und eine Einigung und Kooperation aber nötig ist, hinderliche Emotionen vorherrschen oder die Situation immer weiter eskaliert (Regnet 2007 S. 88; vgl. auch Abschnitt 3.2.3.3). Das Modell der Konflikteskalation ist ja auch deshalb von besonderem Wert, weil es die Möglichkeit schafft, zu erkennen, wann es ratsam ist, sich professionelle Unterstützung zu organisieren: sei es durch Moderation, Mediation oder durch Machteingriffe und Schiedsverfahren.

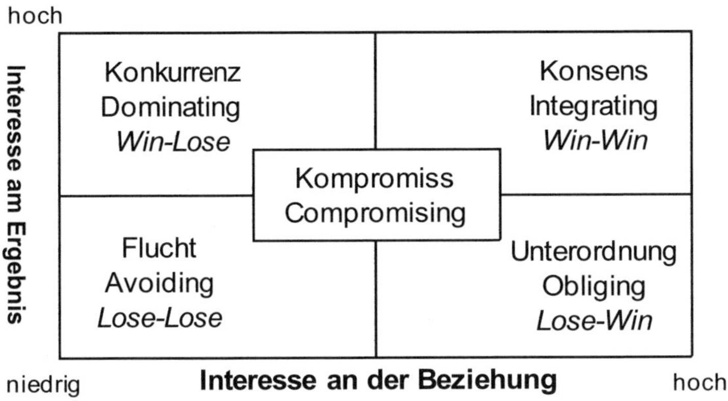

Abb. 5: Individuelle Konfliktstile

3.2.2 Prävention und der Sinn von Konflikten

3.2.2.1 Konflikt – Krise – Chance

机

Abbildung 6: Schriftzeichen „Krise = Chance"?

Allgemein wird gerne behauptet, dass das hier abgebildete chinesische Schriftzeichen Krise und Chance *zugleich* bedeutet. Das ist ein – wenn auch äußerst populärer – Irrtum, denn 机 (ji) ist hier lediglich ein Wortbestandteil, dessen Bedeutung je nach Kontext sehr variiert: In Zusammenhang mit dem Zeichen 危 (wei) für „Gefahr" bedeutet 机 (ji) „wichtiger" Zeitpunkt. Die Kombination 危机 (Weiji) Krise bedeutet eigentlich „Gefahr in einem kritischen Moment", die Kombination mit dem Zeichen 会 (hui) für (u.a.) „werden", 机会 (jihui), so viel wie Chance. Im Chinesischen werden also zwei verschiedene Wörter für Gefahr/Krise und Chance benutzt: 危机 (Weiji) und 机会 (jihui), in denen 机 (ji) jeweils nur als – nicht einmal sinngebender – Bestandteil vorkommt.[1] Nichtsdestotrotz hält sich diese Interpretation einer vermeintlichen asiatischen Weisheit, wohl auch weil wir den darin enthaltenen positiven Gedanken als aufmunternd und tröstlich empfinden. Und weil es sich ja auch tatsächlich vielfach so erweist! Denn Konflikte sind komplex und widersprüchlich und können *sowohl* negative *als auch* positive Tendenzen begünstigen – eine Spannung, die aus der abendländischen „Entweder-oder"-Logik, die nach Eindeutigkeit sucht,

---

[1] http://zhongwen.quanxinquanyi.de/2008/10/23/krise-und-chance-auf-chinesisch; http://www.frankfurt-school.de/content/de/news/sonnemann/themen_juli09/china_juli/typisch_china_juli.html [3. Mai 2012].

allerdings nicht leicht zu akzeptieren ist (Rüttinger & Sauer 2000, S. 19; Hanschitz 2005, S. 66f.; siehe auch Schwarz 2003, S. 15f.). So können Konflikte auf erforderliche und anstehende Entwicklungsschritte hindeuten: in der Pubertät auf den Schritt ins Erwachsenenalter, oder in Organisationen den Entwicklungsbedarf von einer Phase des Unternehmens in die nächste aufzeigen, wenn bestimmte Konflikte immer wieder auftauchen (siehe z.B. die OE-Modelle von Greiner 1972 oder Glasl & Lievegoed 1996).

Wenn es gelingt, die Spannung in den Konflikten konstruktiv und wertschätzend aufzugreifen, kann sich die positive, wertschöpfende Kraft von Konflikten entfalten und Weiterentwicklung stattfinden, indem unbrauchbar Gewordenes verändert wird und Bestehendes gerade durch das Infragestellen im Konflikt an Festigkeit gewinnen kann. Insofern ist Prävention im Sinne von Konfliktvermeidung zu hinterfragen. Auf der Sachebene kann und muss es zu Auseinandersetzungen kommen, damit Weiterentwicklung stattfindet. Sachkonflikte können Menschen, Gruppen und Organisationen weiterbringen und Lernen ermöglichen, da sie zu konstruktiver Auseinandersetzung anregen – also im Wesentlichen das Wesen von Konflikten als Chance verkörpern. Beziehungskonflikte sind tendenziell, da sie zu Misstrauen und gegenseitigem Blockieren führen, eher die dunkle Seite von Konflikten (siehe dazu z.B. Rahim 2002, S. 211f.; vgl. auch das Harvard-Konzept (Sache-Person)), und Prävention sollte sich daher auf die Beziehungsebene richten: Wie gehen wir wertschätzend miteinander um, auch wenn die Meinungen differieren?

3.2.2.2 Bewusste Fokussierung auf Positives

Wertschätzend zu bleiben ist also ein zentraler Grundstein für eine konstruktive Konfliktbearbeitung, wie auch Schwarz (2003, S. 73) hervorhebt: „In Konfliktinterventionen ist es daher sehr wichtig, eine Atmosphäre größter Toleranz und gegenseitiger Akzeptanz herzustellen.“ Das schreibt sich leicht, ist jedoch in der Praxis meist alles andere als leicht umzusetzen: Bereits ab Eskalationsstufe 2 wird dem Gegenüber polemisch Geringschätzung signalisiert, spätestens mit Überschreiten der Schwelle hin zum Schlagabtausch geht es nicht mehr um die Sache, sondern die Beziehung selbst wird zur Angriffsfläche: Wertschätzung und Toleranz gehen immer mehr verloren, und es entstehen Feindseligkeiten und Antipathien.

Das sog. „Wertequadrat“ von Schulz von Thun (2008, S. 50f.) lässt uns erkennen, welche Prinzipien wir mitunter anwenden, um den Konfliktgegner oder die Konfliktgegnerin schlechtzumachen, und wie der Weg zurück (in den positiven Bereich) erfolgen könnte. *Nehmen wir an, ein Ehepaar streitet sich permanent über den Umgang mit Geld. So wird er, als Sparmeister (1 Selbstwahrnehmung), ihr vorwerfen, sie sei verschwenderisch (4 Fremdwahrnehmung), und sie, als großzügiger Mensch (3 Selbstwahrnehmung), wird ihm umgekehrt vorhalten, er sei ein Geizhals (2 Fremdwahrnehmung).*

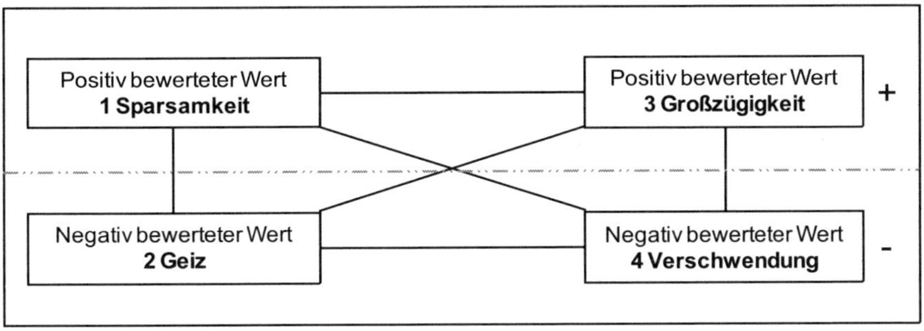

Abb. 7: Selbst- und Fremdwahrnehmung

Im Streit entwerten wir die positiven Qualitäten der anderen Konfliktpartei und sehen und unterstellen ausschließlich die negativ übertriebene, entwertete Form. Diese Verengung und negative Fokussierung der Wahrnehmung verstärkt die innerliche Abwertung des Gegenübers. Unser eigenes Verhalten nehmen wir im strahlend positiven Licht der guten Absicht wahr, die Verhaltensweisen des Gegenübers im negativen Licht der schlechten Wirkung (Schulz v. Thun 2008, S. 79)! Um konstruktiv bleiben zu können, müssen wir uns daher gezielt bemühen, den positiven Kern hinter einer negativ wahrgenommenen Fassade zu erkennen, um dadurch unsere eigene Wahrnehmung für Lösungsmöglichkeiten offenzuhalten.

3.2.2.3 Philanthropie statt Misanthropie und das „paradoxe Gesetz der Veränderung"

Pointiert formuliert, müssen wir also philanthropische („menschenfreundliche") Unterstellungen anstelle von misanthropischen („menschenfeindlichen") vornehmen. So könnte, wie Schulz von Thun (2008) beispielhaft darlegt, eine von ihrem aufmüpfigen, oft opponierenden Mitarbeiter genervte Führungskraft innere und äußere Verhärtungen aufweichen, indem sie statt misanthropisch philanthropisch unterstellt:

Misanthropische Unterstellung	Philanthropische Unterstellung
„Wahrscheinlich leidet er unter einem ausgeprägten Minderwertigkeitskomplex, ist dadurch ständig um die eigene Geltung besorgt und hat es auch nötig, derart aufzutrumpfen. Solche Leute sind ja auch überaus kritikempfindlich."	„Wahrscheinlich liegt ihm ein gutes Miteinander auf gleicher Augenhöhe besonders am Herzen, sodass er nicht bereit ist, gute Miene zum bösen Spiel zu machen und nach außen hin lieb und nett zu erscheinen, wenn es innerlich anders aussieht."

Abb. 8: Misanthropische und philanthropische Unterstellungen

Da die Führungskraft dadurch ins Verstehen-Wollen kommen und das Verhalten des Mitarbeiters nun vielleicht leichter akzeptieren kann, könnte das „paradoxe Gesetz der Veränderung" eintreten: „Je mehr es mir gelingt, den anderen dort zu akzeptieren, wo er sich innerlich befindet, umso eher kann sich bei ihm etwas lockern und lösen." (Schulz v. Thun 2008, S. 92) Und bei sich selbst natürlich auch.

VI: Formulieren Sie eine philanthropische Unterstellung von Frau Führlinger für Herrn Reiterer.

3.2.3 Konfliktbearbeitung: konkret

Neben dem Bewusstsein, im Konfliktgeschehen nach vorne, in die Zukunft, lösungsorientiert zu blicken, ist die Verortung im Ablauf hilfreich: Ist mein Tun präventiv anzusiedeln oder kurativ, und wird es eher eskalierend oder deeskalierend wirken?

	Deeskalierend (bei heißen Konflikten)	Eskalierend (bei kalten Konflikten)
Präventiv	Spielregeln vereinbaren Training in Kommunikationsmethoden	Sorgen, Ängste gezielt ansprechen Konfrontationssitzung
Kurativ	Rekonstruktion des Konfliktverlaufs Wahrnehmungen klären	Dramatisierung v. Konflikten in Rollenspielen Standpunkte betonen

Abb. 9: Interventionsrichtungen mit Beispielen (Glasl 2004, S. 316)

3.2.3.1 Mögliche Maßnahmen im Überblick

Wie kann ein Konflikt konkret „gemanagt" werden? (Konfliktmanagement zwischen Lächeln, Akzeptanz, Konfliktgespräch bis hin zur Trennung)

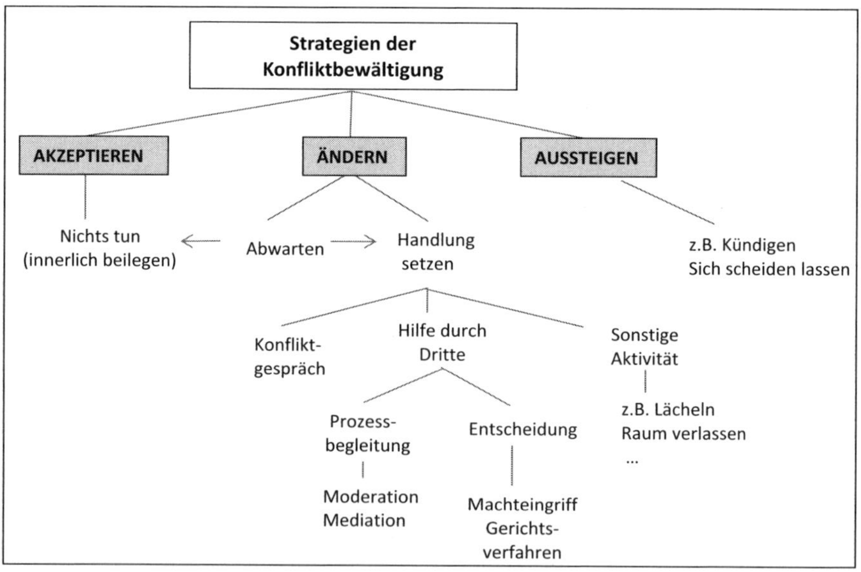

Abbildung 10: Überblick über Möglichkeiten der Konfliktbearbeitung

Abbildung 10 vermittelt, dass es im Konflikt sehr viele Varianten der Lösung, Bewältigung, Gestaltung gibt: Es muss nicht immer eine aufwändige Intervention oder ein dramatisches Gespräch sein. Es kann auch weiterführen, die andere Konfliktpartei freundlich zu grüßen, anzulächeln oder eben auch einfach deren Haltung zu akzeptieren! Der Kreativität sind im Prinzip keine Grenzen gesetzt – abgesehen vom Hinweis auf Wertschätzung, Toleranz und die (eigenen) Ziele, die in möglichst lösungsorientierter Perspektive angesteuert werden. Im Allgemeinen wird der erste Ansatz einer aktiven Konfliktgestaltung sein, zu versuchen, die Situation zu verändern. Misslingt dies, haben wir immer noch die Wahl: die unveränderbare und unveränderte Situation zu akzeptieren oder auszusteigen.

VII: Welche Möglichkeiten der Konfliktbearbeitung halten Sie für den Fall der Grabner Consult GmbH für am sinnvollsten?

3.2.3.2 Das Konfliktgespräch

Das Konfliktgespräch ist ein wesentliches Mittel in der Konfliktgestaltung, und es ist fast immer ein heikles Gespräch, in dem viel auf dem Spiel steht, die Meinungen differieren und Emotionen involviert sind. Hier begegnen sich also Konfliktparteien mit ihren Emotionen, hier begegnen sich Themen, und hier wird Beziehung gestaltet. Wesentlich ist, neben den eigenen Zielen, also zumindest drei Ebenen zu berücksichtigen: die eigene Person, die Beziehung und die Sache.

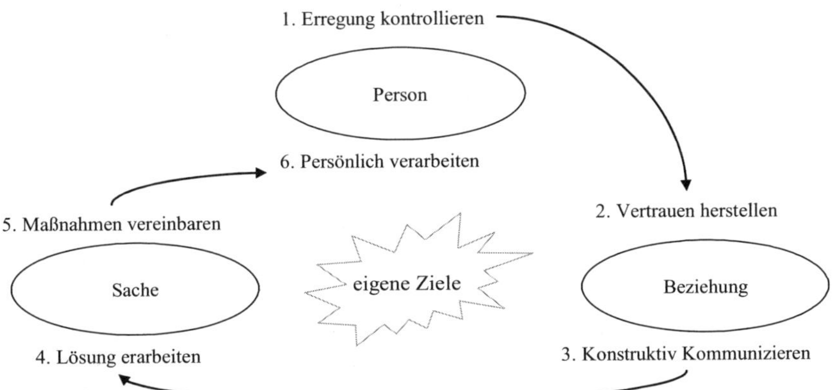

Abbildung 11: Das konstruktive Konfliktgespräch (in Anlehnung an Berkel 1999, S. 77f.)

Vor dem Gespräch

Erst nach der Klärung der eigenen Emotionen (Gefühle in Bezug auf die Konfliktsituation und gegenüber der anderen Konfliktpartei, Bereitschaft, mit dieser in Kontakt zu treten) und der damit im Allgemeinen einhergehenden Kontrolle der Erregung ist es möglich, vom Beziehungs- zum Sachproblem zu gelangen und dieses zu bearbeiten.

Wie in Kapitel 2 bereits ausführlich dargestellt, ist eine Standortbestimmung im Konfliktgeschehen unabdingbar für eine konstruktive Konfliktbearbeitung. Nur wer weiß, wo er/sie steht, kann sich zielorientiert weiterbewegen. Was ist wirklich wichtig, welche Interessen sollen verfolgt werden? Was kann in Kauf genommen werden?

Vor diesem Hintergrund sollten schon vor dem Gespräch erste Lösungsszenarien überlegt werden, da im Gespräch selbst – vor allem wenn es emotional belastet ist – häufig wirklich kreative Ideen nicht entwickelt werden können.

Aus organisatorischer Sicht gilt es eine gute Gesprächssituation vorzubereiten (vgl. Nitsche 2009), d.h. einen neutralen Ort zu wählen, an dem das Gespräch mit der anderen Konfliktpartei ungestört stattfinden kann.

Während des Gesprächs

„Die ersten Sekunden entscheiden über den Ton einer Auseinandersetzung. Das weiß jeder, der schon einmal in Streit geraten ist." (Patterson et al. 2006, S. 73) Auch wenn der Aufbau von Vertrauen zu diesem Zeitpunkt häufig nicht möglich sein wird, ist es notwendig, eine Gesprächsbasis herzustellen, auf der weitergearbeitet werden kann. Abhängig vom bisherigen Verlauf des Konflikts kann dies durch freundliches Entgegenkommen, nonverbale Gesten oder auch durch eine Entschuldigung passieren.

Wenn beide Konfliktparteien bereit sind, konstruktiv miteinander zu kommunizieren, sollten die gemeinsamen Interessen im Rahmen des Konflikts dargestellt und die Ziele des Gesprächs festgelegt werden. Es sollte klar sein, welches Thema oder welche Themen in einem Gespräch bearbeitet werden, damit das Gespräch nicht Gefahr läuft, auf Nebenschauplätze abzugleiten.

Die Darlegung der Situation aus der Sicht der Konfliktparteien sollte dem Prinzip der gewaltfreien Kommunikation (vgl. Rosenberg 2005), der ICH-Botschaften (vgl. Gordon 2002) oder dem SAG-ES-Modell (vgl. Schmidt 2011) folgen. Alle drei Modelle enthalten Hilfestellungen für die Umsetzung folgender Komponenten: der Darstellung der eigenen Wahrnehmung, der dabei empfundenen Gefühle und der Formulierung der eigenen Wünsche.

Außerdem sollten Gesprächstechniken wie das aktive Zuhören eingesetzt werden, das im Rahmen der gemeinsamen Analyse der Konfliktsituation einen „Türöffner" darstellen kann, indem es hilft, der Gesprächspartnerin bzw. dem Gesprächspartner das eigene Interesse zu signalisieren und ihre/seine Sicht der Situation zu verstehen. So kann gewissermaßen eine verbale Brücke zur/zum anderen gebaut werden. Durch den Versuch, die andere Konfliktsicht und die dazugehörigen Verhaltensweisen zu verstehen, kann der Konflikt eine neue Bedeutung erhalten. Bisher negativ bewertetes Verhalten kann vielleicht sogar positiv bewertet werden (so kann ein bisher als zu emotional erlebter Mensch als sehr engagiert für die gemeinsame Sache neu gesehen werden). Durch dieses *Refraiming* (vgl. Dilts 2005, S. 147) wird ein Geschehen in einen anderen Kontext gestellt, und damit wird es neu deutbar und bewertbar, sodass leichter damit umgegangen werden kann (siehe auch Kap. 3.2.2.3 in diesem Beitrag). Letztendlich geht es in einem Konfliktgespräch nicht darum, herauszufinden, wer Recht hat, sondern wie das Problem gemeinsam gelöst werden kann.

Um eine langanhaltende Konfliktlösung zu ermöglichen, sind für die gemeinsamen Lösungsansätze Maßnahmen zur Umsetzung festzulegen. Von großer Bedeutung ist es überdies, die Evaluation der festgelegten Maßnahmen bereits während des Gesprächs zu bestimmen, um so ein „im Sande Verlaufen der Maßnahmen" zu verhindern. Berkel (1999, S. 101) weist diesbezüglich auf sieben Faktoren hin, die die Verbindlichkeit und Umsetzung vereinbarter Maßnahmen erhöhen:

Interessen:	Die vereinbarten Maßnahmen sind nicht gegen zentrale Interessen oder grundlegende Vorstellungen einer Partei gerichtet.
Vertrauen:	Zwischen den Parteien besteht ein gewisses Maß an Vertrauen.
Formulierung:	Die Vereinbarungen sind klar, eindeutig und widerspruchsfrei formuliert.
Öffentlichkeit:	Die Vereinbarungen sind auch anderen bekannt.
Konkretheit:	Sie legen fest, was jede Seite zu tun oder zu unterlassen hat.
Sanktionen:	Werden die Vereinbarungen nicht eingehalten, ist mit Sanktionen zu rechnen.
Beziehung:	Die Beachtung der Regelung wird durch eine ungehinderte und störungsfreie Arbeitsbeziehung belohnt.

Nach dem Gespräch

Dem Gespräch sollte eine Phase der individuellen Verarbeitung folgen. Vor dem Hintergrund der eigenen Ziele sollte eine Reflexion des Konfliktgesprächs stattfinden, das den Prozess, das Ergebnis und die eigene Befindlichkeit beinhaltet: Konflikte beginnen und enden also in der Person selbst (Berkel 1999, S. 63).

3.2.3.3 Konfliktbearbeitung mit Unterstützung Dritter

Konflikte können also in Eigenregie bearbeitet werden, oder man sucht Unterstützung durch andere. Während sich bei Moderation wie auch im Coaching, in der Supervision und Mediation diese Unterstützung auf den *Prozess*, also Verlauf, der Konfliktgestaltung bezieht, wird an ein Schiedsgericht oder in der Konfliktregelung durch Machteingriff die *inhaltliche Entscheidung* des Konflikts delegiert, und die Parteien unterwerfen sich dem Urteil der übergeordneten Instanz.

Während bei Mediation und Moderation die Entscheidungskompetenz eindeutig bei den Konfliktparteien bleibt, diese also selbst Lösungen entwickeln und inhaltlich entscheiden und dabei nur vom Ablauf bzw. Verfahren her unterstützt werden, trifft bei der Konfliktgestaltung durch Schiedsverfahren oder Machteingriff eine dritte, unabhängige Person die Entscheidung, der sich die Konfliktparteien unterzuordnen haben. Die Konfliktlösung selbst wird also delegiert, was nicht zwingend zur Entschärfung beitragen muss: Im Gegenteil kann das Einschalten einer 3. Partei (z.B. Betriebsrat, Vorgesetzte oder Vorgesetzter) auch als Ausweitung und Eskalation wahrgenommen werden.

Die Vorteile der **Moderation** (siehe z.B. Klebert, Schrader & Straub 2006 oder das Kapitel 9 zur Besprechungsmoderation in diesem Buch) bei Konflikten sind darin zu sehen, dass die Parteien dadurch Kompetenz erwerben, Konflikte selbst zu bewältigen, und durch die aktive Mitwirkung an der Lösung diese auch eher innerlich akzeptieren und umsetzen können.

Unter **Mediation**, die von ausgebildeten Mediator/inn/en durchgeführt werden sollte, versteht man „alle Verfahren der Konfliktlösung, in denen ein neutraler Dritter ohne eigentliche Entscheidungsgewalt versucht, sich im Streit befindenden Parteien auf dem Weg zu einer Einigung zu helfen" (Altmann et al. 1999, S. 18).

In der letzten Stufe, dem **Machteingriff**, sollen die Konfliktparteien durch den Einsatz von Machtmitteln dazu gebracht werden, Dinge zu tun, Eingeständnisse zu machen etc., was sie ohne diesen Einsatz von Macht nicht tun würden. Und darin liegt letztlich auch die Chance, einen ausweglos scheinenden Konflikt beilegen zu können.

Die Konfliktlösung durch Machteingriff stellt immer eine Form der Delegation dar. Sie findet sich im Kleinen – wenn etwa Geschwister sich überhaupt nicht über die Nutzung eines Computerspiels einigen können und ein Elternteil ersucht wird, dies zu entscheiden – ebenso wie im Großen – wenn etwa im Falle eines Streites zwischen Unternehmen und Ex-Arbeitnehmer über noch allfällig ausstehende Zahlungen ein richterlicher Urteilsspruch eine Entscheidung bringt. Das Geschehen ist also schon an die Schwelle zwischen dem Status eines Schlagabtausches und dem der Vernichtung eskaliert, eine konstruktive Regelung aus eigener Kraft wird von den Konfliktparteien als ausgeschlossen betrachtet.

In diesem Stadium wird z.B. mithilfe von **Schiedsverfahren**, einem richterlichen Entscheid oder anderen legistischen Verfahren oder einem Machteingriff einer Machtinstanz, wie z.B. Vorgesetzter, „Stammesältester" Priester u.Ä. versucht, die Konfliktparteien zur Annahme verbindlicher Lösungen zu führen.

Der große Vorteil einer professionellen Unterstützung durch Dritte ist, dass verfeindete Parteien durch Vermittlung und Entscheidung dieser Instanzen eine Möglichkeit kreieren, den Konflikt zu bewältigen. Der Nachteil ist, dass die Konfliktkompetenz abgegeben wird und die Identifikation mit der Lösung leiden kann – insbesondere wenn die dritte Instanz nicht nur vermittelt (wie bspw. in der Mediation), sondern entscheidet (Schwarz 2003, S. 273f.; Kreyenberg 2004, S. 235f.).

3.3 Bedeutung der Aktiven Konfliktgestaltung

Eine aktive „Konfliktgestaltung" beginnt schon in der Konfliktentstehung, wenn wir „Einladungen" zum Konflikt aussenden oder annehmen, und setzt sich in der Standortbestimmung fort. Besonders wichtig dabei sind die jeweils eigenen Ziele! Dabei gilt eine extreme Situationsabhängigkeit: Es gibt weder einen idealen Weg des Konfliktmanagements noch den idealen Konfliktstil. Vielversprechend ist meist eine lösungsorientierte, in die Zukunft gerichtete Perspektive und Herangehensweise.

Oberste Maxime, wenn das Potenzial für Konflikte aus dem persönlichen Umgang miteinander gering gehalten werden soll, muss stets die Bereitschaft zu Wertschätzung und Toleranz sein. Und diese Grundhaltung muss in der zwischenmenschlichen Kommunikation – verbal und nonverbal – nachhaltig zum Ausdruck gebracht werden. Das klingt vernünftig und einfach und ist doch eine stete Herausforderung.

3.4 Das Wesentliche verstehen

1. Erläutern Sie die fünf klassischen Konfliktstile grafisch gestützt anhand der Dimensionen „Orientierung an den eigenen Zielen" und „Orientierung am Ergebnis".
2. Was unterscheidet Kompromiss und Konsens elementar voneinander?
3. Erläutern Sie, was man unter „philanthropischer" Unterstellung versteht.
4. Welche Hauptelemente und Schritte soll ein Konfliktgespräch enthalten?
5. Durch welche sieben Faktoren wird die Verbindlichkeit der im Konfliktgespräch vereinbarten Maßnahmen erhöht?
6. „Konflikte beginnen und enden in der eigenen Person." Was genau ist damit gemeint?
7. Welche Unterschiede und Gemeinsamkeiten gibt es zwischen Moderation und Mediation?

Praktische Übungen

Übung 1: Wie könnte die philanthropische Unterstellung aufseiten des Mitarbeiters lauten, wenn er, entnervt von der Zurückweisung und Nichtbeachtung durch die Führungskraft, dieser misanthropisch unterstellt, arrogant zu sein und permanent den Chef bzw. die Chefin herauszukehren?

Übung 2: Nehmen wir an, Ihr Kollege hat zum wiederholten Male die Tür Ihres gemeinsamen Büros laut knallend hinter sich geschlossen, obschon Sie ihn schon mehrmals darauf hinwiesen, wie sehr Sie das stört. Mit welchen Formulierungen eröffnen Sie das Gespräch mit ihm? Warum? Was alles geht dem in Ihnen voraus?

Übung 3: Hören Sie sich in Ihrem beruflichen/privaten Umfeld nach Erfahrungen mit Mediation um!

4. Konfliktfähigkeit als soziale Kompetenz

Wir wiederholen: *„Das – wenn auch nur kurzfristige Zögern vor der Realisierung des Handlungsimpulses leitet die eigentliche Konfliktbewältigung ein"* (Berkel 1999, S. 81). Aus dem Entscheidungsfreiraum heraus handeln wir. Im Idealfall selbst-bewusst und zielkonform, vom Selbst bestimmt! Es liegt also immer auch an uns selbst, ob wir aus einem interaktiven Geschehen einen Konflikt kreieren oder etwas anderes. Ein und dieselbe innere oder äußere Ausgangslage erlaubt unterschiedliche Verhaltensalternativen und zieht unterschiedliche Folgen nach sich.

Diese Unterschiede erkennen und handhaben zu können, nicht jede „Einladung" zum Konflikt anzunehmen, ist sicherlich ein wesentlicher Bestandteil der Konfliktfähigkeit, einer zentralen sozialen Kompetenz. Aber heißt Konfliktfähigkeit, einzugreifen, wann immer zwei Personen streiten oder sich uneins sind? Heißt Konfliktfähigkeit, zu kalmieren, sobald eine Unstimmigkeit in der Luft liegt, Spannungen nur ja nicht aufkommen zu lassen?

Als Person konfliktfähig zu sein heißt nach Glasl (2002, S. 10),

- dass ich Konfliktphänomene in mir selbst und in meiner Umgebung möglichst früh und deutlich wahrnehme;
- dass ich verstehe, welche Mechanismen zur Intensivierung der Konflikte und zur Verstrickung beitragen;
- dass ich in der Lage bin, vielfältige Methoden anzuwenden, mit denen ich meine Anliegen zum Ausdruck bringe, ohne die Situation wesentlich zu verschlimmern;
- dass ich Wege kenne und Mittel anwenden kann, die zur Klärung von Standpunkten und Situationen beitragen;
- dass ich gut erkenne und akzeptiere, wo die Grenzen meines Wissens und Könnens liegen und wo ich mich deshalb um Hilfe von außen bemühen sollte.

5. ANHANG : Anregungen zum praktischen Fallbeispiel Grabner Consult GmbH

I. Handelt es sich also um einen sozialen Konflikt?

Ja, da mindestens zwei Personen involviert sind, die jeweils eigene Ziele und Interessen verfolgen. Die Unvereinbarkeit tritt auch im Gefühls- und Willensleben auf. Durch das gemeinsame Projekt sind die Konfliktparteien voneinander abhängig, und es gibt auch einen Handlungsspielraum, da Konfliktparteien z.B. um Versetzung in ein anderes Team bitten könnten.

II. Um welche Art von Konflikt handelt es sich bei der Grabner Consult GmbH?

Im vorliegenden Fall handelt es sich in erster Linie um einen Verteilungskonflikt, der darauf basiert, dass Frau Führlinger die Projektleitung übertragen bekommen hat. Im Laufe der Zeit können dann andere Konflikte dazukommen, z.B. ein Beurteilungskonflikt über die Sinnhaftigkeit von bestimmten Herangehensweisen. Auch die Beziehungsebene ist bereits belastet.

III. Wer ist in der Grabner Consult GmbH am Konflikt beteiligt?

Zentrale Konfliktparteien derzeit sind Führlinger und Reiterer, aber auch die zwölf Mitarbeiter/innen sind beteiligt, ebenso wie der neu hinzugezogene Fachmann.

IV. Welche Auswirkungen werden die Wahrnehmungsbeeinträchtigungen im Fall der Grabner Consult GmbH vermutlich haben?

Es wird zu weiteren Verhärtungen kommen. Beide Hauptparteien werden versuchen, ihre Machtbasis auszubauen und Mitarbeiter/innen auf ihre Seite zu sehen. Eine Eskalation ist wahrscheinlich, eventuell bis zur „Beteiligung“ von Kund/inn/en, die die Missstimmung bemerken.

V. Auf welcher Eskalationsstufe ordnen Sie die IST-Situation in der Grabner Consult GmbH ein? Und ist der Konflikt ggfs. eher heiß oder kalt? Woran könnte man das konkret erkennen?

Derzeit scheint es in etwa Stufe 3 zu sein („Taten“). Es wurde ein neuer Fachmann zugezogen und Entscheidungen ohne den anderen getroffen. Die Mitarbeiter/innen werden in den Konflikt miteinbezogen, es gibt aber keinen direkten Hinweis darauf, dass versucht wird, sie jeweils „auf eine Seite zu ziehen“. Derzeit ist der Konflikt eher kalt, da es keine lautstarken Auseinandersetzungen zu geben scheint und nicht versucht wird, den anderen zu ändern. Die beiden haben anscheinend resigniert und versuchen, das Beste aus der Situation zu machen.

VI. Formulieren Sie eine philanthropische Unterstellung von Frau Führlinger für Herrn Reiterer.

„Seine Fachkompetenz ist gut ausgeprägt und er arbeitet selbständig. Änderungen führt er eigenständig durch, und scheut sich dabei auch nicht davor, Verantwortung zu übernehmen".

VII. Welche Möglichkeiten der Konfliktbearbeitung halten Sie für den Fall der Grabner Consult GmbH für am sinnvollsten?

Frau Führlinger könnte Herrn P. zu einem Vieraugengespräch bitten. Gut (philantropisch ☺) eingestimmt, sich ihrer Ziele und Verantwortung bewusst, sollte sie mit ihm gemeinsam den bisherigen Projektverlauf evaluieren und auch ihre Erwartungen an ihn klar darlegen (z.B. Loyalität, Einhalten von Vereinbarungen) – schließlich ist sie die Projektleiterin und hat daraus auch eine Verantwortung. Das gemeinsame Ziel (das Projekt zu einem Erfolg zu führen) sollte Ausgangspunkt für eine gemeinsame Festlegung der weiteren Vorgangsweise sein. Wichtig ist eine Reflexion der Umsetzung, die bereits beim ersten Termin vereinbart werden sollte.

6. Literatur

Altmann, G., Fiebinger, H. & Müller, R. (1999): Mediation – Konfliktmanagement für moderne Unternehmen. Weinheim.

Ballreich, R. & Glasl, F. (2007): Mediation in Bewegung. Stuttgart.

Berkel, K. (1999): Konflikttraining in: Arbeitshefte Führungspsychologie, Band 15. 5. Auflage. Heidelberg.

Berkel, K. (2011): Konflikttraining. Konflikte verstehen, analysieren, bewältigen. 11., durchgesehene Auflage. Heidelberg.

Covey, S. R. (1992): Die sieben Wege zur Effektivität. 11., vollständig überarbeitete Auflage. Frankfurt a. Main.

Dilts, R. B. (2005): Professionelles Coaching mit NLP. Paderborn.

Exenberger, B., Grabler, E., Hauska, E. & Peltz, H. (2006): Neue Wege der Ergebnisverbesserung: Qualitative Studie zur betriebswirtschaftlichen Erfassung von Konfliktkosten. In: Fachverband Unternehmensberatung und Informationstechnologie (ExpertsGroup WirtschaftsMediatoren) (Hrsg.): Management by Wirtschaftsmediation. Wien: WKÖ.

Fisher, R., Ury, W. & Patton, B. (1995): Das Harvardkonzept: Sachgerecht verhandeln – erfolgreich verhandeln. Frankfurt/Main.

Foerster, H. v. (1995): Das Konstruieren einer Wirklichkeit.. In: Watzlawick, P. (Hrsg.): Die erfundene Wirklichkeit. Wie wissen wir, was wir zu wissen glauben? 9. Auflage. München, Zürich.

Fuchs, H &, Huber, A. (2009): Bossing. Wenn der Boss mobbt. Strategien gegen den Psychokrieg. Stuttgart.

Galtung, J. (2007): Konflikte und Konfliktlösungen. Die Transcend-Methode und ihre Anwendung. Berlin.

Glasl, F. (2002): Selbsthilfe in Konflikten. 2. Auflage. Bern et al.

Glasl, F. (2004): Konfliktmanagement. Ein Handbuch für Führungskräfte, Beraterinnen und Berater. 8., aktualisierte und ergänzte Auflage. Bern et al.

Glasl, F. & Lievegoed, B. (1996): Dynamische Unternehmensentwicklung. 2. Auflage. Bern et al.

Gordon, T. (2002): Die neue Beziehungskonferenz. Effektive Konfliktbewältigung in Familie und Beruf. 2. Auflage. München.

Greiner, L. E. (1972): Evolution and Revolution as Organizations Grow. In: Harvard Business Review, Juli/August 1972, S. 37–46.

Hanschitz, R.-C. (2005): Konflikte und Konfliktbegriffe. In: Falk, G., Heintel, P., Krainz, E. E. (Hrsg.): Handbuch Mediation und Konfliktmanagement. Wiesbaden, S. 63–82.

Heinrich, M. & Schmidt, A. (2009): Konfliktgestaltung und Kommunikation. In: Kasper, H., Mayrhofer, W. (Hrsg.): Personalmanagement, Führung, Organisation. 4. Auflage. Wien. S. 131–188.

Herzlieb, H.-J. (2006): Konflikte lösen. Konfliktpotenziale erkennen – In Konfliktsituationen souverän agieren. 2. Auflage. Berlin.

Höher, P. & Höher, F. (2002): Konfliktmanagement. Konflikte kompetent erkennen und lösen. 2. Auflage. München.

Kehrer, A. (1995): Verlierende Sieger – Über strategisch richtiges Verhalten in Nicht-Nullsummensituationen. In: Kasper, H. (Hrsg.): Post-Graduate-Management-Wissen: Schwerpunkte des Führungskräfteseminars an der Wirtschaftsuniversität Wien. Wien, S. 47–74.

Kieser, A. (1983a): Konflikte in Organisationen: Organisationsstruktur und Bedürfnisse des Individuums. In: WiSt, Nr. 8, S. 381–388.

Kieser, A. (1983b): Konflikte zwischen organisatorischen Einheiten. In: WiSt, Nr. 9, S. 381–388.

Klebert, K., Schrader, E., Straub, W. G. (2006): ModerationsMethode. Das Standardwerk. 3. Auflage. Hamburg.

Kolodej, Ch. (2005): Mobbing. Psychoterror am Arbeitsplatz und seine Bewältigung. Wien.

KPMG AG Wirtschaftsprüfungsgesellschaft (2009): Konfliktkostenstudie. Die Kosten von Reibungsverlusten in Industrieunternehmen.

Kreyenberg, J. (2004): Handbuch Konfliktmanagement. Berlin.

Nitsche, I. (2009): Praxisbuch Konfliktlösung. Wien.

Patterson, K., Grenny, J., McMillan, R. & Switzler, A. (2006): Heikle Gespräche. Worauf es ankommt, wenn viel auf dem Spiel steht. Wien.

Rahim, A. M. (2002): Toward a Theory of Managing Organizational Conflict. In: The International Journal of Conflict Management 2002, Vol. 13, No. 3, S. 206–235.

Regnet, E. (2001): Konflikte in Organisationen. 2. Auflage. Göttingen.

Regnet, E. (2007): Konflikt und Kooperation. Konflikthandhabung in Führungs- und Teamsituationen. Göttingen.

Rosenberg, M. B. (2005): Gewaltfreie Kommunikation. Eine Sprache des Lebens. 6. Auflage Paderborn.
Rüttinger, B., Sauer, J. (2000): Konflikt und Konfliktlösen. Leonberg.
Schmidt, T. (2011): Konfliktmanagement-Trainings erfolgreich leiten. 3., überarbeitete Auflage. Bonn.
Schulz, R. (2006): Toolbox zur Konfliktlösung. Frankfurt/Main.
Schulz von Thun, F. (2008): Miteinander reden: Fragen und Antworten. Reinbek bei Hamburg.
Schwarz, G. (2003): Konfliktmanagement. Konflikte erkennen, analysieren, lösen. 6. Auflage. Wiesbaden.
Watzlawick, P. (1992): Anleitung zum Unglücklichsein. München.

Kapitel 8

Kooperativ verhandeln

Rainer Baier & Christoph Schwarzl

1. Einleitung

„Verhandeln ist ein Bestandteil unseres Lebens", schreiben Fisher & Ury (2009, S. 19) sehr treffend, da sich jede und jeder von uns tagtäglich in zahlreichen Verhandlungssituationen wiederfindet. Je nach der eigenen Orientierung, mit der wir in eine Verhandlung eintreten, agieren wir eher ergebnis- oder beziehungsorientiert.

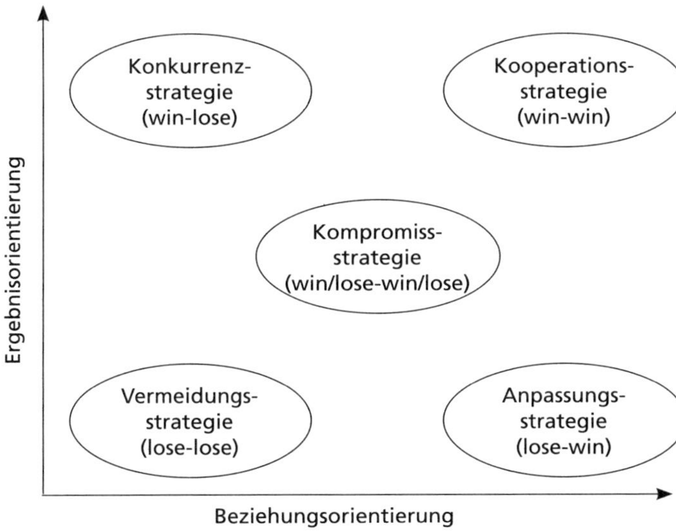

Abbildung 1: Ergebnisstrategien in Verhandlungen (in Anlehnung an Lewicki et al. 1998, S. 64)

Betrachtet man die möglichen Kombinationen aus diesen Orientierungen (siehe Abbildung 1), so fällt auf, dass das von vielen Menschen mit dem Wort Verhandlung zuallererst assoziierte Streitgespräch oder Feilschen am Bazar nur eine der möglichen Herangehensweisen an eine Verhandlung ist. Beim „harten" Verhandeln orientiert man sich am eigenen Ergebnis, ohne die Beziehung zur anderen Verhandlungspartei näher zu beachten. Hier gibt es schlussendlich immer eine/n Gewinner/in und eine/n Verlierer/in („Konkurrenzstrategie", „Win-Lose"). Da die Person, die verliert, nach dieser Verhandlung wohl nur wenig Interesse am Aufbau einer langfristigen Beziehung haben wird, wird diese Strategie vor allem bei kurzfristigen Beziehungen (z.B. Einkaufen am Bazar) eingesetzt.

Viele denken bei einem Verhandlungserfolg auch an einen Kompromiss, bei dem jede/r Verhandlungspartner/in zwar etwas gewinnt, aber auch nicht gänzlich zufriedengestellt ist („Kompromissstrategie"). Die Redewendung „fauler Kompromiss" ist ganz typisch für dieses Verhandlungsergebnis: Sie bezeichnet, dass bei einem Kompromiss zwar jede Partei ein in Teilen brauchbares Resultat erzielt hat, jedoch alle Beteiligten in Teilen auch verloren haben („Win/Lose-Win/Lose").

Orientiert man sich an einer langfristigen Beziehung zur/zum Verhandlungspartner/in, so ist für einen selbst meist die Aufrechterhaltung der (guten) Beziehung wichtig. Daher ist man in einer Verhandlungssituation sogar bereit, ein schlechteres Ergebnis in Kauf zu nehmen („Anpassungsstrategie, „Lose-Win").

Auch das Vermeiden von Verhandlungen ist eine mögliche Strategie („Vermeidungsstrategie") – diese Strategie kann bspw. dort eingesetzt werden, wo der zu verhandelnde Interessenskonflikt sich nach kurzer Zeit von selbst auflösen würde. Gefährlich ist es jedoch, allen Verhandlungen aus dem Weg zu gehen, da es möglich sein kann, dass ein bestehendes Problem nur aufgeschoben, aber nicht gelöst wird („Lose-Lose")!

Einen weiteren Weg, mit dessen Beschreitung ein für alle beteiligten Parteien zufriedenstellendes Ergebnis, also eine „Win-Win"-Situation, erreicht werden soll, beschreibt dieses Kapitel zum Thema Verhandlungstechnik: das Prinzip des sachbezogenen und kooperativen Verhandelns („Kooperationsstrategie").

Auf den folgenden Seiten finden Sie eine Einführung in den Stil des kooperativen Verhandelns, die mit zahlreichen Anwendungs- und Reflexionsaufgaben ausgestaltet ist. Dieses Kapitel bietet eine Zusammenfassung bewährter Konzepte und Strategien – insbesondere des Harvard-Konzepts („Getting to yes", vgl. Fisher/Ury 2009). Es ist somit als anwendungsorientiertes Grundlagenwerk konzipiert, das neben einer fundierten inhaltlichen Einführung den Ausgangspunkt auf dem Weg zu einer verbesserten Verhandlungskompetenz darstellt.

2. Was ist eine Verhandlung?

Bevor auf die einzelnen Punkte der Verhandlungsvorbereitung und -führung näher eingegangen wird, soll zuerst einmal beleuchtet werden, was man unter einer Verhandlung versteht.

Case Study: Personalentwicklung
Sie arbeiten in einem mittelgroßen Unternehmen im Rechnungswesen. Die Leiterin der Personalentwicklung (PE) hat bereits mehrfach den

Wunsch geäußert, dass Sie eine Schulung für Spezialanwendungen der im Unternehmen verwendeten *Enterprise-Resource-Planning-*(ERP-) Software machen sollen. Soeben ist sie zu Ihnen ins Büro gekommen und hat Ihnen mitgeteilt, dass Sie übernächste Woche von Mittwoch bis Samstag den ersten Block der Intensivschulung besuchen werden, falls Sie in die engere Auswahl für die nächste Beförderung kommen wollen. Bevor Sie antworten konnten, dass Sie für den betreffenden Samstag und den darauffolgenden Sonntag bereits einen Kurzurlaub in der Therme geplant haben, hat die Leiterin der PE Ihnen schon einen Zettel mit der Kursinformation übergeben und das Büro verlassen. Ihr Arbeitskollege kommentierte die Situation so: „Mach dir nichts draus. Bei Weiterbildungen lässt sie nicht mit sich verhandeln."

Wann stellt ein Gespräch eigentlich eine Verhandlung dar? Stellt diese Situation bereits eine Verhandlung dar?

Im klassischen Sinne bezeichnet man jene Situationen als Verhandlungen, in denen zwei oder mehrere Personen oder Interessensgruppen über widersprüchliche Interessen verfügen und miteinander kommunizieren, um zu einer Lösung zu kommen. Um von einer Verhandlung sprechen zu können, müssen also folgende vier Merkmale gegeben sein (vgl. Portner 2010, S. 17):

1. Zwischen den Verhandlungsparteien herrscht eine wie auch immer ausgestaltete Beziehung, die sich in einer **wechselseitigen Abhängigkeit** niederschlägt. Ohne diese Beziehung und Abhängigkeit würde die für die Verhandlung notwendige Interaktion gar nicht auftreten.
2. Eine Verhandlung wird nur dann benötigt, wenn die beteiligten Personen oder Parteien über **unterschiedliche Interessen** verfügen. Dieser Interessenskonflikt stellt die Ausgangsbasis für eine Verhandlung dar – ohne ihn wäre eine Verhandlung nicht notwendig.
3. Auch eine ungefähre **Gleichverteilung der Machtverhältnisse** ist für das Zustandekommen einer Verhandlung notwendig. Das Diktat einer Lösung durch eine der beteiligten Parteien kann also nicht als Verhandlung gesehen werden, auch wenn die andere Person oder Partei die Wahl hat, diese Lösung anzunehmen oder abzulehnen. Nur wenn es möglich ist, dass sich alle betroffenen Parteien an der Lösungsfindung beteiligen und diese mitgestalten, wird von einer Verhandlung gesprochen.
4. Eine grundlegende Bedingung für eine Verhandlung ist, dass die beteiligten Personen oder Parteien eine **gemeinsame Lösung** erreichen wollen. Ohne dieses gemeinsame Ziel einer Einigung wäre ein geführtes Gespräch vielleicht als ein Ausloten der Positionen, nicht aber als Verhandlung zu verstehen.

Case Study: Personalentwicklung
Betrachtet man nun die oben dargestellte Situation hinsichtlich der vier genannten Merkmale von Verhandlungen, so liegt durch das Arbeitsverhältnis (Mitarbeiter/in – Leiterin der PE) eine wechselseitige Abhängigkeit vor, da sie in gewissem Maße aufeinander angewiesen sind. Durch die unterschiedlich geplante Nutzung des betreffenden Samstags liegt ein Interessenskonflikt vor. Eine Gleichverteilung der Machtverhältnisse scheint in diesem Fall nicht vorzuliegen, da eine Lösung seitens der Leiterin der PE diktiert wird. Auch wenn Sie sich für oder gegen den Kurs entscheiden können, gestalten Sie die Lösung nicht mit. Weiters kann aufgrund des Verhaltens dieser Kollegin nicht darauf geschlossen werden, dass hier der Wille zu einer gemeinsamen Lösung vorliegt. Daher trifft auf diesen Fall die Bezeichnung „Verhandlung" im klassischen Sinne nicht zu, vielmehr handelt es sich um eine Anordnung. Ein Konflikt ist jedenfalls vorhanden!

Der Begriff „Verhandlung" wird also im alltäglichen Leben sehr oft verwendet, auch wenn er nicht (immer) zutrifft.

Das Wichtigste nochmals auf einen Blick: Eine Verhandlung ist eine Situation, in der die beteiligten Personen oder Parteien ausgehend von ihren unterschiedlichen Interessen durch Kommunikation eine gemeinsame Lösung erreichen wollen. Die beteiligten Verhandlungsparteien sind dabei wechselseitig voneinander abhängig und verfügen über ungefähr gleich verteilte Macht.

3. Verschiedene Grundeinstellungen zum Verhandeln

Sobald man sich in einer Verhandlungssituation befindet, sollte man für sich selbst klären: Will ich jedenfalls den Gegner besiegen? Will ich gemeinsam mit meinem Verhandlungspartner eine gute Lösung finden? Was ist also das Ziel meiner Verhandlung bzw. wie kann ich im Nachhinein sagen, ob ich erfolgreich verhandelt habe?

3.1 Wann spricht man von einer erfolgreichen Verhandlung?

Der Erfolg einer Verhandlung lässt sich im Wesentlichen anhand der folgenden drei Faktoren messen:

- Effektivität (Qualität des Ergebnisses)
- Effizienz (Zeitökonomie der Ergebniserzielung)

- Verhandlungsklima (Qualität der Beziehung zu den anderen Verhandlungsparteien)

Am Beginn einer Verhandlung sollte man für sich festlegen, wie wichtig diese drei Ziele bzw. jedes einzelne dieser drei Ziele für die anstehende Verhandlung sind. Das kann durchaus von Verhandlung zu Verhandlung variieren, da es bspw. einmal wichtig sein kann, schnell zu einem Ergebnis zu kommen, während ein anderes Mal eher das Verhandlungsklima und die gute, langfristige Beziehung zum Verhandlungspartner im Mittelpunkt stehen. Meist wird die Beziehung zum Verhandlungspartner im Laufe einer ergebnisorientierten Verhandlung belastet – beides zu vereinen, ist sehr schwierig und kostet meist deutlich mehr Zeit als die Einigung auf einen schnellen („faulen"?) Kompromiss.

Soll ein „gutes" Ergebnis erzielt werden, so ist darauf zu achten, dass dieses Ergebnis folgende Anforderungen erfüllt:

1. Das Ergebnis sollte **klar** formuliert sein, sodass es diesbezüglich zwischen den Verhandlungspartnern nicht zu Streitigkeiten hinsichtlich der Auslegung der Vereinbarung kommt. Oft ist hier eine schriftliche Dokumentation des Ergebnisses sehr hilfreich!
2. Das erzielte Ergebnis muss unbedingt **realisierbar** sein, es sollen also keine utopischen Dinge vereinbart werden, deren Einhaltung offensichtlich für die Verhandlungspartner nicht möglich ist.
3. Ein **faires** Ergebnis bildet die Basis für ein gutes Gesprächsklima in zukünftigen Verhandlungen. Oder würden Sie mit jemandem verhandeln wollen, der bei den letzten Verhandlungen immer unfaire Vereinbarungen zu Ihren Ungunsten fixiert hat?
4. Das Ergebnis soll **nützlich** sein, den grundlegenden Interessenskonflikt (Ausgangspunkt der Verhandlung) auflösen oder zumindest entschärfen.
5. Wichtig ist auch, dass das Ergebnis **nachhaltig** ist, d.h. dass dieses Ergebnis für eine möglichst lange Dauer Bestand hat und keine Nachverhandlungen braucht.

Wie meist im Leben gibt es auch beim Verhandeln mehrere Wege, die zur Erreichung dieser Zielvorstellungen führen können. In weiterer Folge sollen drei dieser Wege kurz vorgestellt werden, nämlich der kompetitive Weg (Verhandeln als Kampf), der kompromissorientierte Weg („fairer" Kompromiss) und der kooperative Weg nach dem Harvard-Konzept.

3.2 Verhandeln als Kampf

Dieser Ansatz, der auch als kompetitives oder distributives Verhandeln bezeichnet wird, hat zum Ziel, den Gegner zu besiegen. Gekämpft wird mit allen Tricks der Kampfrhetorik wie bspw. mit falschen oder vorgetäuschten

Informationen, persönlichen Angriffen, um von den Sachargumenten abzulenken, oder aber auch der Anwendung von Tricks, um dem Gegner das Wort zu entziehen. Verhandeln als Kampf tritt vor allem bei Verhandlungen auf, bei denen in der Öffentlichkeit diskutiert wird. Darunter fallen zum Beispiel viele Abrüstungsverhandlungen zwischen Staaten oder oft auch Verhandlungen um Reformen im öffentlichen Sektor.

Setzt man diese kämpferischen Methoden bei geschäftlichen oder privaten Verhandlungen ein, so ergeben sich folgende Probleme:

- Kennt die/der „Gegner/in" die gleichen Tricks, dauern die Verhandlungen sehr lang und sind wenig erfolgreich. Oft führt Kampfverhandeln dazu, dass Lösungen erst in letzter Minute erzielt werden. Aktuell gibt es derartige Last-Minute-Lösungen oft bei Lohnverhandlungen, bei denen nach einem vielstündigen Verhandlungsmarathon in den frühen Morgenstunden ein Ergebnis erzielt wird und so die für 8 Uhr morgens angesetzten (Warn-)Streiks ausgesetzt werden. Die Lösungen sind dann selten ausgereift, vielmehr soll ein noch größerer Schaden verhindert werden – oftmals handelt es sich dann um einen „faulen Kompromiss" (siehe unten).
- Kennt die/der „Gegner/in" die Tricks nicht, wird man zwar gewinnen, jedoch keine positiven langfristigen Beziehungen aufbauen können. Diese fehlenden positiven Beziehungen können hinderlich für zukünftige Verhandlungen sein, da es keine gemeinsame Vertrauensbasis gibt.
- Unterliegt eine Verhandlungspartei mehrmals, wird sie versuchen, bei der nächsten Verhandlung ihre Position zu verbessern, um endlich einmal einen Erfolg zu erreichen. Dies führt dann zu einem noch erbitterteren Kampf oder – im Falle eines neuerlichen Misserfolgs des Verhandlungspartners – möglicherweise auch zu einem gänzlichen Abbruch der Beziehung. Ohne eine zugrunde liegende private oder geschäftliche Beziehung werden keine neuen Verhandlungen geführt, was somit aus der/dem „Sieger/in" der früheren Verhandlungsrunden ebenfalls eine/n „Verlierer/in" macht.

3.3 Unzufriedenheit mit einem „faulen" Kompromiss

Oftmals versuchen Gesprächspartner, bei Unstimmigkeiten den Weg „in der Mitte zu finden", also ein Ergebnis zu erzielen, das zwischen dem Angebot des Verkäufers und jenem des Käufers zu finden ist. Dabei steht z.B. bei einer Verkaufsverhandlung der Preis im Mittelpunkt der Verhandlung, und man einigt sich – womöglich bedeutend schneller als bei anderen Verhandlungsformen – auf einen Kompromiss.

Dieser Kompromiss kann sich jedoch als „fauler" Kompromiss entpuppen, da beide Verhandlungsparteien auf etwas verzichten müssen und so das ursprünglich angestrebte Ergebnis nicht erreichen können. Auch hemmt diese

Kompromissorientierung die Flexibilität, d.h., die beiden Seiten fokussieren auf das Erzielen eines „fairen“ Kompromisses, während viele Alternativen (siehe Kapitel Verhandlungsvorbereitung) nicht bedacht werden.

Ein Kompromiss ist also oftmals die schnellste und am bequemsten zu erreichende Lösung, allerdings meist auch nicht die beste!

3.4 Verhandeln als Gespräch zum Nutzen aller Beteiligten – das Harvard-Konzept

In diesem Kapitel soll ein Überblick über das kooperative Verhandeln sowie das dieser Methode zugrunde liegende Harvard-Konzept gegeben werden. Detailliertere Ausführungen zu den einzelnen Punkten finden Sie in den nachfolgenden Kapiteln.

Das Harvard Negotiation Project (vgl. z.B. Fisher, Ury & Patton 2009) ist ein interdisziplinäres Forschungsprojekt an der Harvard Law School, das sich mit dem Thema Verhandlungsführung beschäftigt. Die wesentlichen Erkenntnisse dieser Forschungstätigkeit fassten Fisher & Ury 1981 in ihrem Buch „Getting to Yes“ zusammen und begründeten damit das Harvard-Konzept, das ein Modell des rationalen Verhandelns darstellt und eine konstruktive und sachbezogene Verhandlungsführung propagiert. Ziel dieses Verhandlungskonzepts ist es,

- die gemeinsamen Interessen herauszufinden,
- jenes Ergebnis gemeinsam zu erreichen, bei dem beide Partner Vorteile gegenüber der Situation vor der Verhandlung haben, und somit
- auftretende (Interessens-)Konflikte fair zu lösen.

Um dieses Ziel zu erreichen, sollten die in der Folge dargestellten fünf Eckpunkte des Konzepts beachtet werden (vgl. Fisher, Ury & Patton 2009, S. 41 ff.).

1. **Trennen** Sie die beteiligten **Personen von** den zu behandelnden **Problemen**: In der Sache können und sollen Sie ruhig hart sein. Achten Sie jedoch darauf, dass Sie sanft im Umgang mit den beteiligten Personen sind – bei der Verhandlung sollte es nicht um die Beziehungsebene gehen, vielmehr sollte der Inhalt besprochen werden!
2. Konzentration auf **Interessen statt auf Positionen**: Beharren Sie nicht auf Ihren Standpunkten (= Positionen), haben Sie vielmehr die Gesamtziele Ihrerseits und Ihrer Verhandlungspartner (= Interessen) vor Augen. So erhalten Sie mehr Flexibilität bei der Lösungsfindung!
3. Entwicklung von **Optionen zum beiderseitigen Vorteil**: Entwickeln Sie gemeinsam mit Ihren Verhandlungspartnern Lösungsmöglichkeiten, von denen Sie beide profitieren. Seien Sie bei der Lösungsfindung ruhig kreativ, „vergrößern Sie den Kuchen“ (siehe Kapitel 4.4.3.2)!
4. Anwendung von **neutralen Beurteilungskriterien**: Suchen Sie nach objektiven und fairen Wertmaßstäben, Standards und Verfahren, die

für beide Verhandlungsparteien akzeptabel sind. Wenn Sie sich vor dem „großen Feilschen" auf solche Wertmaßstäbe festgelegt haben, so ist die Bewertung der Lösungsalternativen für beide Parteien transparenter und besser nachvollziehbar.

5. Für den Fall, dass die Verhandlung scheitert, sollte bereits vorab die **beste Alternative** („Best Alternative to Negotiated Agreement", kurz BATNA) überlegt werden (siehe ausführlicher im Kapitel 4.4.2).

Mit der Vereinigung dieser Ziele hat die Methode des kooperativen, sachbezogenen Verhandelns den Vorteil, dass ein für die beteiligten Parteien faires Ergebnis erzielt wird und zusätzlich der Aufbau von langfristigen Beziehungen ermöglicht wird. Diese gute Beziehung zwischen den verhandelnden Personen oder Parteien kann als starke (Vertrauens-)Basis für zukünftige Verhandlungen dienen. Wird der kooperative Verhandlungsstil von den Verhandlungsparteien beherrscht, so kann sehr rasch eine für alle Beteiligten positive Lösung erreicht werden.

Kooperatives Verhandeln ist umso einfacher, je kleiner das Verhandlungsteam ist und je weniger Zuseher Sie haben. Verhandlungen in der nationalen und der internationalen Politik sind deswegen so schwierig, weil sich die Verhandelnden vor der Öffentlichkeit als harte Verhandler darstellen wollen und daher kaum versuchen werden, sinnvolle Ideen des politischen Gegners in die Lösungen einzubeziehen, einen Irrtum zuzugeben oder zu fairen Kompromissen zu kommen.

Diskussionen im Fernsehen („Runder Tisch" etc.) haben mit Verhandlungen nichts zu tun. Ziel einer Verhandlung ist es, den Partner/die Partnerin dazu zu bringen, ein erwünschtes Verhalten zu zeigen, d.h., der politische Gegner müsste den Positionen zustimmen und vielleicht sogar die Partei seines Gegenüber wählen.

Öffentliche Diskussionen werden hingegen nach den Regeln der Kampfrhetorik geführt. Ziel ist es nicht, eine gemeinsame Lösung zu erarbeiten, sondern die Akzeptanz der Zuschauer zu gewinnen. Auch im Parlament werden Lösungen nicht im Plenum erarbeitet. Im Plenum wird für die „Galerie", also für die Öffentlichkeit, gesprochen. Gemeinsame Vorschläge werden im Ausschuss erstellt, der unter Ausschluss der Öffentlichkeit tagt.

Verwechseln Sie daher nicht kampfrhetorisch geprägtes Auftreten mit „harten" Verhandlungen!

4. Verhandlungsvorbereitung

Um ein erfolgreiches Verhandlungsergebnis zu erreichen, ist eine sehr intensive Vorbereitung unbedingt notwendig.

Anhand eines Beispiels sollen die verschiedenen Stufen der Verhandlungsvorbereitung angelehnt an das Harvard-Konzept („Getting to yes", vgl. Fisher & Ury 2009) gezeigt werden.

Case Study: Personalentwicklung
Sie bereiten sich auf ein Gespräch vor, in dem die Leiterin der Personalentwicklung Ihnen Weiterbildungskurse für Spezialanwendungen im *Enterprise-Resource-Planning* (*ERP*) vorschlagen wird. Sie vermuten, dass es sich um Abendkurse handelt, die Ihnen die Firma zwar zahlen wird, aber die Sie in Ihrer Freizeit machen sollen. Dafür wird man Ihnen die Nachfolge der Leitung des Rechnungswesens anbieten, da dieser Herr/diese Dame in einem Jahr in Pension gehen wird.
Sie sind über die Abendkurse nicht sehr erfreut, da Sie bereits zweimal in der Woche in einen Spanischkurs gehen, wollen jedoch die Karrierechance wahrnehmen.
Welche Überlegungen stellen Sie an, um gut vorbereitet in die Verhandlung zu gehen?

4.1 Ziele setzen inkl. Präferenzen

Überlegen Sie zunächst, worum überhaupt verhandelt werden kann:

- Was ist ihr **oberstes Ziel**, das Sie erreichen wollen?
  - Welche Präferenzen haben Sie, um dieses oberste Ziel zu erreichen?
  - Gibt es noch Unterziele, die Ihnen wichtig sind?

Case Study: Personalentwicklung
Ihr **oberstes Ziel** könnte Ihre weitere Karriere (Rechnungswesenleiter/in) sein. Verhandelt werden kann ferner um Zeit, Ort und Kosten des Kurses sowie um sonstige Nebenbedingungen.

Sie könnten sich daher Folgendes überlegen:

- Sie wollen auf jeden Fall diesen ERP-Kurs machen, um Rechnungswesenleiter/in werden zu können.
- Sie wollen auf keinen Fall den Sprachkurs sofort abbrechen, Sie wollen aber auch nicht an vier Tagen in der Woche Abendkurse besuchen.
- Sie wollen entweder Bezahlung, Zeitausgleich oder irgendeinen anderen Vorteil für die aufgewendete Zeit bekommen.

Ihre Unterziele wären daher:

- maximal zwei bis drei Abende pro Woche belegt zu haben.
- zumindest etwa die Hälfte der Zeit in Form von Zeitausgleich, Überstunden oder bezahltem Urlaub abgegolten zu erhalten.

Ihre erste Präferenz ist jedoch die Sicherung der Karriere und eine Verbesserung der Bezahlung. Bei entsprechenden Zusagen wären Sie eventuell bereit, von anderen Zielen abzugehen.

Es müsste jedoch tatsächlich eine Zusage erfolgen, dass Sie in einem Jahr zum/zur Leiter/in des Rechnungswesens aufsteigen.

Verhandlungsziele sollten Sie nur ungefähr festlegen. Genaue Ziele machen Sie bei Verhandlungen zu unflexibel.

Überlegen Sie, was Ihr wichtigstes Ziel ist (in diesem Fall vermutlich die Karrierechance und der sichere Arbeitsplatz), und gefährden Sie es nicht durch das Beharren auf Detailzielen, die vielleicht mittelfristig unwichtig sind.

4.2 Analyse der eigenen und der fremden Interessen

Was will ich, und was könnte mein Verhandlungspartner wollen?

Versuchen Sie, Ihre eigenen Interessen zu formulieren. Versetzen Sie sich in die Lage des Verhandlungspartners und überlegen Sie, welche Interessen er verfolgen könnte. Überlegen Sie, aufgrund welcher Interessen der Verhandlungspartner bestimmte Verhandlungsergebnisse anstreben könnte bzw. aufgrund welcher Interessen er bestimmte Vorschläge ablehnen könnte. Legen Sie Präferenzen für Ihre eigenen Interessen fest (was ist Ihnen besonders wichtig, worauf könnten Sie am ehesten verzichten?).

Case Study: Personalentwicklung

Was könnte für Ihre/n Vorgesetzte/n bzw. die Leiterin der Personalentwicklung interessant sein?

- Ist es Ihre Arbeitskraft, ist es Geld, vielleicht soll auch nur Macht ausgeübt werden? Vielleicht will man Sie sogar zum Firmenwechsel veranlassen?

Was sind Ihre vorrangigen Interessen? Worauf sind Sie am ehesten bereit zu verzichten?

- Karriere, Freizeit, Geld.

4.3 Interessen und Positionen unterscheiden

Warum scheitern Verhandlungen, obwohl beide Verhandlungspartner dasselbe wollen?

Nachdem das oberste Ziel in der Vorbereitung festgelegt wurde, ist es nun wichtig, sich darüber Gedanken zu machen, wie dieses Ziel am besten erreicht werden kann. Wichtig ist es dabei, zwischen Interessen und Positionen zu unterscheiden. Verhandlungspartner nehmen Positionen ein, um bestimmte Interessen zu verfolgen.

Werden die unterschiedlichen Positionen zu vehement vertreten bzw. zu hart verteidigt, dann könnte es sein, dass es trotz gemeinsamer Interessen zu keiner Verhandlungseinigung kommt. Dies wäre für beide Seiten unbefriedigend.

Case Study: Personalentwicklung

	Leiterin der Personalentwicklung	Mitarbeiter/in
Oberstes Ziel	Mitarbeiter/in zum/zur Leiter/in des Rechnungswesens befördern	Aufstieg zum/zur Leiter/in des Rechnungswesens
Interesse	Leiter/in des Rechnungswesens muss über ERP-Spezialkenntnisse verfügen	Leiter/in des Rechnungswesens muss über ERP-Spezialkenntnisse verfügen
Position	Kurs am Abend	Kurs in der Arbeitszeit

Obwohl sich beide Seiten einig sind, dass es notwendig ist, den ERP-Kurs zu machen, könnte es sein, dass aufgrund der unterschiedlichen Positionen (wann dieser Kurs zu machen ist) die Verhandlung scheitert.

Beide Verhandlungspartner beharren auf ihren Positionen, die durch dahinterliegende Interessen gebildet werden. Positionen, die vehement vertreten werden, können die Interessen verdecken. Man sollte daher immer sein oberstes Ziel im Auge haben und die Gefahr sehen, dass zu aggressives Verharren auf Positionen das gesamte Verhandlungsergebnis gefährden könnte. Es ist daher unbedingt notwendig, zu wissen, welche Interessen sich hinter Verhandlungspositionen befinden, um bei den Lösungsvorschlägen flexibel bleiben zu können.

4.4 Stärken- und Schwächenanalysen

Überlegen Sie, wie stark bzw. wie schwach Sie Ihre Verhandlungsposition einschätzen. Denken Sie auch über die Stärken und Schwächen Ihres Partners, Ihrer Partnerin nach.

Achtung: Auch wenn Sie in einer bestimmten Verhandlungssituation mehr Stärken und weniger Schwächen haben als Ihr Partner, Ihre Partnerin, sollten Sie nicht Ihre volle Stärke ausnützen. Sie belasten damit langfristig die Beziehungen, das nächste Mal könnten die Stärkeverhältnisse umgekehrt sein.

4.4.1 Kurzfristige vs. langfristige Sichtweise

Stärken und Schwächen können unter einem kurzfristigen und unter einem langfristigen Aspekt gesehen werden. Die beiden Aspekte können sehr unterschiedlich sein.

Case Study: Personalentwicklung
Kurzfristig könnte Ihr Ausscheiden aus dem Unternehmen für die Geschäftsführung sehr unangenehm sein, da Sie gerade an einem wichtigen Projekt arbeiten und viele Informationen nicht so gut dokumentiert sind, dass ein/e andere/r Mitarbeiter/in das Projekt übernehmen könnte. Nützen Sie diesen kurzfristigen Vorteil aus, wird die Unternehmensvertretung langfristig danach trachten, Sie ersetzbar zu machen, und sich nicht noch einmal erpressen lassen.

Andererseits könnte die Verhandlerin auf Unternehmensseite kurzfristig sehr stark sein, da sie weiß, dass Sie gerade eine Wohnung gekauft haben und dringend Geld brauchen. Nützt sie diesen Vorteil aus, werden Sie langfristig versuchen, eine andere Stellung zu finden, und gerade dann kündigen, wenn es für das Unternehmen am unangenehmsten ist.

Sie sehen, langfristig kann die/der Sieger/in die/der Verlierer/in sein.

Besonders unangenehm ist es auch, wenn man die eigene Stärke über- und die Stärke des Partners, der Partnerin unterschätzt.

Case Study: Personalentwicklung
Sie glauben, aufgrund des laufenden Projektes derzeit unentbehrlich zu sein, und stellen hohe Karriere- und Gehaltsanforderungen.

Die Leiterin der Personalentwicklung hat jedoch bereits für die Projektarbeit eine/n Nachfolger/in im Auge, da Sie ja Leiter/in des Rechnungswesens werden sollen. Da sie Ihre Forderungen unverschämt findet, bricht sie das Gespräch höflich ab, sucht eine/n andere/n Mitarbeiter/in für die Karriere, stellt Ihnen die/den neue/n Mitarbeiter/in für das Projekt angeblich „als Hilfe" zur Seite, und Sie landen im besten Fall auf einem „Abstellgleis", oder im schlechteren Fall müssen Sie sich nach einer Alternative umsehen.

Daher ist es besonders wichtig, mit den eigenen Forderungen vorsichtig umzugehen und sich bei Verhandlungen immer am beiderseitigen Nutzen zu orientieren!

4.4.2 Best Alternative to a Negotiated Agreement (BATNA)

Was ist mein Plan B?

Es ist sinnvoll, zu überlegen, was Sie bzw. Ihr Partner, Ihre Partnerin tun können, wenn die Verhandlungen nicht erfolgreich verlaufen, d.h. welche „beste Alternativen" für die beiden Verhandlungspartner bestehen. Dafür wurde von Fisher und Ury das System der BATNA konzipiert. Die „Best Alternative to a Negotiated Agreement"-Theorie basiert darauf, immer zu wissen, was habe ich, wenn die Verhandlung scheitert. Was habe ich, wenn ich vom Verhandlungstisch aufstehe und sage: „Nein, da kann ich nicht mehr mitgehen"? Diese BATNA spielt in der Vorbereitung eine wichtige Rolle, denn der Verhandlungspartner, der eine bessere BATNA hat (sprich die bessere Alternative), ist auch der stärkere Verhandlungspartner und braucht daher nicht so viele Kompromisse einzugehen wie der schwächere. Daher ist es sehr wichtig: Kenne deine BATNA zu jedem Zeitpunkt der Verhandlung!

Case Study: Personalentwicklung
Ihre Alternativen:
- Der eigene Job wird behalten, aber keine Karriereperspektiven.

Möglichkeiten, Ihre BATNA zu verbessern:
- Finden Sie leicht wieder einen derartigen Posten mit einer entsprechenden Aufstiegsmöglichkeit?
- Fühlen Sie sich in diesem Unternehmen wohl, oder können Sie sich ein "angenehmeres" Unternehmen vorstellen?
- Ist das Unternehmen nahe bei Ihrem Wohnort, oder gibt es nähere Arbeitsmöglichkeiten?

Alternativen der Leiterin der Personalentwicklung:
- Was könnte sie tun, wenn Sie die Weiterbildung am Abend ablehnen?
- Gibt es in dem Unternehmen jemand anderen, den sie zum/zur Leiter/in des Rechnungswesens aufbauen könnte?
- Findet sie leicht jemand anderen, der das Rechnungswesen der Firma so gut kennt wie Sie?

4.4.3 Zone of Possible Agreement (ZOPA)

„Können wir ein gemeinsames Ergebnis erzielen?"

Ein gutes Verhandlungsergebnis für beide Seiten kommt nur zustande, wenn beide Seiten zufrieden sind. Wann sind beide Seiten zufrieden? Wenn sie ein Verhandlungsergebnis erreichen, das den Vorstellungen beider Verhandlungspartner entspricht, d.h., es wird keine Schmerzgrenze eines Verhandlungspartners unterschritten.

4.4.3.1 Monetäre ZOPA

Case Study: Personalentwicklung
Die Leiterin der Personalentwicklung ist gewillt, dem Leiter des Rechnungswesens ein Gehalt zwischen 4.500 Euro und 5.500 Euro zu bezahlen. Sie stellen sich ein Gehalt von mindestens 5.000 Euro vor.

Ihre ZOPA liegt daher zwischen 5.000 Euro und 5.500 Euro und ist somit 500 Euro groß.

Abbildung 2: Monetäre ZOPA bei Gehaltsverhandlungen (angelehnt an Spangler 2003, online)

Es ist in diesem Beispiel eine ZOPA vorhanden. Es hängt daher vom Geschick der Verhandlungspartner/innen ab, diese ZOPA zu finden und innerhalb der ZOPA zu einer Übereinkunft zu kommen. Dabei versucht jede verhandelnde Person, für sich in dieser ZOPA das optimale Ergebnis erreichen.

4.4.3.2 Nicht monetäre ZOPA

Case Study: Personalentwicklung
Die Leiterin der Personalentwicklung ist gewillt, dem Leiter des RW ein Gehalt von max. 4.800 Euro zu bezahlen. Sie stellen sich ein Gehalt von mindestens 5.000 Euro vor.

Sie haben keine ZOPA. Vordergründig müsste die Verhandlung abgebrochen werden. Aber es gibt auch eine nonmonetäre ZOPA.

Fortsetzung des Beispiels: Die Bezahlung könnte ein Gehalt von 4.700 Euro und zusätzlich einen Dienstwagen beinhalten, der auch privat genutzt werden kann. Das Unternehmen muss nicht mehr Gehalt bezahlen und kann den Dienstwagen steuersparend, als Betriebsausgabe, absetzen. Sie als Mitarbeiter/in ersparen sich durch den Verkauf Ihres Privat-PKWs und die Privatnutzung pro Monat z.B. 400 Euro, da weder Benzin, Reparatur noch Servicekosten privat zu bezahlen sind. Somit schaffen Sie eine ZOPA, die für beide Verhandlungsparteien zufriedenstellend ist.

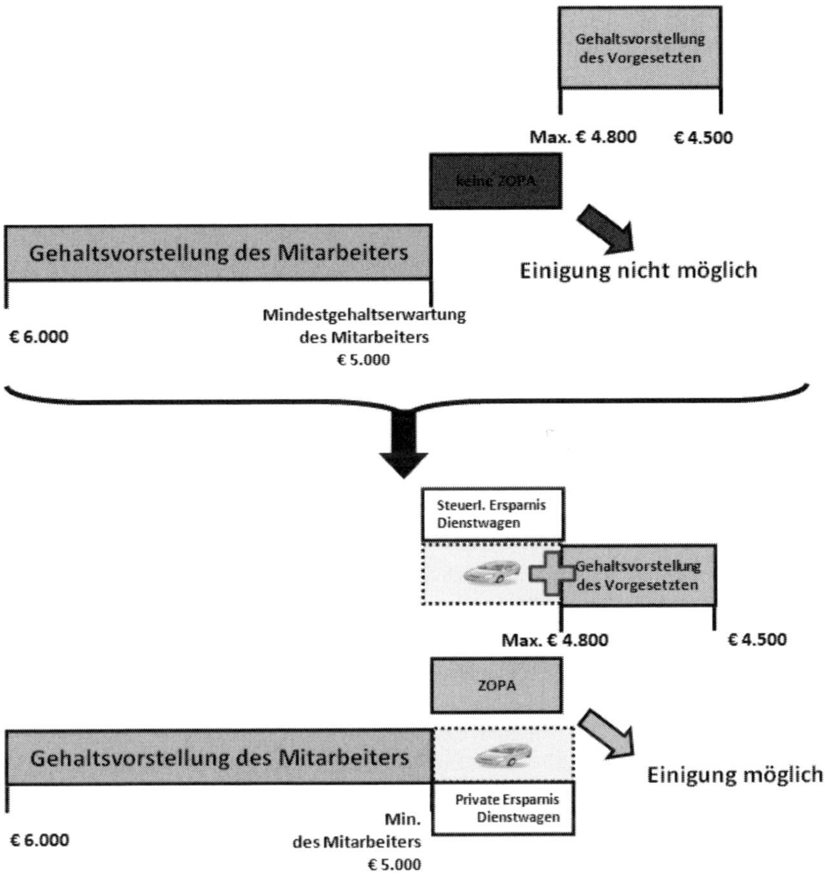

Abbildung 3: Nicht monetäre ZOPA bei Gehaltsverhandlungen

Wie kann die Unter- und Obergrenze der ZOPA herausgefunden werden? Dabei helfen primär eine gute Vorbereitung auf die Verhandlung inkl. umfassender Recherche und gezieltes Nachfragen in der Verhandlungssituation.

> **Praxisbeispiele:**
>
> Gehaltsverhandlung oder Vorstellungsgespräch: Als Recherchemöglichkeiten in der Vorbereitung bieten sich etwa der zutreffende Kollektivvertrag, Informationen von Personalvermittlern wie dem Zentrum für Berufsplanung (ZBP) der WU, Jobinserate mit Gehaltsangaben oder auch Informationen von (ehemaligen) Studienkollegen oder Bekannten, die in dieser Branche arbeiten, an.
>
> Hauskauf: Ob der Preis für ein Haus angemessen ist, können Sie über Informationen bei Maklern, Preise von Objekten in ähnlicher Lage oder bspw. dem m²-Preisspiegel in Fachzeitschriften vergleichen.

Nur bei einer sorgfältigen Vorbereitung kann zwischen realistischen und unrealistischen Angeboten bzw. Forderungen unterschieden werden.

Sehr wichtig ist es auch, die eigene unterste Schmerzgrenze (Bottom-Line) zu kennen. Fragen Sie sich dafür in der Vorbereitung: Welche Zugeständnisse bin ich bereit zu machen, die für mich noch vertretbar sind?

4.5 Lösungen vorbereiten

Man kann nicht damit rechnen, dass einem während des Verhandelns die besten Lösungen einfallen. Sinnvoll ist es daher, schon vorher zu überlegen, welche Lösungswege möglich wären.

Case Study: Personalentwicklung

- Sie könnten nur einen Teil der ERP-Weiterbildung am Abend und einen Teil in Blockform während der Dienstzeit machen.
- Sie könnten die Abendstunden voll oder teilweise als Überstunden bezahlt bekommen.
- Sie könnten für die Abendstunden Zeitausgleich bekommen.
- Sie könnten einen Kurs am Nachmittag machen und dafür zweimal in der Woche früher aus dem Büro weggehen.
- Sie könnten noch ein halbes Jahr Ihren Sprachkurs fortsetzen und dann erst mit dem ERP- Kurs beginnen.

Gute Lösungswege sind nur Lösungen, die auch für die mit Ihnen verhandelnde(n) Person(en) akzeptabel sein können.

4.6 Wer macht das erste Angebot?

Oft wird um Preise oder Werte verhandelt. Bei diesen Verhandlungen ist es wichtig, sich vorab bereits ein Eröffnungsangebot (erstes Angebot, Opening Offer) zu überlegen.

Das Opening Offer soll

- hoch genug sein, damit noch genug Spielraum vorhanden ist, zu manövrieren, aber auch
- niedrig genug sein, um niemanden zu verletzen bzw. die Verhandlung sofort zu gefährden.

Praxisbeispiel:

Opening Offer bei einer Gehaltsverhandlung oder einem Vorstellungsgespräch:

Die Firma ist bereit, für die Stelle 4.500 Euro zu bezahlen.

Das Opening Offer der Firma wird 4.100 Euro sein. Dieser Betrag kann noch nach oben verhandelt werden, ist aber nicht zu niedrig angesetzt, um den Bewerber nicht zu beleidigen, bzw. es besteht nicht die Gefahr, dass sich keine qualifizierten Kandidaten bewerben.

Die bewerbende Person wird meist gefragt, welches Gehalt sie sich vorstellt. Dabei ist es wichtig, nicht nur optimistisch, sondern auch realistisch bei den Gehaltsvorstellungen zu sein! Dabei kann durchaus etwas mehr verlangt werden, als die gründliche Marktrecherche ergab. Allerdings sollte kein zu extrem hohes Gehalt als Opening Offer angegeben werden, da ansonsten der Arbeitgeber vor den Kopf gestoßen sein könnte.

Zu beachten ist die Wichtigkeit des Opening Offers. Wer macht das erste Angebot?

Mache ich das erste Angebot, dann liegt dies auf dem Tisch und der Verhandlungspartner muss darauf eingehen (Anchoring). Zu beachten ist, dass ich dabei auch Informationen preisgebe, die für den Partner wichtig sein können.

Sehr viele strategische Verhandler empfehlen, sich zuerst das Opening Offer des Verhandlungspartners anzuhören. Aus dem ersten Angebot kann man sehr wertvolle Information über die Verhandlungsposition des Verhandlungspartners entnehmen. Es gibt auch schon erste Hinweise auf die Art der Einigung, die erzielt werden kann.

5. Verhandlungsdurchführung

Die Grundregel für eine positive Verhandlungsdurchführung nach dem Harvard-Konzept lautet:

Sie kommen nicht, um zu siegen, sondern um mit der/dem Partner/in ein Problem zum gemeinsamen Vorteil zu lösen. Die Pflege der langfristigen Beziehungen zum Partner, zur Partnerin ist ein wichtiges Verhandlungsziel.

5.1 Positiver Verhandlungsstart (Smalltalk)

Die Atmosphäre ist bei Verhandlungen sehr wichtig. Daher ist es auch entscheidend, wie man sich in der Zeit vor dem eigentlichen Verhandlungsbeginn verhält.

Getränkeangebot: Nehmen Sie das Angebot für einen Kaffee oder Wasser an. Alles abzulehnen gilt als unhöflich. Bitte überfordern Sie Ihre/n Gastgeber/in nicht, indem Sie etwas bestellen, das sie/er nicht da haben könnte. Mit Kaffee bzw. Wasser sind Sie meist auf der sicheren Seite.

Small Talk: Die Verhandlung wird üblicherweise von der Partei eröffnet, die die Einladung ausgesprochen hat bzw. in der Hierarchie weiter oben steht. Um das Eis zu brechen, kann die Zeit vor Verhandlungsbeginn mit Small Talk aufgelockert werden. Generell sollte der Ton beim Small Talk nicht zu förmlich sein. Wählen Sie ein Thema, das nicht anstrengend ist, in dem sich alle verhandelnden Personen wohlfühlen. Experten raten zu Themen wie **Wetter, Anreise, Pläne fürs Wochenende, Reisen, Hobbys, Sport**. Falls Sie wissen, dass der Verhandlungspartner **Familie** hat, kann man sich auch über diese erkundigen. Beim Small Talk geht es darum, eine Beziehung herzustellen. Daher sollten heikle bzw. kontroverse Themen wie Krankheiten oder Politik auf keinen Fall beim Small Talk angesprochen werden!

Geben Sie beim Small Talk ruhig etwas von sich preis und spüren Sie Gemeinsamkeiten auf. Dadurch wird „ein kleines Wir" geschaffen. Dies hat zur Folge, dass beide Partner das Gespräch als angenehm empfinden – was nur von Vorteil für die kommende Verhandlungssituation sein kann!

5.2 Positiv eröffnen

Eröffnen Sie das Gespräch mit einer positiven Aussage.

Case Study: Personalentwicklung
Die Unternehmensvertreterin könnte die Eröffnung mit folgenden Worten beginnen: „Ich wollte Ihnen schon lange mitteilen, dass ich mit dem Projektfortschritt bei Ihrer Reorganisation des Rechnungswesens sehr zufrieden bin."

Beachten Sie: Die positive Aussage muss glaubwürdig sein. Das obige Beispiel ist nicht brauchbar, wenn Sie von dieser Person vor einer Woche eine Rüge wegen des langsamen Projektfortschritts bekommen haben.

Wie positiv eine Formulierung sein darf, um beim Partner nicht den Verdacht der „Lobhudelei" zu erwecken, hängt auch vom Kulturkreis ab. In sachorientierten Kulturkreisen, wie etwa im deutschsprachigen Raum oder in Skandinavien, muss man vorsichtiger formulieren. In Osteuropa oder im arabischen Raum sind überschwänglichere Formulierungen üblich.

Case Study: Personalentwicklung
„Der Projektfortschritt ist hervorragend, ich hätte keinen besseren Mitarbeiter für dieses Projekt finden können. Ich muss Ihnen wirklich zu Ihrer Arbeit gratulieren."

5.3 Fragen stellen

Versuchen Sie, die/den Partner/in durch Fragen zum Reden zu bringen, um etwas über die Absichten der Partnerin, des Partners zu erfahren. Beginnt die/der Partner/in seinerseits/ihrerseits mit Fragen, fragen Sie zurück.

Es gilt: „Wer fragt, führt."

Case Study: Personalentwicklung
Die Leiterin der Personalentwicklung beginnt: „Ich hätte gerne, dass Sie die Nachfolge von Herrn Müller als Leiter des Rechnungswesens übernehmen. Wäre das für Sie eine interessante Aufgabe?"

Sie wollen nicht sofort allem zustimmen, da Sie noch nicht alle Details der Position bzw. des Vertrags kennen, also antworten Sie: „Die Aufgabe interessiert mich sehr, könnten Sie mir mehr darüber erzählen?"

Bei routinierten Verhandlungspartnern kann es sein, dass die Fragen mehrmals hin- und hergehen, bevor brauchbare Informationen fließen.

5.4 Das erste Angebot abgeben

Einer der Verhandlungspartner muss das „Frage-Ping-Pong" beenden und ein erstes Angebot abgeben. Auch beim kooperativen Verhandeln wird das erste Angebot nicht das beste sein. Vorsicht ist allerdings geboten, wenn das erste Angebot zu schlecht oder die erste Forderung zu hoch liegt (siehe dazu auch Kap. 4.6)

Der Partner könnte verstimmt sein und die Verhandlungen werden behindert. Dies gilt vor allem für „starke" Partner. Die Höhe des ersten Angebots bzw. der ersten Forderung ist daher auch vom Ergebnis der Stärken- und Schwächenanalyse und der möglichen Lösungsvorschläge abhängig.

Grundsätzlich gibt es zwei Möglichkeiten:

5.4.1 Defensives (vorsichtiges) Angebot

Case Study: Personalentwicklung
Die Leiterin der Personalentwicklung beginnt: „Sie wissen, dass Herr Mag. Müller in einem Jahr in Pension geht. Sie wissen natürlich auch, dass es einige Mitarbeiter im Unternehmen gibt, die für die Nachfolge infrage kommen. Selbstverständlich haben wir auch an Sie gedacht, da Sie sich bei der Reorganisation unseres Rechnungswesens sehr bewährt haben. Allerdings müssten Sie einen Teil Ihrer Freizeit in Ihre Weiterbildung im EDV-Bereich investieren. Wären Sie unter diesen Bedingungen an der Aufgabe interessiert?"

Vorsichtige Angebote werden vor allem dann gestellt, wenn man glaubt, stärker als der Partner zu sein.

5.4.2 Offensives Angebot

Case Study: Personalentwicklung
Die Leiterin der Personalentwicklung beginnt: „Sie wissen, dass Herr Mag. Müller in einem Jahr in Pension geht. Da Sie sich bei der Reorganisation unseres Rechnungswesens sehr bewährt haben, denken wir bei der Nachfolge vor allem an Sie. Sie sollten allerdings Ihre EDV-Kenntnisse etwas verbessern. Wir zahlen Ihnen gerne einen Kurs. Allerdings müssten Sie den Kurs in Ihrer Freizeit absolvieren, da wir Sie derzeit nicht entbehren können. Interessiert Sie unser Angebot?"

Offensive Angebote werden vor allem gemacht, wenn der Partner gleich stark oder stärker ist (z.B. wenn der Arbeitnehmer für die Firma erhalten werden soll und man eine Abwanderung vermutet).

Mit einem offensiven Angebot kann aber auch ein Partner so überrascht werden, dass es schnell zu einem Verhandlungserfolg kommt.

5.4.3 Ungünstige Angebote richtig verkaufen

Es geht darum, einen „starken" Partner so abzutasten, dass man ihn nicht verärgert. Die eigene Forderung, das eigene Angebot ist daher zu relativieren.

Case Study: Personalentwicklung
Der Arbeitnehmer sagt: „Ideal wäre es natürlich, wenn ich ein Zweiwochen-Intensivtraining absolvieren könnte. Das ist lernpsychologisch sicher besser und ich könnte das Gelernte auch schneller im Unternehmen anwenden. Ich bin gerne bereit, einen Teil des Kurses im Rahmen meines Überstundenzeitguthabens zu absolvieren.
Sehen Sie für diese Lösung eine Möglichkeit?"

5.5 Aufmerksam und verständig zuhören und mitdenken

Zeigen Sie schon durch Ihre Körpersprache, dass Sie zuhören (vgl. dazu Kapitel 4 „Körpersprache interpretieren und bewusst einsetzen"). Dies geschieht etwa durch

- Blickkontakt mit der/dem Partner/in,
- interessiertes Vorbeugen bei wichtigen Stellen,
- eventuell Notizenmachen (allerdings nicht zu oft, Ihr/e Partner/in könnte sich kontrolliert fühlen) oder
- Zustimmung durch Lächeln oder Nicken.

Versuchen Sie, alle Aussagen der Partnerin, des Partners zu erfassen. Stoßen Sie sich nicht sofort an Einzelheiten, die Sie an den Ausführungen stören. Denken Sie nicht sofort an die eigene Entgegnung, Sie überhören sonst Wichtiges. Generell sollte die Körpersprache des Verhandlungspartners bzw. der -partnerin nicht überbewertet werden. Achten Sie darauf, welche Signale Sie mit Ihrer Körpersprache aussenden!

Tipp
Unterbrechen Sie den Partner nicht, lassen Sie ihn reden. Wer redet, teilt die eigenen Interessen mit und macht in der Regel viele Angebote, die Sie nur mehr anzunehmen brauchen.

Gruppieren Sie die Aussagen Ihrer Verhandlungspartner/innen in **akzeptable** und in solche, die Sie **verändern** wollen. Vermeiden Sie es, Aussagen als „**nicht akzeptabel**" einzustufen, Sie blockieren damit das aufmerksame und das verständige Zuhören.

5.6 Missverständnisse vermeiden und nachfragen

Versuchen Sie nicht, die Aussagen Ihrer Partner/innen zu deuten, fragen Sie nach, was gemeint ist.

Case Study: Personalentwicklung
Wenn ich Sie richtig verstanden habe, soll ich dreimal in der Woche am Abend, also in meiner Freizeit, einen ERP-Kurs machen? Können Sie sich andere Organisationsmöglichkeiten für diesen Kurs vorstellen?
Und nicht: Es ist völlig unmöglich, dass ich neben meinen zahlreichen Überstunden und meinem Sprachkurs noch zusätzlich am Abend einen EDV-Kurs absolviere.

5.7 Verständig und positiv antworten

Beginnen Sie mit der Wiederholung jener Aussagen, in denen Sie mit der Partnerin, dem Partner übereinstimmen. Gehen Sie bei den Vorschlägen, die Sie abändern wollen, von den Vorstellungen der Partnerin, des Partners aus. Verstehen Sie diese, führen Sie jedoch Gründe an, warum man etwas ändern sollte.

Ein zentraler Satz kooperativen Verhandelns heißt:

Verstehen heißt nicht, dass Sie Ihren Partner/inne/n zustimmen.

Case Study: Personalentwicklung
„Zunächst möchte ich mich dafür bedanken, dass Sie mir die Stelle des Leiters des Rechnungswesens anbieten. Selbstverständlich ist es sehr sinnvoll, wenn ich meine ERP-Kenntnisse erweitere. Organisatorisch wäre natürlich ein Abendkurs die einfachste Lösung."
Und nicht: „Wenn ich mehrere Monate keinen Abend mehr frei habe, muss Ihr Angebot schon sehr lukrativ sein."

5.8 Nutzen von Abänderungsvorschlägen für die Partner/innen betonen

Beachten Sie: Gute Argumente sind solche, die auch für die Partnerin, den Partner einen Nutzen haben bzw. Schaden für die Partnerin, den Partner vermeiden.

Case Study: Personalentwicklung
„Ich finde es sehr positiv, dass mir das Unternehmen die ERP-Weiterbildung bezahlt. Zu überlegen ist nur, ob das Geld in einem Abendkurs gut angelegt ist. Sie wissen, dass Überstunden oft nicht zu vermeiden sind. Ich würde dann zu spät oder manchmal gar nicht zum Kurs kommen. Das wäre schade. Könnten wir uns nicht andere Organisationsformen überlegen?

Wie Sie wissen, habe ich bereits über 200 Überstunden für einen Zeitausgleich angesammelt. Ich wäre gerne bereit, einen Teil für einen Vollzeitkurs zu verwenden. Vielleicht können wir uns die Zeit teilen."

Versetzen Sie sich immer in die Lage der Partner/innen. Was wäre für Sie attraktiv, wenn Sie in ihrer Lage wären?

Tipp
Suchen Sie vor allem nach Angeboten, die den Partner/inne/n nützen und Sie selbst wenig kosten. Sie kennen dies vom Autokauf, wenn Ihnen die Autoverkäufer/innen Winterreifen oder den Umbau Ihrer Musikanlage vom alten in den neuen Wagen günstig anbieten.

Lassen Sie ihre Partner/innen immer mitentscheiden. Versuchen Sie nie, sie zu überfahren. Zeigen Sie, dass Sie an einer gemeinsamen Lösung interessiert sind.

Case Study: Personalentwicklung
„Ich habe mir die Angebote von vier Kursanbietern angesehen und auch die Internetbewertungen überprüft. Ich glaube, dass Microhouse oder Intelservice derzeit das beste Preis-Leistungs-Verhältnis haben. Die wichtigsten Daten habe ich für Sie zusammengestellt, damit wir gemeinsam entscheiden können."
Und nicht: „Meine Analyse hat eindeutig ergeben, dass nur Intelservice einen Kurs anbietet, bei dem das Preis-Leistungs-Verhältnis stimmt. Um keine Zeit zu verlieren, sollte der Kurs sofort gebucht werden."

5.9 Loben und Sichern

Immer wenn Sie Zusagen erhalten, sollten Sie die Partner/innen dafür loben und den Teilerfolg sichern.

Case Study: Personalentwicklung
„Ich finde es sehr positiv, dass Sie für den Kurs ein Budget von 12.000 Euro zur Verfügung stellen. Wir sollten nun versuchen, diesen Betrag sehr effektiv einzusetzen."

Das „Zwischensichern" ist schon deswegen sehr zu empfehlen, da man nie sicher sein kann, ob die Partner/innen ein Angebot nur so am Rande erwähnen oder ob sie es ernst meinen.

5.10 Ergebnisse protokollieren

Vor allem bei schwierigen Verhandlungen sollte ein Protokoll erstellt werden.

Es gibt folgende Möglichkeiten:

5.10.1 Protokollarten

- Reines Beschlussprotokoll
  Es werden nur Entscheidungen und Aktionspläne protokolliert. Dies ist dann ausreichend, wenn das Protokoll nur für die Verhandlungspartner bestimmt ist. Bei unwichtigeren Verhandlungen sollte wenigstens eine Aktennotiz über das Verhandlungsergebnis ausgetauscht werden.

- Beschlussprotokoll mit Begründungen
  Dies ist dann notwendig, wenn das Protokoll auch anderen zugeht, die nicht bei den Verhandlungen dabei waren (z.B. Vorgesetzten).

- Verlaufsprotokoll
  Im Verlaufsprotokoll werden alle Argumente der Verhandlungspartner/innen angeführt. Die stenografischen Protokolle des Nationalrats sind dafür ein Beispiel, dort finden Sie auch alle Zwischenrufe wieder. Verlaufsprotokolle sind im Wirtschaftsleben eher unüblich.

Jedenfalls sollte zu Sitzungsbeginn die Art der Protokollierung festgelegt werden.

5.10.2 Öffentliches oder stilles Protokoll

Häufig wird das Protokoll von einer Person erstellt, ohne dass während der Besprechung kontrolliert wird, was eigentlich protokolliert wurde. Ist diese Person jemand, der von den besprochenen Inhalten wenig betroffen ist, können zahlreiche Protokollfehler auftreten, die im Nachhinein schwer zu beheben sind, da sich nicht immer alle Teilnehmer/innen an Diskussion und Beschlüsse erinnern.

Sinnvoll ist es daher, das Protokoll öffentlich zu führen.

Es gibt folgende Möglichkeiten:

- Die wesentlichen Beschlüsse werden sofort auf Flipcharts festgehalten. Diese dienen der/dem Protokollführer/in als Unterlage für das ausführliche Protokoll, oder die Flipcharts werden fotografiert und als Fotoprotokoll versandt.
- Die wesentlichen Beschlüsse werden sofort in ein Diktiergerät oder der/dem Protokollführer/in diktiert. Sind Formulierungen unklar, kann sie die/der Protokollführer/in wiederholen bzw. das Diktiergerät abgehört werden.
- Ist die Besprechung besonders wichtig, kann es sinnvoll sein, das Protokoll mit dem Computer zu führen und über einen Beamer sofort zu projizieren. Alle Teilnehmer/innen können dann den Text laufend kontrollieren. Zu Ende der Sitzung könnte man das vorläufige Protokoll sofort ausdrucken und/oder elektronisch versenden.

Tipp

Vermeiden Sie es, Protokolle erst nach Tagen oder Wochen auszutauschen. Dies ist meist die Ursache für zahlreiche Missverständnisse und neue Verhandlungen.

6. Verhandeln mit schwierigen Partner/inne/n

Manchmal kommt es vor, dass die Verhandlungspartner/innen nicht kooperativ verhandeln, sondern Kampftaktiken wie persönliche Angriffe oder falsche Daten verwenden oder sich einfach in einer emotional sehr aufgebrachten Stimmung befinden und daher nicht lösungsorientiert agieren. Hier gilt es, besonders sensibel zu agieren (vgl. Ury 1992):

6.1 Übliche Reaktionen helfen nicht

Bei einem derartigen Gegenüber reagieren unerfahrene Verhandler oft mit Gegenangriffen, Nachgeben oder Abbrechen. Diese drei Gegenstrategien führen selten zu einem positiven Ergebnis, da sich bei einem Gegenangriff der Konflikt aufschaukelt bzw. mit einem einfachen Nachgeben das Verhalten der Partnerin, des Partners weiter verstärkt und man selbst den Ruf eines schwachen Verhandlers bekommt. Ein Abbruch der Verhandlung ist nur dann sinnvoll, wenn Sie über eine gute BATNA (siehe oben) verfügen.

Auch ein Appell an die „Vernunft der Partnerin, des Partners“ führt sehr oft nicht zum gewünschten Ziel, da dieser in einer derartigen Situation sofort vermutet, dass Sie nur einen Verhandlungstrick durchsetzen wollen, um Ihre präferierte Lösung zu erreichen.

6.2 Gewinnen Sie Abstand

Stattdessen sollte vielmehr versucht werden, Abstand von der „kochenden“ Situation zu gewinnen. Sie könnten beispielsweise die Verhandlung mit einer kurzen Pause unterbrechen, ev. kann ein Telefonat oder eine Rückfrage als Vorwand dafür dienen.

Auch ein bewusstes Reflektieren über die von der anderen Person angewendete „Kampftaktik“ und das Ziel der Taktik kann etwas Luft schaffen. Machen Sie sich klar, was die mit Ihnen verhandelnde Person bspw. mit der vorgebrachten Provokation durch falsche Zahlen oder persönliche Vorwürfe erreichen möchte. Sagen Sie sich dann innerlich vor, dass diese Person Sie bspw. ärgern will, damit Sie die Beherrschung verlieren, oder Sie mit den falschen Zahlen verwirren will. Reagieren Sie möglichst ruhig und gelassen – gezielte Rückfragen oder Wiederholungen können Ihnen bspw. etwas Zeit verschaffen.

Beispiel:

„Inspektor Columbo“ aus der gleichnamigen Fernsehserie arbeitet immer mit dem Trick der Rückfragen: „Ich habe das nicht ganz verstanden, können Sie mir das nochmals erklären – wissen Sie, ich kenne mich da nicht so gut aus.“

Hier erreicht er zwei Dinge: Einerseits schafft er für sich Zeit, um weitere Überlegungen anzustellen, andererseits ist sein Gegenüber mit den neuerlichen Erklärungen beschäftigt.

6.3 Entwaffnen Sie Ihren Verhandlungspartner/ Ihre Verhandlungspartnerin

Wenn Sie **Verständnis für das Anliegen der mit Ihnen verhandelnden Person** zeigen, fühlt sich diese oftmals ernst genommen. Wenn Sie die Methode des Aktiven Zuhörens anwenden (siehe Kapitel 3), muss Ihr Verständnis nicht automatisch einem Zugeständnis gleichkommen: Etwas zu verstehen heißt nicht, diesen Inhalten auch zuzustimmen!

Case Study: Personalentwicklung
„Ich verstehe vollkommen, dass auch unser Unternehmen sich aufgrund der aktuellen Wirtschaftskrise in einer finanziell teilweise unangenehmen Situation befindet."

Und nicht: „Ich mache den ERP-Kurs jetzt eh schon zu einem großen Teil in meiner Freizeit und verwende dafür einige Urlaubstage, wieso soll ich mir noch alle Kosten für diesen Kurs selbst bezahlen?"

Sollte ein/e Verhandlungspartner/in sehr aufgebracht sein, so können Sie auch mit einer **Entschuldigung** einen Teil der aufgestauten Emotionen entschärfen. Verwenden Sie „Ich-Botschaften" anstelle von „Du-Botschaften" und nehmen Sie auch einen Teil der Schuld auf sich.

Beispiel:

„Es tut mir leid, dass ich diese Vertragsklausel missverständlich ausgedrückt habe."

Und nicht: „Die Bedingungen waren doch klar und deutlich formuliert, Sie haben das wohl missverstanden."

Holen Sie die mit Ihnen verhandelnde Person wieder zurück in die Verhandlung bzw. auf die Sachebene der Verhandlung. Dies kann etwa durch das **Stellen von Fragen**, die zur Problemlösung beitragen, passieren.

Case Study: Personalentwicklung
„Können Sie mir sagen, warum ich den ERP-Kurs genau bei diesem Anbieter absolvieren soll?"
„Welche Änderungsvorschläge hätten Sie?"

Versuchen Sie also, möglichst viele Ideen der mit Ihnen verhandelnden Person in die Problemlösung einzubeziehen – allerdings nur jene Ideen, die Ihnen beiden nützen bzw. die Ihnen zumindest bei der Erreichung Ihrer Interessen nicht schaden. Betonen Sie weiters, dass Sie **gemeinsam mit der anderen Person Lösungsalternativen entwickeln** wollen.

Case Study: Personalentwicklung
„Könnten wir gemeinsam versuchen, einen Weg zu finden, um den ERP-Kurs zu ermöglichen und gleichzeitig sowohl meine Interessen als auch die Interessen der Firma zu berücksichtigen?"

Wenn Sie eine gemeinsame Lösung entwickeln oder wenn die mit Ihnen verhandelnde Person eine Lösung vorschlägt, die Sie zuvor (etwa in einer vorhergehenden Verhandlungsrunde) eingebracht haben, so **anerkennen Sie die Ideen der anderen Person**. Der Verzicht auf das Urheberrecht dieser Idee bzw. das Lob für den guten Lösungsvorschlag ist für Sie ein Zugeständnis, das Ihnen (monetär) nicht viel kostet, aber oftmals die Beziehungsebene zum Verhandlungspartner wieder etwas stärkt.

Beispiel:

„Das ist eine interessante Idee, die sollten wir unbedingt weiterverfolgen."

Und nicht: „Das habe ich Ihnen bereits letzte Woche vorgeschlagen."

6.4 Erleichtern Sie es dem/der Verhandlungspartner/in zuzustimmen

Mit einem **Angebot von zwei oder drei Alternativen** kann ein/e unkooperative/r Partner/in wieder zur Verhandlung zurückgeführt werden, da sie/er durch die von Ihnen gegebene Wahlfreiheit wieder in den Entscheidungsprozess miteingebunden wird. Geben Sie aber nicht mehr als drei Alternativen an, damit Sie die mit Ihnen verhandelnde Person nicht verwirren!

Case Study: Personalentwicklung
„Ist es Ihnen lieber, wenn ich einen Teil des ERP-Kurses in meiner Freizeit besuche oder wenn ich mich an den Kosten des ERP-Kurses beteilige?"

Auch **problemlösende Fragen** oder „Warum"-Fragen nach dem Grund der schwierigen Situation sowie die **Offenlegung der eigenen Interessen** können die Verhandlungspartner/innen wieder zurück in einen lösungsorientierten Verhandlungsprozess holen. Wichtig ist, dass Sie allen Verhandlungspartner/inne/n, insbesondere aber den hartnäckigen Verhandler/inne/n, eine Chance auf ein Verhandlungsergebnis geben, bei dem Ihr Gegenüber sein Gesicht nicht verliert.

6.5 Besonders hartnäckige Verhandlungsparteien

Sollte die andere Seite besonders hartnäckig sein, so setzen Sie Ihre Macht problemlösend ein. Seien Sie bei Ihren Formulierungen allerdings eher zurückhaltend, d.h. warnen Sie vor möglichen Konsequenzen, anstatt zu drohen, bzw. klären Sie über die Folgen eines Scheiterns der Verhandlungen auf. Dies können Sie bspw. mit realitätsbezogenen Fragen wie „Was, glauben Sie, wird geschehen, wenn wir uns nicht einigen?" machen.

Case Study: Personalentwicklung
„Glauben Sie nicht auch, dass es für uns beide besser ist, wenn wir uns über die offenen Punkte bezüglich Arbeitszeit und Kosten des ERP-Kurses gemeinsam einigen?"

Und nicht: „Ich werde mir Ihr unkooperatives Verhalten nicht mehr bieten lassen und mache ab jetzt nur mehr Dienst nach Vorschrift."

Auch ein Hinweis auf Ihre beste Alternative (BATNA) oder das Ausschalten der BATNA der Verhandlungspartner/innen kann Ihnen helfen, eine zähe Verhandlung wieder in Schwung zu bekommen.

Als weiteren Ausweg aus der Situation gibt es für den Fall, dass Sie über eine bessere Alternative verfügen, noch den Abbruch der Verhandlung. Beachten Sie dabei aber insbesondere auch die langfristigen Folgen des Abbruchs, insbesondere für die zukünftige Zusammenarbeit.

7. Erkennen von schmutzigen Tricks und Gegenmaßnahmen

Selbst wenn Sie Ihre Verhandlungspartner/innen bereits lange kennen und ihnen gut vertrauen – bleiben Sie immer aufmerksam für Tricks oder Manipulationen. Ein objektiv zwar nicht erfassbares, aber meist treffsicheres Zeichen ist das Bauchgefühl, hören Sie auch bei Verhandlungen auf Ihren Instinkt bzw. Ihr Gefühl!

In diesem Kapitel soll ein kurzer Überblick über häufig verwendete „schmutzige" Tricks der Verhandlungsführung gegeben werden, die jedoch alle – im Gegensatz zu Methoden wie Erpressung oder Bestechung – im legalen Bereich zu finden sind.

7.1 Gängige Verhandlungstricks

Folgende Tricks der Verhandlungsführung sind weit verbreitet (vgl. bspw. Fisher et al. 2009, S. 179 ff.; Portner 2010, S. 170 ff.) und lassen sich meist am besten dadurch verhindern, dass Sie diese Tricks erkennen:

- **Zahlensalat oder falsche Daten:**
Mit Zahlenvarianten, die Sie bisher nicht kannten oder nicht nachvollziehen können, kann die mit Ihnen verhandelnde Person versuchen, Sie zu verwirren oder Ihre Argumente mit falschen Daten zu unterlaufen.
Gegenstrategie: Lassen Sie in einem ersten Schritt alle Daten und Berechnungsmethoden offenlegen, bspw. via Beamer auf eine Leinwand visualisieren. Fordern Sie bei Unklarheiten eine Verhandlungspause, damit Sie (oder von Ihnen beauftragte Experten) die von der anderen Seite präsentierten Daten nachrechnen können. Sollte der Verhandlungspartner das Protokoll so führen, dass Sie immer wieder Ihnen unbekannte Zahlen im Protokoll finden, so bestehen Sie auf einen Protokollführer Ihres Vertrauens!

Beispiel:

Angriff: „Bei unserer Recherche/Kalkulation kommen wir zu einem ganz anderen Wert."
Antwort: „Ihre Recherchen/Berechnungen interessieren mich. Dürfte ich sie einmal im Detail sehen? Ich möchte wissen, worauf der Unterschied zurückzuführen ist."

- **Unklare Autorität:**
Wenn Sie ein Ergebnis aushandeln, jedoch die/der Verhandlungspartner/in nach kurzer Zeit Nachverhandlungen fordert, da die Autorität im Hintergrund (z.B. Vorgesetzte/r, Geschäftsführung) dem zwischen Ihnen beiden vereinbarten Ergebnis nicht zugestimmt hat, könnten Ihnen durch diese Taktik weitere Zugeständnisse abgerungen werden.
Gegenstrategie: Stellen Sie im Vorfeld der Verhandlung klar, ob bzw. zu welchen Ergebnissen Ihr/e Verhandlungspartner/in befähigt ist. Sollte anders herum Ihre Entscheidungsbefugnis infrage gestellt werden, so stellen Sie klar, dass Sie befugt sind, diese Verhandlung zu führen.

- **Wechsel im Verhandlungsteam:**
Ein gezielt eingesetzter Wechsel im Verhandlungsteam bzw. der Verhandlungsführung kann dazu führen, dass die neue Person bereits getroffene Teilvereinbarungen oder außer Streit gestellte Punkte wieder neu aufrollen möchte.
Gegenstrategie: Damit Sie hier nicht zu weiteren Konzessionen geführt werden, sollten Sie auf getroffene Vereinbarungen bestehen und bereits im Zuge der Verhandlung auf die Protokollierung von Teilergebnissen achten!

- **Schwachstellen breittreten:**
  Durch das besondere Betonen und Hervorheben von kleinen Schwachstellen Ihres Angebots kann die mit Ihnen verhandelnde Person viel Aufmerksamkeit darauf lenken und das Verhandlungsergebnis in eine für sich positive Richtung lenken.
  Gegenstrategie: Verweisen Sie sowohl auf das Gesamtpaket wie auch auf Ihre Stärken bzw. die Stärken Ihres Angebotes. Lassen Sie sich durch das Breittreten von kleinen (möglicherweise unwichtigen) Details – wie etwa einem nicht vorhandenen Navigationsgerät bei einem Gebrauchtwagenverkauf oder der Berechnungsmethode für eine Detailposition im zu verhandelnden Warenpaket – nicht zu einem zu großen Entgegenkommen überreden und behalten Sie Ihre BATNA im Auge!

- **Mitleidsmasche:**
  Reagieren Sie sensibel, falls Ihre Verhandlungspartner/innen Ihnen ihr Leid klagen – das betrifft beides, die persönliche wie auch die berufliche Situation. Sie könnten durch diese Mitleidsmasche zu größeren Zugeständnissen bewegt werden, als Ihnen lieb ist.
  Gegenstrategie: Achten Sie weiterhin auf das Grundprinzip, die Person von der Sache zu trennen, d.h. seien Sie sanft zur Person, aber bleiben Sie hart in der Sache! Sollte es sich um eine echte Notsituation handeln, so sollten Sie natürlich im Rahmen Ihrer Möglichkeiten helfen!

- **Persönliche Angriffe:**
  Greift Sie eine der mit Ihnen verhandelnden Personen persönlich an, so könnte dies Ihre Position in der Verhandlung schwächen oder Sie emotional aufregen und damit von der Verhandlung ablenken bzw. zu nicht geplanten Zugeständnissen bringen.
  Gegenstrategie: Ignorieren Sie den persönlichen Angriff und spielen Sie ihn – wenn passend – herunter. Bestehen Sie auf der Behandlung der Sachfrage.

Beispiel:

Angriff: „Wir müssen Ihnen immer glauben, und Sie sind misstrauisch. Ohne Vertrauensverhältnis können wir die Verhandlungen sofort abbrechen."

Antwort: „Es handelt sich hier nicht um das Problem Vertrauen oder Misstrauen, ich möchte nur Ihre Recherchen und Berechnungen mit unseren vergleichen und feststellen, worauf die Unterschiede zurückzuführen sind."

- **„Honig ums Maul schmieren":**
  Schmeicheleien und Komplimente tun unserer Seele gut. Ähnlich wie beim Faktor Sympathie (siehe unten) besteht die Gefahr, dass Sie erst (zu) spät bemerken, dass Sie sich zu unbedachten Zugeständnissen haben hinreißen lassen.
  Gegenstrategie: Begegnen können Sie dieser Falle, indem Sie Lob zulassen und akzeptieren, jedoch besonders vorsichtig bei kurz darauf gestellten Forderungen reagieren. Oder Sie geben einfach ein Kompliment an die Verhandlungspartner/innen zurück und nehmen dann die eigentliche Verhandlung wieder auf.

- **Hart/Weich-Strategie („Good guy, bad guy"):**
  Aus Krimis im Fernsehen kennen Sie diese Strategie bei Teamverhandlungen sicher: Ein/e Verhandlungspartner/in behandelt das Gegenüber (Verhandlungspartner/in oder Beschuldigte/r) übermäßig hart, stellt extreme Forderungen und bleibt unnachgiebig („bad guy/cop"). Die/der zweite Verhandlungspartner/in lässt das Gegenüber glauben, helfen zu wollen, wenn dieser entgegenkommend ist, und macht Vermittlungsvorschläge („good guy/cop"). In der Freude über dieses Entgegenkommen ist man in Versuchung, die Angebote des „good guy" anzunehmen, obwohl sie nicht (optimal) den eigenen Interessen entsprechen.
  Gegenstrategie: Bedenken Sie immer folgende Grundregel des Harvard-Konzepts: „Hart in der Sache, aber höflich im Ton." Bleiben Sie in der Sache konsequent und behalten Sie die von Ihnen vorbereitete ZOPA und BATNA im Auge. Treten Sie Ihren Verhandlungspartner/inne/n gegenüber immer höflich auf, insbesondere gegenüber dem „bad guy". Benutzen Sie den „good guy", um Ihre eigenen Ziele zu erreichen.

Beispiel:

„Ich bin Ihnen sehr dankbar, Herr Maier, dass wir mit Ihrem Angebot eine Basis für weitere Verhandlungen haben. Es war uns klar, dass Ihre Kollegin nur etwas abtasten wollte. Jeder will ja schließlich wissen, wie weit der Verhandlungspartner eventuell zu gehen bereit ist."

- **Nachgeschobene Forderungen („Low Ball", „Salamitaktik"):**
  Die mit Ihnen verhandelnde Person stimmt anfangs Ihren Forderungen zu, schiebt dann aber eine Forderung nach der anderen nach, zerlegt ihr Forderungspaket in viele kleine Scheibchen (wie bei einer Salami). Es besteht die Gefahr, dass Sie den Überblick über die vielen „Scheibchen" verlieren und so zu viele Zugeständnisse machen bzw. Ihre ZOPA verlassen.
  Gegenstrategie: Bitten Sie die mit Ihnen verhandelnde Person, alle

ihre Wünsche bekanntzugeben, damit das Gesamtpaket an Forderungen in der Verhandlung offenliegt. Wenn die mit Ihnen verhandelnde Person immer wieder – wenn auch im Verhältnis zur Gesamtsumme nur kleine – Forderungen nachschiebt, so seien Sie „mutig" und nehmen Sie die von Ihnen gegebenen Zusagen oder Zugeständnisse wieder zurück. Da sich durch die nachgeschobenen Forderungen die Gesamtsituation geändert hat, ist dies absolut legitim!

Beispiel:

„Ich bin überrascht, dass Sie noch (so viele) zusätzliche Wünsche haben. Überlegen Sie bitte, ob noch weitere Punkte für Sie wichtig sind."
„Sie müssen verstehen, dass unser sehr günstige Preis von uns korrekt berechnet wurde und dabei die nachträglich genannten Forderungen nicht berücksichtigt wurden. Selbstverständlich können wir all Ihre Wünsche akzeptieren. Dann müssen wir jedoch nochmals über den Preis reden."

- **Zeitdruck erzeugen:**
  Setzt Sie die mit Ihnen verhandelnde Person unter Zeitdruck, so geraten Sie in Gefahr, mehr Zugeständnisse zu machen als notwendig, um die Verhandlung noch zeitgerecht zu einem positiven Abschluss zu bringen.
  Gegenstrategie: Finden Sie heraus, ob die mit Ihnen verhandelnde Person tatsächlich unter Zeitdruck steht oder ob dieser Punkt Teil der Verhandlungstaktik ist. Falls Zweiteres zutrifft, versuchen Sie, den Zeitdruck zu entschärfen. Besteht der Zeitdruck wirklich, so achten Sie bewusst auf die von Ihnen vorbereitete ZOPA. Fragen Sie sich auch, ob Sie mit dem unter Zeitdruck erzielten Verhandlungsergebnis in Zukunft auch zufrieden sein werden.

Beispiel:

Angriff: „Das Angebot gilt nur mehr heute" und/oder „Ich habe noch zwei weitere Kunden, die sich für dieses Angebot interessieren."
Antwort: „Können Sie mir die Ware bis morgen reservieren? Ich rufe Sie sicher gleich um 8 Uhr an."

- **Unangenehme Verhandlungsumgebung:**
  Sollten Sie in einer Umgebung verhandeln, die für Sie unangenehm ist, z.B. weil Sie ständig von der Sonne geblendet werden oder weil die Raumtemperatur zu hoch/niedrig für Sie ist, könnte Sie das von der Verhandlung ablenken.
  Gegenstrategie: Sprechen Sie die Situation offen an, um das Problem zu entschärfen.

Beispiel:

„Entschuldigen Sie, darf ich meinen Sessel hier herüberstellen? Ich kann Sie so schlecht sehen, weil mir die Sonne gerade ins Gesicht scheint."

7.2 Gängige Manipulationstricks

Als führender Forscher in diesem Bereich gilt der US-amerikanische Psychologieprofessor Robert B. Cialdini, der mehrere Jahre lang anhand von zahlreichen Laborversuchen, Literaturanalysen und teilnehmenden Beobachtungen die Taktiken von professionellen Verkäufer/inne/n (z.B. Staubsauger-Vertreter/inne/n) erforschte. Das Ergebnis publizierte Cialdini (2010) im mittlerweile in zahlreichen Sprachen und Auflagen erschienenen Bestseller „Die Psychologie des Überzeugens". Die Kernaussagen dieses Werks werden in diesem Abschnitt dargestellt und um Beispiele ergänzt.

Cialdini gewann die Erkenntnis, dass wir Menschen so vielen Umwelteinflüssen ausgesetzt sind, dass wir nicht auf alle davon bewusst reagieren können. Wir helfen uns daher mit vorab festgelegten Handlungsmustern auf gewisse Reize, z.B. wollen wir jemandem etwas zurückgeben, wenn wir etwas zuvor von dieser Person bekommen haben („schlechtes Gewissen"), oder wir gehen automatisch über die Straße, sobald die Fußgängerampel auf Grün schaltet. Diese in uns verinnerlichten Reiz-Reaktions-Kombinationen machen sich auch Verkaufsprofis oftmals zunutze.

Seine Erkenntnisse über diesen manipulativen Einsatz von Verhaltens- und Handlungsweisen von Menschen fasste Cialdini (2010) in den folgenden sechs Methoden zusammen:

1. **Reziprozität:**
   Aufgrund unserer Kultur sind wir immer bemüht, jemandem etwas zurückzugeben, wenn wir von dieser Person etwas bekommen haben. Geschickte Verhandler/innen nutzen dies aus, indem sie etwas vergeben, was die andere Seite vielleicht nicht (unbedingt) haben möchte. Durch dieses „Geschenk" fühlt sich die/der Verhandlungspartner/in zu einem „Gegengeschenk" verpflichtet.
   Gegenstrategie: Haben Sie hier bei Verhandlungen kein schlechtes Gewissen, wenn Ihnen Ihr/e Verhandlungspartner/in ein kleines Geschenk macht und dann eine verhältnismäßig große Gegenleistung fordert, und sprechen Sie das direkt an!

Beispiel:

Sie erhalten in einem Geschäft eine Probepackung. Da die Kosten dafür ohnehin in die Produkte eingerechnet sind, können Sie dieses kleine Geschenk ruhig annehmen, ohne ein schlechtes Gewissen dafür zu haben.

2. **Commitment und Konsistenz:**
Sobald eine Person eine Entscheidung getroffen hat, tendiert sie zukünftig dazu, dabeizubleiben – die eigene Entscheidung über etwas oder die Meinung zu einem Thema zu ändern fällt vielen Menschen schwer, da Inkonsistenz als unerwünschtes Persönlichkeitsmerkmal bewertet wird.
Gegenstrategie: Zeigen Sie Mut, im Fall des Falles Ihre Meinung zu ändern – insbesondere dann, wenn das von Ihnen bei der Verhandlungsvorbereitung festgelegte Limit (z.B. Anzahl der Tage an Urlaub/Zeitausgleich, die für ein Weiterbildungsseminar Ihres Unternehmens benötigt werden) überschritten wird!

Beispiel:

Wenn eine Person ein Auto, das sie zu kaufen gedenkt, bereits ein Wochenende lang Probe gefahren ist und ihren Freunden davon vorgeschwärmt hat, so wird sie meistens einen möglichen „Fehler" des Verkäufers oder der Verkäuferin bei der Preisberechnung (z.B. weil die Leasingfirma die Konditionen geändert hat) dulden und das Auto trotz der plötzlich auftretenden Mehrkosten kaufen oder leasen – auch wenn diese Mehrkosten im Verhältnis zum Gesamtpreis nicht sehr hoch sind, kann damit das von der Käuferin oder vom Käufer vorbereitete Limit unter Umständen überschritten werden.

3. **Soziale Bewährtheit:**
In unsicheren Situationen orientieren sich Menschen meist am Verhalten anderer, nehmen also an, dass die anderen Menschen richtig handeln. Verkäufer zeigen daher oft, wie viele andere Personen eine Ware oder eine Dienstleistung bereits gekauft haben.
Gegenstrategie: Auch wenn viele andere Personen ein Produkt kaufen, sollten Sie sich immer darüber im Klaren sein, ob Sie diese Ware wirklich benötigen.

Beispiel:

Auf Gutscheinportalen im Internet oder im Werbefernsehen befindet sich neben den aktuellen Offerten immer auch eine Statistik, wie viele Stück dieses Produkts bereits verkauft wurden. Trotz hoher Verkaufszahlen kann es aber bspw. sein, dass Sie diese Ware gar nicht benötigen.

4. **Sympathie:**
Geschickte Verhandler/innen setzen auch den Faktor Sympathie ein, da sie so ihr Gegenüber leichter überzeugen können. Sympathisch wirken auf uns Personen, die bspw. über ein attraktives Äußeres oder Ähnlichkeiten mit uns verfügen. Diese Ähnlichkeit kann etwa die

Kleidung, Sprache, Herkunft, Hobbys oder Interessen betreffen und kommt oft im Small Talk zu Verhandlungsbeginn zur Sprache.
Gegenstrategie: Seien Sie daher bei Verhandlungen besonders aufmerksam, wenn Ihnen Ihr/e Verhandlungspartner/in äußerst sympathisch vorkommt, und lassen Sie sich nicht auf zu große Zugeständnisse ein!

5. **Autorität:**
Wie schon im Milgram-Experiment in den 1960er-Jahren gezeigt wurde (vgl. Milgram 2007), sind wir eher bereit, auf Personen zu hören, denen wir eine legitime und glaubwürdige Autorität anerkennen. Diese Autorität kann etwa durch Sprache, Kleidung (z.B. Uniformen) oder Auftreten unterstrichen werden. Im deutschsprachigen Raum sind darüber hinaus Titel als Autoritätskennzeichen sehr verbreitet.
Gegenstrategie: Hinterfragen Sie die Zeichen der Autorität kritisch und suchen Sie nach objektiven Bewertungsmaßstäben, die auch für Sie eindeutig nachvollziehbar sind – etwa Produkttests von unabhängigen (Verbraucher-)Organisationen anstelle von Studien aus Ihnen unbekannten Quellen.

Beispiel:
Auch die weißen Kittel von Ärzt/inn/en stellen Zeichen von Autoritäten dar, die sowohl in Krankenhäusern und Ordinationen oder aber auch in TV-Zahnpasta-Werbungen vorkommen.

6. **Knappheit:**
Je knapper eine Ware ist, desto begehrenswerter wirkt sie auf uns, da wir den knappen Gütern eine hohe Qualität und Nachfrage unterstellen. Manchmal wird dieser Eindruck der Knappheit durch einen beschränkten Aktionszeitraum oder Formulierungen wie „Es sind nur noch wenige Restexemplare auf Lager, und ich weiß nicht, ob wir noch Exemplare nachbekommen" weiter verstärkt. Auch das Angebot von limitierten Sonderauflagen greift auf die Methode der Knappheit zurück.
Gegenstrategie: Auch hier gilt wieder der Grundsatz, dass Sie sich in der Verhandlungsvorbereitung eine klare ZOPA anhand Ihrer Ziele und Alternativen festgelegt haben und diese vorbereitete ZOPA nicht verlassen sollten.

Eine „Bewältigung" dieser Verkaufs- und Verhandlungsmethoden beginnt beim Erkennen der angewandten Tricks. Achten Sie also darauf, ob Ihre Verhandlungspartner/innen auf diese Methoden zurückgreifen, und seien Sie sich insbesondere Ihrer „automatischen" Reaktion auf die gegebenen Reize bewusst!

Anwendungsorientierte Übungsaufgaben

1. **Was ist eine Verhandlung?**
   Welche der folgenden Situationen kann man als Verhandlung bezeichnen? Kreuzen Sie die richtigen Lösungen an und überlegen Sie sich eine Begründung für Ihre Antwort!
   a. Ein Ehepaar spricht darüber, welches Lokal sie am Abend besuchen werden.
   b. Eine Frau beschwert sich im Supermarkt über die abgelaufene Ware und bekommt daraufhin das Produkt gratis.
   c. Im Rahmen einer öffentlich zugänglichen Diskussion in der Aula der WU Wien wird eine Expertendiskussion zur Hochschulfinanzierung veranstaltet.
   d. Die Gewerkschaft Bau-Holz führt mit der Bundesinnung der Maler, Lackierer und Schilderhersteller Gespräche über Lohnerhöhungen.
   e. Eine Parlamentsdebatte über die Hochschulfinanzierung wird live im Fernsehen übertragen.

2. **Small Talk**
   Ihre Verhandlungspartner/innen kommen aus den Niederlanden. Welche Themen sind beim Small Talk tabu? Kreuzen Sie die richtige(n) Lösung(en) an!
   a. Aufstieg der Rechtsparteien in den Niederlanden
   b. Ajax Amsterdam und sein Verhältnis zu Feyernoord Rotterdam
   c. Die Kinder der Kund/inn/en und die Situation an den öffentlichen Schulen
   d. Die Drogenpolitik in den Niederlanden

3. **Start in die Gehaltsverhandlung**
   Sie verdienen jetzt 2.600 Euro brutto im Monat und wollen idealerweise 2.800 Euro. Mit welcher Summe steigen Sie in die Gehaltsverhandlung ein?
   a. Ich fordere 2.800 Euro und erkläre, wie ich darauf komme und warum dieses Gehalt angemessen ist.
   b. Besser ist es, mit einer deutlich höheren Summe in die Verhandlung zu gehen. Ich fordere also 4.200 Euro.
   c. Ich gehe zwar mit 3.000 Euro in die Verhandlung, habe mir aber im Hinterkopf auch die Minimalforderung von 2.800 Euro überlegt.
   d. Wenn die Verhandlung wegen der wirtschaftlich schwierigen Situation ins Stocken gerät, akzeptiere ich auch einen Betrag, der unter der Minimalforderung liegt, sofern Alternativen wie zusätzliche Weiterbildungen bezahlt werden.

4. **Verhandlungsfall „Die Diskothek am Stadtrand" (nach Egger 2004, S. 70 f.)**
Aufgrund folgender Situation sollen die anschließenden Fragen und Aufgabenstellungen gelöst werden:
Ein Gastronom in einer Kleinstadt möchte eine Diskothek mit Bowlingbahn am Stadtrand eröffnen. Er hat bereits ein altes, verkehrsgünstig gelegenes Fabriksgebäude ins Auge gefasst, das seit mehr als sieben Jahren leersteht und außer einem Einfamilienhaus keine direkten Anrainer hat. Die Liegenschaft umfasst neben dem Gebäude auch eine große Fläche, die als Parkplatz genutzt werden kann. Der Gastronom verspricht sich aus der guten Lage und dem reizvollen Umfeld der alten Fabriksanlage ein florierendes Geschäft. Die Umbaukosten wären zwar hoch, aber noch immer niedriger als ein Neubau. Der Inhaber der Liegenschaft ist ein Großstädter, der ca. einmal in zwei Monaten mit seiner Frau und seinen beiden 16-jährigen Söhnen am Wochenende zur Erholung in die Kleinstadt kommt und dabei in einem Einfamilienhaus wohnt, das direkt an das ehemalige Fabriksgelände angrenzt. Der Familie ist es wichtig, eine ruhige Zeit an diesen Wochenenden zu verbringen, um sich zu erholen.
   a. Überlegen Sie mindestens fünf Themen, worüber in diesem Fall verhandelt werden kann!
   b. Der Grundstückseigentümer überlegt nun ausgehend von den in a) genannten Themen seine Ziele (= Interessen) für eine mögliche Verhandlung. Diese könnten sein:
   c. Variante A: 1. Geld verdienen; 2. Gebäude vor dem Verfall retten; 3. Ruhe für die Familie.
   d. Variante B: 1. Ruhe für die Familie; 2. Geld verdienen; 3. Gebäude vor dem Verfall retten.
   e. Überlegen Sie nun ausgehend von diesen beiden Varianten, welche Lösungsvorschläge der Liegenschaftseigentümer für die Verhandlung ableiten kann.
   f. Was sind mögliche Alternativen (BATNAs) des Grundstückseigentümers?
   g. Was sind mögliche Alternativen (BATNAs) des Gastronomen?

8. Literatur

Cialdini, R. B. (2010): Die Psychologie des Überzeugens. 6. Auflage. Bern: Huber.

Egger, M. (2004) Verhandeln - Entwürfe zu Rollenspielen und netzunterstützten Fragestellungen im Rahmen der Persönlichkeitsbildung an der Wirtschaftsuniversität Wien.

Erbacher, C. E. (2005): Grundzüge der Verhandlungsführung. Zürich: vdf.

Fisher, R., Ury, W. (2009): Das Harvard-Konzept. 23. Auflage. Frankfurt: Campus.

Lewicki, R. J., Hiam, A. & Olander, K. W. (1998): Verhandeln mit Strategie – Das große Handbuch der Verhandlungstechniken. St. Gallen/Zürich: Midas-Management-Verlag.

Milgram, S. (2007): Das Milgram-Experiment. 15. Auflage. Reinbek bei Hamburg: Rowohlt.

Portner, J. (2010): Besser Verhandeln. Das Trainingsbuch. 2. Auflage. Offenbach: GABAL.

Spangler, B. (2003): Zone of Possible Agreement (ZOPA). Beyond Intractability. In: Burgess, G. & Burgess, H. (Hrsg.): Conflict Information Consortium. Boulder: University of Colorado, online abrufbar unter http://www.beyondintractability.org/bi-essay/zopa.

Ury, W. L. (1992): Schwierige Verhandlungen. Wie Sie sich mit unangenehmen Kontrahenten vorteilhaft einigen. Frankfurt: Campus.

Kapitel 9

Workshops und Besprechungen moderieren

Ilse Pachlinger

1. Einleitung

Die Frage nach Erfahrungen mit Moderation bringt meist sehr unterschiedliche Antworten. Da wird berichtet

- vom wöchentlichen Jour fixe
- von diversen Projektbesprechungen (vom Kick-off bis zum Cooldown)
- von Strategieworkshops und Zukunftswerkstätten
- von Konfliktsitzungen
- von TV-Sendungen wie dem Runden Tisch.

Der Begriff Moderation wird also für sehr unterschiedliche Arten von Arbeit mit Gruppen verwendet. Gemeinsam ist allen Beispielen, dass eine Unterstützung von Gesprächsprozessen, d.h. eine Begleitung von Gruppen auf ihrem Weg zum Ziel, erfolgt.

Der inflationäre Gebrauch von Moderation bezieht sich aber nicht nur auf den Begriff selbst, sondern auch auf den Einsatz der typischen Methoden und Instrumente. Viele Mitarbeiter/innen sind inzwischen „moderationsmüde", sie können keine „Karten" und „Punkte" mehr sehen und wollen die aus ihrer Sicht unproduktiv verbrachte und mühsame Zeit in Besprechungen oder Workshops verkürzen. Unproduktiv deshalb, weil die manchmal langwierig erarbeiteten Ergebnisse danach nicht umgesetzt werden. Mühsam, weil Methoden wie die Kartenabfrage nicht sinnvoll eingesetzt werden und Besprechungen so in die Länge ziehen. Es wäre aber sehr schade, wenn das Potenzial, das in der Moderationsmethode liegt – nämlich kreative, ganzheitliche Gruppenprozesse zu unterstützen –, nicht genützt würde. Es gilt, das „gesunkene Kulturgut" zu heben, wie Einhard Schrader, einer der Erfinder, die Moderationsmethode bezeichnet (vgl. Revers 2004, S. 11). Die Arbeit mit den typischen Moderationsmethoden gehört inzwischen zu den „Basic Skills", und nach Schrader liegt es an der Anwendung und weniger an der Methode, wenn der Eindruck entsteht, dass die Moderationsmethode nicht funktioniert.

Die Arbeit mit Gruppen ist sehr komplex, wie durch das der themenzentrierten Interaktion (TZI) von Ruth Cohn zugrunde liegende Modell gut veranschaulicht wird. Dabei wird der Gruppenprozess aus vier Perspektiven betrachtet.

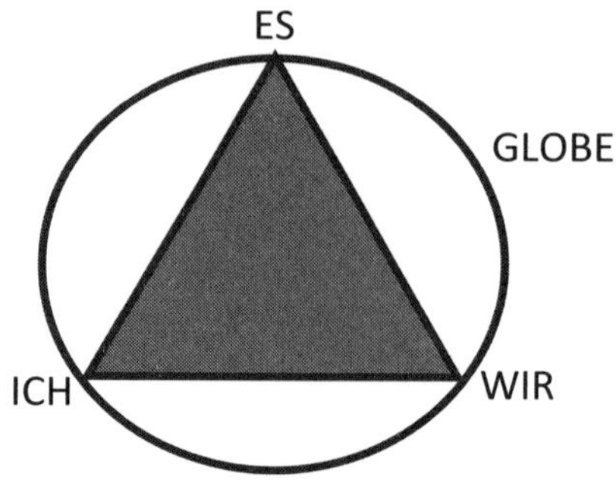

Abb. 1: TZI-Dreieck (Quelle: Langmaack 2011, S. 52)

Für den Moderationsprozess bedeutet das, dass neben dem inhaltlichen Auftrag, und den Zielen der Moderation (= ES) die Fähigkeiten und Persönlichkeiten der einzelnen Gruppenmitglieder und des Moderators / der Moderatorin (= ICH), die Dynamik der Gruppe, die Interaktion und Kommunikation in der Gruppe (= WIR), aber auch die Umwelt mit allen ökonomischen, ökologischen, sozialen, technischen oder auch räumlichen Aspekten (= Globe) vom Moderator bzw. der Moderatorin beachtet werden müssen. In einer Moderation sollte es wie in allen Gruppensituationen eine Balance zwischen diesen vier Punkten geben (vgl. Langmaack 2011, S. 54 f.).

Im Rahmen des vorliegenden Beitrags steht aus platztechnischen Gründen das ES, das Thema und die Bearbeitung der Aufgaben, im Mittelpunkt der Ausführungen. Das bedeutet aber nicht, dass die anderen Aspekte für den Moderationsprozess weniger wichtig sind. Zum Teil werden sie in anderen Beiträgen dieses Buches thematisiert (siehe z.B. die Kapitel Kommunikation und Teamarbeit).

Ziel dieses Beitrags ist es, einen Überblick über die Aufgaben eines Moderators bzw. einer Moderatorin von der Auftragsklärung bis zur Nachbereitung der Moderation zu geben. Im Mittelpunkt steht dabei die Moderationsmethode mit ihren klassischen Elementen

- idealtypischer Ablauf einer Moderation
- Haltung des Moderators/der Moderatorin sowie
- Fragen und Visualisierung im Rahmen der Moderation.

Da für die meisten Erwerbstätigen klassische Workshops, die einen gesamten Moderationszyklus umfassen, sehr selten sind, Besprechungen aber zum täglichen Arbeitsleben gehören, soll abschließend gezeigt werden, wie durch den Einsatz von Elementen der Moderationsmethode Besprechungen hinsichtlich ihrer Effizienz und Effektivität bereichert werden können.

Einsatzbereiche der Moderation

Besprechung, Meeting, Sitzung, Konferenz, Kongress, Jour fixe, Workshop, Seminar, Podiumsdiskussion, Runder Tisch ... wie bereits erwähnt, werden unter dem Begriff „Moderation" sehr unterschiedliche Arten von Veranstaltungen subsumiert. Jochem Kießling-Sonntag (2005, S. 18) hat folgende Kriterien für die Begriffswahl herausgearbeitet:

- Anlass und Ziel
- Häufigkeit und Zeitdauer des Treffens
- hierarchische Stellung und Anzahl der Teilnehmenden.

Anhand dieser Kriterien sollen im Folgenden einige zentrale Einsatzbereiche der Moderation erläutert werden.

Workshops

Workshops sind anlassbezogen organisierte Veranstaltungen, die zwischen einem halben und mehreren Tage dauern und in deren Rahmen Gruppen mithilfe von eine/m/r oder zwei Moderator/inn/en an komplexen organisatorischen Herausforderungen arbeiten. Im Gegensatz zum Seminar steht nicht der Erwerb von Wissen, sondern der Erfahrungsaustausch und die gemeinsame Analyse von Problemen im Mittelpunkt von Workshops (vgl. Meier 2005, S. 139). Eine konstruktive Diskussion, an der alle beteiligt sind, ist bis zu ca. 25 Teilnehmenden möglich, die je nach Themenstellung aus unterschiedlichen Abteilungen und verschiedenen Hierarchiestufen kommen können.

Beispiele für zu bearbeitende Aufgabenstellungen:

- Strategieentwicklung in Organisationen
- Kreativworkshops zur Entwicklung von neuen Ideen
- Bearbeitung von Konflikten in Gruppen/Abteilungen
- Kick-off-Workshops bei großen Projekten

Da der Output von Workshops entscheidend davon abhängt, ob es gelungen ist, das Potenzial aller Teilnehmenden einzubeziehen, ist es von Vorteil, wenn eine neutrale Person den Gruppenprozess begleitet. Daher sollten Workshops nicht von der Führungskraft geleitet werden.

Besprechungen

Ohne Besprechungen ist das Arbeitsleben heute nicht mehr vorstellbar. In regelmäßigen Zusammenkünften werden in Unternehmen, privaten und öffentlichen Organisationen, aber auch in Vereinen

- Informationen ausgetauscht
- Aufgaben besprochen und verteilt
- Entscheidungen getroffen
- Beschlüsse gefasst.

Besprechungen finden regelmäßig statt und dauern von einer halben Stunde bis zu einem Tag. Die Teilnehmenden können der gleichen oder unterschiedlichen Hierarchiestufen angehören. Der Begriff Sitzung bezeichnet im Allgemeinen Besprechungen mit Teilnehmenden der gleichen Hierarchiestufe.

Andere Namen für Besprechung wie Meeting oder Jour fixe (eine regelmäßig stattfindende Besprechung mit denselben Teilnehmer/inne/n) werden im Rahmen dieses Beitrags synonym verwendet.

Seminar oder Konferenz

Informationsveranstaltungen können in kleinen Gruppen (Seminare) oder mit mehreren Hundert Personen (Konferenzen, Tagungen, Kongresse) zu unterschiedlichen beruflichen und privaten Themen durchgeführt werden. Sie dauern von einem halben Tag bis zu einer Woche und werden meistens unternehmens- und organisationsübergreifend veranstaltet. Im Rahmen dieser Veranstaltungen kann ein/e Moderator/in einerseits durch die Veranstaltung führen oder auch inhaltlich mit den Teilnehmer/inne/n Themen erarbeiten.

Podiumsdiskussion

Im Rahmen von öffentlichen Diskussionen soll ein Thema kontrovers dargestellt werden. Die Vertreter/innen aller wichtigen Standpunkte sollen in einer interessanten und abwechslungsreichen Diskussion zu Wort kommen und das Publikum möglichst umfassend informieren (vgl. Engst 2011, S. 5). Je nach Konferenz oder Sendungsformat gibt es unterschiedliche Bezeichnungen, wie Runder Tisch, im Zentrum, Club 2 usw.

Der vorliegende Artikel beschäftigt sich mit der Gestaltung von Workshops und Besprechungen. Die Moderationsmethode wird anhand des Einsatzes in Workshops dargestellt und erklärt. In Kap. 3 werden abschließend die Besonderheiten der Moderation von Besprechungen behandelt.

2. Die Moderationsmethode

2.1 Entwicklung und Hintergründe

Die Moderationsmethode wurde von den Autor/inn/en des gleichnamigen Standardwerks Karin Klebert, Einhard Schrader und Walter Straub gemeinsam mit Eberhard Schnelle und dem „Quickborner Team" (einer deutschen Unternehmensberatung) in den 70er-Jahren in ihren Grundzügen erarbeitet und seitdem vielfach weiterentwickelt (Klebert, Schrader & Straub 1980). Entstanden ist die Methode im Zuge der Nach-68er-Bewegung und dem damit verbundenen Ideal, möglichst allen von Entscheidungen Betroffenen ein tatsächliches Mitspracherecht an ihren Lern- und Arbeitsprozessen zu ermöglichen. Die zunehmende Komplexität der wirtschaftlichen Zusammenhänge und Probleme und eine wahre „Planungseuphorie" haben die Entwicklung der Methode zusätzlich entscheidend vorangetrieben (vgl. Klebert, Schrader & Straub 2004).

Die theoretischen Hintergründe der Moderationsmethode liegen einerseits in der humanistischen Psychologie und andererseits in konstruktivistischen Ansätzen aus verschiedenen Disziplinen (Graeßner 2006, S. 302f.). Ausgehend von der Aussage Sieberts (2004, S. 95): „Menschen sind lernfähig (d.h. offen für neue Erfahrungen) aber unbelehrbar (d.h. lassen sich von außen nicht dominieren und instruieren)" und den daraus ableitbaren Rückschlüssen auf die Lernprozesse können Schlussfolgerungen für die Rolle der Teilnehmer/innen, des Moderators bzw. der Moderatorin oder auch für die Bedeutung des Themas gezogen werden. Der konstruktivistische Zugang zur Moderation bedeutet, dass der Moderator oder die Moderatorin die gemeinsame Arbeit in der Gruppe als wirksam und produktiv einstuft, unter der Annahme, dass Verständigung grundsätzlich möglich ist.

Die Moderationsmethode besteht aus einer Mischung aus Planungs- und Visualisierungstechniken, Gesprächstechnik und Gruppendynamik. Moderieren bedeutet, den Meinungs- und Willensbildungsprozess einer Gruppe zu unterstützen, ohne jedoch inhaltlich einzugreifen (vgl. Klebert, Schrader & Straub 1980). Obwohl im Rahmen der Moderationsmethode eine Reihe von Techniken und Instrumenten zur Verfügung stehen, spielen Wissen und Theorie eine untergeordnete Rolle. Es ist vielmehr das Geschick im Umgang mit Gruppen, verbunden mit einer neutralen Haltung, das eine gute Moderatorin bzw. einen guten Moderator ausmacht.

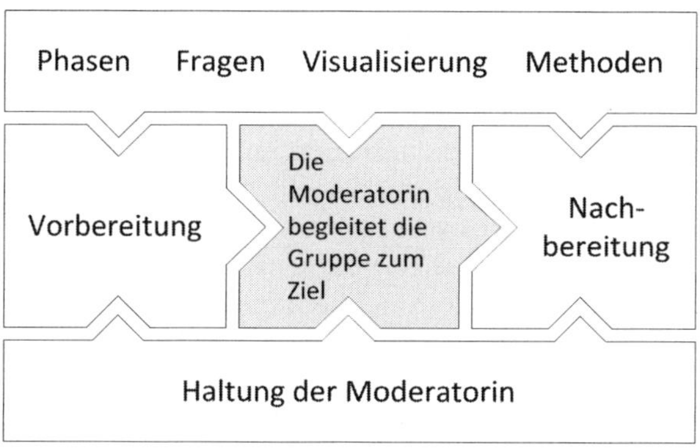

Abb. 2: Überblick Moderationsmethode

Abbildung 1 zeigt die zentralen Bereiche der Moderationsmethode, die in diesem Beitrag angesprochen werden. Eine besondere Stellung nimmt die Haltung des Moderators bzw. der Moderatorin ein. Diese ist jedoch nicht Teil der Methode, sondern bestimmt sie grundlegend, wie weiter unten gezeigt werden wird.

Im nächsten Kapitel wird der Ablauf einer Moderation von der Auftragsklärung bis zur Nachbereitung beschrieben. Veranschaulicht wird dieser Ablauf anhand eines Workshops zum Thema "Qualitätsmanagement":

> In der Kraiter AG soll ein Qualitätszirkel[1] eingerichtet werden, um Verbesserungsmaßnahmen für die organisatorischen Abläufe zu entwickeln. Frau Pointner, eine Mitarbeiterin der Organisationsabteilung, wird die Arbeit in diesem Qualitätszirkel moderieren.
>
> Die Teilnehmer/innen kommen aus unterschiedlichen Abteilungen des Unternehmens und kennen einander teilweise nicht oder nur flüchtig. Für einige ist es das erste Mal, dass sie an einem solchen Workshop teilnehmen.

2.2 Vorbereitung einer Moderation

Unabhängig von der Art der Veranstaltung bedürfen Moderationen einer umfassenden Vorbereitung. Auch wenn dies auf den ersten Blick oft nicht sichtbar ist, so planen auch erfahrene Moderator/inne/n sehr sorgfältig. Die für die Arbeit mit Gruppen notwendige Flexibilität wird durch eine ausreichende Vorbereitung unterstützt bzw. erst möglich gemacht, nicht verhindert.

Bevor der genaue Ablauf einer Moderation festgelegt wird, müssen in einem Auftragsklärungsgespräch mit den Auftraggeber/innen folgende Fragen geklärt werden:

Zweck – Warum ist dieser Workshop zu diesem Zeitpunkt vorgesehen?
Ausgangssituation – Was wurde zu diesem Thema bereits erarbeitet?

Über diese Fragen können häufig die wirklichen Hintergründe der Auftraggeber/innen ans Tageslicht gebracht werden. Warum werden zu diesem Zeitpunkt Qualitätszirkel eingesetzt? Aus welchen Gründen sollen die Abläufe verbessert werden? Gab es Beschwerden von Kunden, sind die Zirkel Teil eines Zertifizierungsablaufs? Welche Rahmenbedingungen gibt es? Wie viel kann für die Verbesserung der Abläufe investiert werden?

Ziel – Was soll kurzfristig/mittelfristig/langfristig erreicht werden?

---

1 Qualitätszirkel sind Gesprächsgruppen von fünf bis zehn Mitarbeiter/inne/n, die Probleme im Arbeitsprozess aufzeigen und Lösungen bzw. Umsetzungsstrategien dafür erarbeiten sollen. Geleitet werden diese Gruppen von einem dafür geschulten Moderator/einer Moderatorin. „Vorrangiges Ziel beim Einsatz von Qualitätszirkeln ist die Steigerung der Leistungsfähigkeit eines Unternehmens durch gezielten Einsatz des Problemlösungspotentials der Mitarbeiter“ (Becker 2009, S. 615).

Bei der Zielformulierung geht es nicht darum, das inhaltliche Ergebnis im Vorhinein festzulegen, dann wäre die Moderation ja nicht mehr notwendig. Vielmehr ist die Struktur des Ergebnisses zu bestimmen. Sollen im Beispiel der Kraiter AG nur Verbesserungsideen gefunden oder bereits Lösungen inklusive Umsetzungsplänen erarbeitet werden? Wenn die Auftraggeber/innen bereits ein klares Ergebnis vor Augen haben und der Workshop nur dazu dient, die Mitarbeiter/innen "mit ins Boot zu holen", sollte der Moderator bzw. die Moderatorin den Auftrag ablehnen, da damit genau die eingangs erwähnte Situation eines unproduktiven Workshops geschaffen wird. In diesem Fall wäre es effizienter, den Mitarbeiter/inne/n die bereits beschlossenen Lösungen zu präsentieren und eventuelle Ergänzungen dazu abzufragen.

Genauere Informationen zur Festlegung von Zielen in der Moderation finden sich im Abschnitt „Durchführung der Moderation".

Teilnehmer/innen – Wie viele Teilnehmer/innen sind vorgesehen?

Wer nimmt an der Moderation teil? Welche Stellung haben die Teilnehmer/innen in der Hierarchie inne, welche Funktionen und Tätigkeiten führen sie aus?

Die Zusammensetzung der moderierten Gruppe hat vor allem Auswirkungen auf die eingesetzten Methoden. Auch die Frage, ob die Teilnehmer/innen von den Vorgesetzten nominiert wurden oder sich aus freien Stücken zur Mitarbeit gemeldet haben, hat Auswirkungen auf den Ablauf der Moderation.

Die Teilnehmer/innen können häufig von den Moderator/inn/en nicht selbst ausgewählt werden. Wenn doch, dann sollten im Zuge der Auswahl folgende Fragen gestellt werden:

- Wer kann fachlich viel zum Thema beitragen?
- Wer ist von den erarbeiteten Entscheidungen am stärksten betroffen?
- Wer wird die Entscheidungen tatsächlich umsetzen?
- Wer hat großen (formellen und/oder informellen) Einfluss im Unternehmen?
- Wer verhält sich in Besprechungen besonders ausgleichend bzw. aggressiv?
- Wer gilt (je nach Thema) als besonders begabt, einfallsreich oder originell?

> Für die inhaltliche Vorbereitung wird Frau Pointner mit den Abteilungsleiter/inne/n sprechen und mit ihnen gemeinsam festlegen, wer am Qualitätszirkel teilnehmen soll. Bezüglich Zweck und Ziel wird sie zusätzlich mit der dafür zuständigen Führungskraft aus der Organisationsabteilung sprechen.

Aus organisatorischer Sicht sollten im Rahmen der Vorbereitung folgende Fragen beantwortet werden:

Zeit – Wann findet die Moderation statt, und wie lange wird sie dauern?

Ein idealtypischer Moderationsablauf beansprucht viel Zeit und sollte daher mit zumindest einem halben Tag veranschlagt werden. Umfassende Strategieworkshops können aber auch mehrere Tage dauern. Da Workshops und Besprechungen für die meisten Mitarbeiter/innen eine Störung des normalen Arbeitsablaufs bedeuten, der geplant werden muss, muss bereits im Zuge der Einladung der Zeitrahmen bekanntgegeben werden.

Ort / Raum – Wo findet die Besprechung statt?

Eine Grundvoraussetzung für einen gelungenen Workshop ist der Raum: Ausreichende Größe, (Tages-)Licht, angenehme Temperatur und keine Lärmbelästigung von außen sind wichtige Kriterien. Soll sehr intensiv gearbeitet werden, kann auch die Anmietung eines Raums in einem Seminarhotel sinnvoll sein, um Störungen durch das Alltagsgeschäft zu vermeiden und die Möglichkeit, die Pausen am eigenen Arbeitsplatz zu verbringen, zu unterbinden. Für eine gute Arbeitsatmosphäre ist auch eine adäquate Verpflegung wichtig. Der Moderator oder die Moderatorin sollte sich außerdem informieren, ob eine Rauchmöglichkeit vorhanden ist.

Die Sitzordnung sollte auf jeden Fall gewährleisten, dass sich alle Teilnehmer/innen gut sehen können. Für intensive Workshops wird von Klebert, Schrader & Straub (2006) ein Sesselkreis vorgeschlagen, da sich die Teilnehmer/innen so nicht hinter Tischen „verstecken" können und nach einem eventuellen anfänglichen Unbehagen ein intensives Arbeiten unterstützt wird.

Einladung – Wie sollte die Einladung aussehen?

Die Einladung, die im Allgemeinen per E-Mail verteilt wird, sollte auf jeden Fall enthalten:

- Muss-Punkte:
  - Termin der Besprechung: Datum, Beginn, voraussichtliches Ende
  - Ort: eventuell Erreichbarkeit
- Soll-Punkte:
  - Hinweis auf Handyregelung
  - Teilnehmer/innenliste
  - Tagesordnung
  - Ziel/e der Besprechung
- Kann-Punkte:
  - Informationsmaterial für die Vorbereitung (wenn notwendig)
    - 3-5 Seiten
    - frühestens 1-2 Wochen vor dem Termin verschicken

– Bitte um Teilnahmebestätigung
– Teilnehmer/innen positiv auf die Besprechung einstimmen

Medien und Materialien – Welche Hilfsmittel werden benötigt?

Typisch für die Moderation ist die Arbeit mit den eingangs erwähnten Karten und Punkten. Trotz Laptop, Beamer und Smartboard werden in der Moderation nach wie vor Flipchart und Pinnwand eingesetzt, um eine während der gesamten Moderation sichtbare Visualisierung zu haben.

Für eine störungsfreie Moderation sollten folgende Materialien in ausreichender Anzahl vorhanden sein:

- Flipchartmarker (mindestens einer pro Teilnehmer/in)
- Rechteckige und eventuell ovale Moderationskarten
- Klebepunkte, Pinnnadeln, Kreppband, Flipcharts, eventuell auch Namenskarten.

Frau Pointner wird dafür sorgen, dass die Qualitätszirkel in einem hellen, ausreichend großen Raum arbeiten können und nicht durch Lärm von außen oder Telefonanrufe gestört werden. Falls sie die Treffen für länger als zwei Stunden ansetzt, wird sie für Pausengetränke und Kekse sorgen. Zeitlich wird sie die Treffen so ansetzen, dass sie die tägliche Arbeit der Teilnehmer/innen möglichst wenig stören (viele bevorzugen den frühen Nachmittag für Besprechungen, ganztägige Besprechungen eher in der zweiten Wochenhälfte). Sie wird die Teilnehmer/innen früh genug schriftlich einladen, damit sie den Termin planen können.
Frau Pointner wird ausreichend Moderationsmaterial bei der zuständigen Kollegin bestellen und sicherheitshalber ihren eigenen, gut gefüllten Moderationskoffer mitnehmen..

2.3 Durchführung einer Moderation

Aufbauend auf den zuvor gestellten Fragen wird nun das Moderationsdesign erstellt. Für alle Phasen der Moderation sind Fragen und Methoden zu erarbeiten und schriftlich festzuhalten:

Moderationsdesign

Thema: Qualitätszirkel – Verbesserung
Teilnehmer/innen:
Zeit:
Ort:

Zeit	Phase / Frage / Methode	Medien / Material
5'	Begrüßung	

10′	Einstimmung Wie zufrieden sind Sie mit Ihrer Arbeit aus organisatorischer Sicht? Einpunktfrage	Plakat mit Frage Punkte
30′	Problemorientierung: Frage: Welche Probleme erleben Sie in Ihrer täglichen Arbeit? Kartenabfrage	Vorbereitete Frage Karten, Stifte
	…	

Abb. 3: Auszug aus einem Moderationsdesign

Vor allem der Beginn einer Moderation sollte sehr sorgfältig vorbereitet werden, um zu gewährleisten, dass die Gruppe „ins Arbeiten kommt“ und sich mit den „richtigen“ Themen beschäftigt. Im weiteren Verlauf der Arbeit wird immer wieder eine Adaptierung des vorbereiteten Designs notwendig sein. Trotzdem sollte der Ablauf bis zum Abschluss geplant werden.

Neben einem sinnvollen Wechsel von Arbeitszeiten und Pausen umfasst die Moderationsmethode folgenden idealtypischen Ablauf:

- **Einstimmung inkl. Zielvereinbarung**
  Begrüßung und Vorstellung von Teilnehmer/inne/n und Moderator/inn/en. Besprechung der Ziele und des Ablaufs der Moderation. Hinführung zum Thema der Moderation

- **Themenorientierung**
  Auswahl der Themen bzw. genaue Analyse der Probleme

- **Lösungserarbeitung**
  Erarbeitung von Lösungsansätzen (ev. in Kleingruppen), die in der Gesamtgruppe weiter bearbeitet und bewertet werden

- **Handlungsplanung und Abschluss**
  Vereinbarung, wer was bis wann umsetzt, Feedback zur Zufriedenheit mit dem Ergebnis und dem Arbeitsprozess, Verabschiedung der Teilnehmer/innen.

Wie lange die einzelnen Phasen dauern, hängt von mehreren Faktoren ab: vom Ziel, von der Größe der Gruppe, der Art des zu bearbeitenden Problems und natürlich von den eingesetzten Moderationsmethoden. Für einen kompletten Moderationsablauf ist eine halbe Stunde zu kurz, allerdings können auch in kürzere Besprechungen Elemente der Moderation einfließen (vgl. Kap. 3).

Die folgenden Ausführungen behandeln den Ablauf und die Bedeutung der einzelnen Phasen für den Moderationszyklus und beziehen sich auf Hartmann, Besser & Maleh 2009; Klebert, Schrader & Straub 1980 und

2006; Lipp & Will 2008; Seifert 1999 und 2003 sowie auf eigene Erfahrungen der Autorin (Pachlinger 2005).

2.2.1 Einstimmung in den Moderationsprozess

In dieser ersten Phase im Moderationsablauf geht es darum, den Teilnehmer/inne/n Orientierung und Sicherheit zu geben und die Gruppe arbeitsfähig zu machen. Im Gruppenprozess nach Tuckman (vgl. Kapitel „Teamentwicklung" in diesem Buch) entspricht dies der Phase des „Forming".

Besonders wichtig ist die Einstimmung für jene Teilnehmer/innen, die keine oder wenig Erfahrung mit Moderation haben, um ihnen die mit einer unbekannten Situation verbundenen Ängste zu nehmen. Folgende Punkte sollten daher im Rahmen der Einstimmung geklärt werden:

- Organisatorische Details (Dauer der Moderation, Ablauf, Gestaltung der Pausen)
- Thema – Grund für die Moderation
- Vorstellung der Teilnehmer/innen und der Moderator/inn/en
- Spielregeln für die gemeinsame Arbeit
- Die Ziele der Moderation.

Bereits vor dem offiziellen Beginn sollte bei der Ankunft mit den einzelnen Teilnehmer/inne/n Kontakt aufgenommen werden, d.h. der Moderator oder die Moderatorin sollte als erste/r im vorbereiteten Raum sein und jede/n persönlich begrüßen.

Wenn sich die Teilnehmer/innen nicht oder nicht gut kennen, ist eine Vorstellrunde auf jeden Fall von Vorteil, da diese einerseits eine wichtige Orientierungsfunktion hat (wer sind die anderen Teilnehmer/innen, bin ich hier richtig, passe ich dazu?) und auf der anderen Seite dazu auffordert, einmal zu einem unverfänglichen Thema vor der Gruppe zu sprechen. Gerade für Teilnehmer/innen, die nicht so häufig an Workshops teilnehmen, kann das spätere Wortmeldungen erleichtern. Um die Situation aufzulockern, können auch kreative Vorstellmethoden eingesetzt werden. Es sollte allerdings nicht zu viel Zeit dafür verplant werden, vor allem, wenn die gesamte Moderation weniger als einen Tag dauert. Im Zuge der Vorstellrunde können auch die Erwartungen geklärt werden.

Ist die Situation in der Gruppe angespannt, kann man den Teilnehmer/inne/n gleich zu Beginn die Möglichkeit geben, ihre Gefühle anzusprechen. Dazu eignet sich ein Blitzlicht, in dem alle Teilnehmer/innen ohne Bewertung durch andere ein Statement zu einem Thema abgeben.

Mögliche Fragen für ein Einstiegsblitzlicht sind:

- Wie geht es mir im Moment?
- Welche Wünsche/Befürchtungen habe ich in Bezug auf diese Besprechung?

Blitzlichter bieten während der gesamten Moderation gute Möglichkeiten, die Befindlichkeit der Gruppe zu reflektieren.

Regeln helfen dem Einzelnen, das richtige Verhalten in einer bestimmten Situation einschätzen zu können. Auch in Arbeitsgruppen gibt es Regeln, die die gemeinsame Arbeit erleichtern und deren Nichteinhaltung sanktioniert wird. Regeln können durch Vereinbarung aber auch durch Tun und Duldung entstehen. Ob diese zu Beginn oder erst bei Bedarf angesprochen werden, hängt von der Situation, den beteiligten Personen, v.a. aber von der Haltung der Moderatorin bzw. des Moderators ab. Spielregeln können auch schriftlich formuliert werden und „nur da sein". Auf keinen Fall dürfen zu Beginn zu viele Regeln aufgestellt werden, weil das als Bevormundung aufgefasst werden könnte.

Sinnvoll sind Regeln zu folgenden Problemen:

- Diskussionsverhalten (nur eine/r spricht gleichzeitig)
- Redezeit (kurz fassen, die einzelnen Beiträge sollten nur eine Minute dauern)
- Umgang mit Handys

Die Regel „Störungen haben Vorrang" wird häufig als wichtigste Regel für die Arbeit mit Gruppen genannt (vgl. Cohn 2009, S. 121), nach dem Grundsatz „Beziehungsarbeit geht vor Sacharbeit". Eine sinnvolle und wirkungsvolle Beziehungsklärung ist aber häufig aus Zeitmangel, mangelnder Bereitschaft der Teilnehmer/innen oder auch mangels Kompetenz des Moderators/der Moderatorin nicht möglich. Da eine oberflächliche oder schlechte Klärung von Beziehungsproblemen oft mehr Schaden als Nutzen bringt, sollte dieser Grundsatz, der für eine Balance im Sinne der TZI sehr wichtig ist, vor allem bei langfristigen Teamentwicklungsprozessen angewandt werden. In Routinebesprechungen und kurzfristigen Projekten ist es manchmal sinnvoller, die Störung zu unterbinden („Bitte vermeiden Sie verletzende Äußerungen") und die Gruppe dann auf die Sachebene zurückzuführen. Beziehungskonflikte müssen nicht unbedingt explizit geklärt sein, um eine produktive Arbeit zu ermöglichen. Meist entwickelt sich ein für alle Seiten handhabbares Arbeitsverhältnis ohne Klärung der Beziehung oder ausdrückliche Vereinbarung. Das ist sicher nicht ideal, verringert aber zumindest die Gefahren einer Verschlechterung der Beziehungen durch zu kurze oder oberflächliche Klärung.

Wie Alexander Redlich (1999) feststellt, gibt es „kaum Arbeitsgruppen in denen alle Beziehungen gut sind. Meistens gibt es gespannte Beziehungen zwischen einzelnen Personen oder Untergruppen, die ihren offenen Schlagabtausch („storming") längst hinter sich gebracht haben und einen Umgang miteinander („norming") pflegen, den man eher als „friedliche Koexistenz" bezeichnen kann denn als gute Beziehung. Dennoch ist ihre Kooperation oft zufriedenstellend und bringt gute Ergebnisse („performing").

Inhaltliche Konflikte, unterschiedliche Sichtweisen zu einem Problem sollten aber nicht unterdrückt werden. Die Betrachtung und Diskussion mehrerer Standpunkte ist eine wichtige Voraussetzung für tragfähige Ergebnisse.

Zentral für das Gelingen einer Moderation ist die Festlegung des Moderationszieles, damit alle wissen, was mit der Moderation erreicht werden soll. Auch wenn das Ziel vorgegeben ist, muss es mit den Teilnehmer/inne/n abgestimmt werden, damit sichergestellt ist, dass alle dasselbe Verständnis haben. Das Ziel sollte schriftlich formuliert werden und für alle sichtbar positioniert werden. Die Zielklärung sollte in Anlehnung an die Coverdale-Zielscheibe (Sperling et al. 2004, S. 50) folgende Bereiche umfassen:

- Für wen und warum sollen wir das Problem bearbeiten?
- Wie soll das Ergebnis aussehen (Checkliste, Ablaufplan, ...)?
- Was sind die Erfolgskriterien, d.h. woran merken wir, dass das Ergebnis gut ist?
- Wie soll das Ergebnis dokumentiert werden?

An erster Stelle steht in der Moderation stets das Ziel **„Was soll erreicht werden?“**. Erst an zweiter Stelle kommen die Fragen: **„Wie kommen wir dort hin?“** und **„Welche Mittel gibt es auf dem Weg zum Ziel?“**. Daraus ergibt sich, dass die Instrumente stets nur Mittel zum Zweck sein können! Moderation ist eine Methode, um den Problemlösungsprozess zu lenken und um die Bearbeitung von Aufgaben in einer Gruppe zu erleichtern. Moderation ist niemals Selbstzweck.

Eine Moderation ist dann gut, wenn die Gruppe das Ziel effizienter erreichen kann, als sie das ohne Moderator oder Moderatorin geschafft hätte.

Am Beginn des ersten Treffens des Qualitätszirkels wird Frau Pointner nach der Begrüßung organisatorische Details, wie z.B. die zeitliche Gestaltung der Meetings, besprechen.

Da die Teilnehmer/innen aus unterschiedlichen Abteilungen stammen, wird darauf eine Vorstellungsrunde folgen, in deren Rahmen Berufliches (Abteilung, Funktionsbereich, ...), aber auch Privates (Hobbys, ...) präsentiert wird.

Als Einstimmung auf die inhaltliche Arbeit wird Frau Pointner die Zufriedenheit der Teilnehmer/innen mit den Abläufen in ihrer Abteilung mithilfe einer Einpunktabfrage feststellen.

Danach wird sie das mit den Auftraggeber/inne/n besprochene Ziel des Qualitätszirkels darstellen und gemeinsam mit den Teilnehmer/inne/n spezifizieren:

- Wer ist der Kunde, für wen müssen die Ergebnisse aufbereitet werden? Die Geschäftsleitung (= Auftraggeber/innen), die Abteilungsleiter/innen oder die Kolleg/inn/en?

- Wie soll das Ergebnis aussehen? Sollen erste Lösungsvorschläge für die im Rahmen des Qualitätszirkels identifizierten Probleme erstellt werden, die dann gemeinsam mit anderen Kolleg/inn/en weiterentwickelt und umgesetzt werden? Reicht es aus, die Probleme zu identifizieren?
- Nach welchen Kriterien werden die Ergebnisse bewertet?
- Bis wann müssen erste Ergebnisse vorliegen?

2.2.2 Inhaltliche Arbeit

Themenorientierung

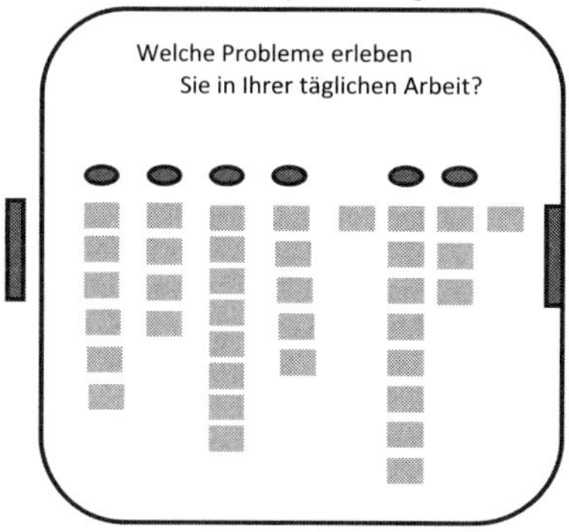

Mit dieser Phase beginnt die eigentliche Arbeit an der Problemstellung. Mithilfe von Fragen wie „Welche Erfahrungen haben Sie mit ... bereits gemacht?" wird die Ausgangssituation genauer beleuchtet. Zu diesem Zeitpunkt sollen noch keine Lösungen gefunden werden, sondern das Thema bzw. das Problem in allen Einzelheiten dargestellt werden. Die klassische Methode dafür ist die Kartenabfrage. Sind alle Teilprobleme schriftlich erfasst, entscheidet die Gruppe mithilfe einer Bewertungsabfrage, welche Themen sie in welcher Reihenfolge weiter bearbeiten möchte. Kriterien für die Auswahl können sein:

- „Welches Problem ist aus Ihrer Sicht das wichtigste/dringendste?"
- „Welches Problem kann am einfachsten bearbeitet werden?"

Frau Pointner beginnt mit einer Kartenabfrage. Nach der Ordnung der Karten in inhaltliche Gruppen an der Pinnwand bespricht sie mit den Teilnehmer/inne/n, in welcher Reihenfolge die Themenpunkte bearbeitet werden sollen. Da es sich um einen Qualitätszirkel handelt, der über Monate hinweg arbeitet, werden wohl alle Probleme weiter bearbeitet werden und nicht nur die als am dringlichsten oder wichtigsten bewerteten.

Lösungserarbeitung

Sind alle wichtigen Aspekte des Problems und die Reihenfolge der Bearbeitung festgelegt, können Lösungen erarbeitet werden. Hier stellt sich die Frage, ob das mit allen Teilnehmer/inne/n gemeinsam oder in Kleingruppen geschehen soll. Wird in Kleingruppen gearbeitet, um z.B. die einzelnen Teilnehmer/inne/n besser in den Lösungsprozess einzubeziehen, ist zu entscheiden, ob die Kleingruppen dieselben oder unterschiedliche Themen bearbeiten.

Eine für die Lösungserarbeitung in Gruppen geeignete Methode ist ein Kleingruppenszenario, das die Arbeit der Gruppe strukturiert und das im Allgemeinen wie folgt aufgebaut ist:

- IST-Situation
- SOLL-Situation – mögliche Lösungen
- Erste Schritte der Umsetzung und/oder mögliche Widerstände gegen die Lösung.

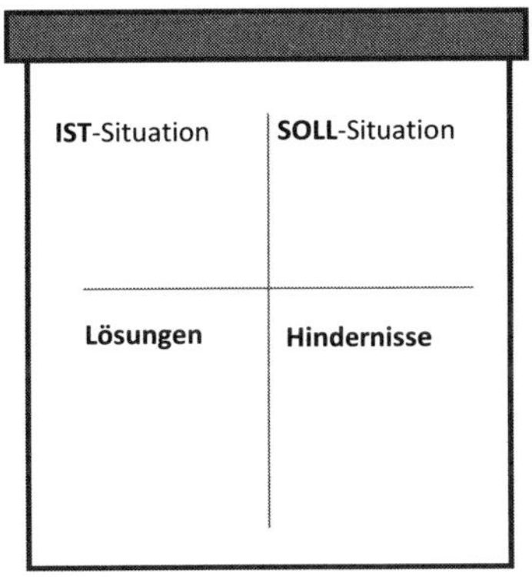

Die Kleingruppen sollten nicht mehr als vier Personen umfassen. Eine Gruppenarbeit sollte mindestens eine halbe Stunde, aber nicht länger als eine Stunde dauern, damit die Gruppen sich noch nicht zu stark mit ihren Ergebnissen identifizieren und bereit sind, diese zu überarbeiten bzw. weiterzuentwickeln.

Nach der Präsentation der so erarbeiteten Lösungen werden diese im Plenum diskutiert und gegebenenfalls weiterentwickelt. Je nach Detaillierungsgrad wird eventuell eine zweite Kleingruppenarbeit notwendig sein. Wichtig ist, dass die in Kleingruppen erarbeiteten Ergebnisse von der Gesamtgruppe akzeptiert werden.

Haben alle Gruppen am selben Thema gearbeitet, dann gilt es am Ende dieser Phase eventuell zwischen mehreren Lösungen zu entscheiden. Bleiben die unterschiedlichen Ergebnisse einfach nebeneinander stehen, werden Gemeinsamkeiten und Unterschiede herausgearbeitet oder gibt es eine Diskussion der Ergebnisse mit anschließender Bewertung mittels Punkten? Unabhängig von der Vorgangsweise ist Zeit dafür einzuplanen und zu beachten, dass manche Kleingruppen an „ihren" Ergebnissen hängen und sich gegen andere Lösungsvarianten sperren (vgl. Sperling et al. 2004, S. 118).

Wenn ausreichend Zeit für das erste Zusammentreffen eingeplant wurde, können bereits Lösungen für das erste Problem gesucht werden. Dazu setzt Frau Pointner ein Kleingruppenszenario ein, für das sie folgende Fragen formuliert:

- Wie stellt sich die IST-Situation dar?
- Wie kann die SOLL-Situation beschrieben werden?
- Welche Lösungsmöglichkeiten gibt es?
- Welche Hindernisse bei der Umsetzung sind schon jetzt voraussehbar?

Nach der Präsentation der Ergebnisse werden die Lösungen diskutiert und bewertet.

Handlungsplanung und Abschluss der Moderation

Vor allem an der fehlenden Handlungsplanung erkennt man ineffiziente Moderationen. Nur wenn genau festgelegt wird, wer welche Aufgabe bis wann erledigt, ist die Umsetzung der gefundenen Lösungen gewährleistet. In dieser Phase werden außerdem die in einer möglichen Gruppeneuphorie idealisierten Lösungsvorschläge mit der Realität abgeglichen und in umsetzbare Lösungen umgeformt. Dieser Prozess sollte daher auf keinen Fall unter Zeitdruck geschehen.

In den Tätigkeitskatalog werden nur Maßnahmen aufgenommen, die von einer anwesenden Person übernommen werden oder für die ein Teilnehmer oder eine Teilnehmerin die „Patenschaft" übernimmt und dafür sorgt, dass die entsprechende zuständige Stelle angesprochen wird.

Besonders wichtig ist, dass darauf geachtet wird:

- dass nicht einzelne Teilnehmer/innen zu viele Aufgaben übernehmen
- dass die vereinbarten Termine realistisch sind
- dass jemand die Einhaltung der Termine überprüft.

Auch für die Abschlussphase sollte ausreichend Zeit eingeplant werden, da sie für die Einschätzung des Erfolgs und für die weitere Zusammenarbeit sehr wichtig ist. Wenn zu Beginn die inhaltlichen Erwartungen abgefragt wurden, kann jetzt ein Soll-Ist-Vergleich durchgeführt werden. Die Teilnehmer/innen können auf demselben Flipchart mit einer anderen Punktfarbe bewerten, wie zufrieden sie mit dem Ergebnis sind. Aber auch der Gruppenprozess sollte reflektiert werden: Wie hat jede/r die Zusammenarbeit erlebt, wie war das Klima während der Moderation?

> Sobald feststeht, welche Lösungen umgesetzt werden sollen, hält Frau Pointner in einem Tätigkeitskatalog fest, wer was bis wann macht, um zu verhindern, dass auch nach engagierten Diskussionen nichts weiter passiert.
>
> Als Abschluss fragt Frau Pointner die Teilnehmer/innen in einer mündlichen Abschlussrunde, wie zufrieden sie mit dem Prozess und dem Ergebnis der Besprechung sind.

2.2.3 Nachbereitung einer Moderation

Die Unterstützung der Umsetzung der erarbeiteten Lösungen ist ein entscheidender Parameter der Moderationsmethode. Es ist daher wichtig, der Gruppe und den Auftraggeber/inne/n ein Protokoll mit allen getroffenen Vereinbarungen zur Verfügung zu stellen.

Die Ergebnisse können in Form eines Verlaufsprotokolls, das alle behandelten Punkte kurz chronologisch wiedergibt, oder eines Ergebnisprotokolls, das nur die Ergebnisse der Besprechung und die Tätigkeitsliste enthält, festgehalten werden. Ein Fotoprotokoll dokumentiert den gesamten Verlauf der Moderation.

Auf jeden Fall müssen in einem Protokoll angeführt sein:

- Datum, Uhrzeit
- Ort
- Namen der Anwesenden
- Namen der entschuldigten Teilnehmer/innen
- Verteiler (wer erhält das Protokoll)
- Ergebnisse der einzelnen Tagesordnungspunkte
- Wer macht was bis wann?
- Als letzter Punkt wird immer der nächste Sitzungstermin angeführt

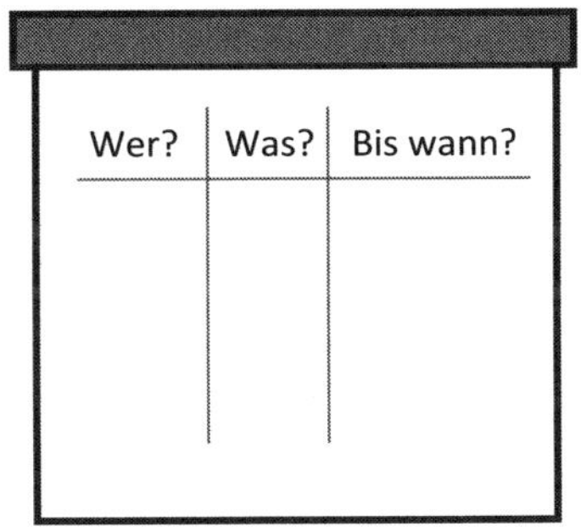

Für die Verbesserung der eigenen Fähigkeiten ist zusätzlich zum Feedback der Teilnehmer/innen die Reflexion der Moderation anhand folgender exemplarischer Fragen hilfreich:

- War ich ausreichend vorbereitet?
- Waren meine Ausrüstung/Hilfsmittel ausreichend?
- Wie zufrieden bin ich mit dem Verlauf?
- Was würde ich das nächste Mal anders machen, was gleich?
- Welche Interventionen habe ich gesetzt, welche haben den Prozess gefördert, welche hätten anders sein sollen?
- Wo war ich unsicher, wo sicher?
- Was sollte ich beim nächsten Meeting beachten?

2.3 Haltung der Moderatorin bzw. des Moderators

Spätestens seit Watzlawick ist uns bewusst, dass jede Kommunikation einen Sach- und einen Beziehungsaspekt hat (vgl. Weisbach 2001). Für die Moderatorin oder den Moderator bedeutet das, dass sie/er in der Lage sein muss, zumindest drei Dinge gleichzeitig zu tun:

- der Diskussion inhaltlich zu folgen
- sie methodisch zu leiten
- aktiv auf die Beziehungsebene zu achten und einzuwirken.

Der Moderator bzw. die Moderatorin ist also während einer Moderation ständig gefordert:

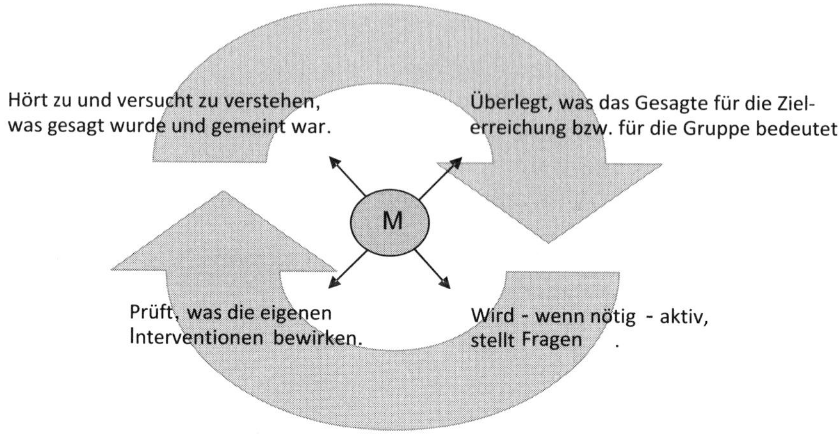

Abb. 4: Aufgaben der Moderatorin/des Moderators während einer Moderation (nach Hartmann/Röpnack/Baumann 2002)

Darf der Moderator bzw. die Moderatorin inhaltlich involviert sein?

Die Aufgabe von Moderator/inn/en ist es, die Meinung aller Mitglieder einer Besprechung einzubeziehen und die Dominanz von Einzelnen zu verhindern. Das gilt natürlich auch für die Moderator/inn/en selbst, die daher kein inhaltliches Interesse haben sollten.

Falls es sich nicht vermeiden lässt und eine inhaltlich involvierte Person moderieren muss, sollte sich diese vorher überlegen, wie groß der eigene inhaltliche Beitrag sein soll. Wenn sie sich auch inhaltlich stark engagieren will, ist es wichtig, dass die methodische Verantwortung nicht vernachlässigt wird und z.B. die zeitlichen Rahmenbedingungen über die inhaltliche Diskussion völlig vergessen werden. Überdies ist es in diesem Fall doppelt schwierig, sich gleichzeitig auf das Geschehen auf der Beziehungsebene zu konzentrieren. Die Stimmung in der Gruppe, latente Konflikte, Müdigkeit usw. werden dann leicht übersehen. Zusätzlich ist die Gefahr groß, dass inhaltlich engagierte Moderator/inn/en versuchen, über methodische Kniffe Vorteile zu erreichen, z.B. indem sie hauptsächlich Befürworterinnen der eigenen Position zu Wort kommen lassen, indem abweichende Meldungen nicht oder anderslautend notiert werden oder indem genehme Entscheidungen vorschnell getroffen oder nicht genehme Entscheidungen vertagt werden.

Erfahrene Leiter/innen von Besprechungen überlegen sich daher vor der Besprechung genau, welche Entscheidungen die Gruppe treffen soll und welche nicht. Mit den Ergebnissen müssen sie ja letztendlich auch selbst leben können.

Bezüglich der Bedeutung der inhaltlichen Kompetenz von Moderator/inn/en hat seit den Anfängen der Moderationsmethode ein Wandel stattgefunden. Wurde früher fehlendes inhaltliches Wissen häufig sogar als Vorteil für die Durchführung von Moderationen angesehen, wird das heute von vielen anders gesehen. So schreiben z.B. Hartmann, Besser & Maleh (2009, S. 12): „Er sollte jedoch wenigstens in der Lage sein, die korrekten Anforderungen der Themenstellung zu begreifen und sie in realistisch zu bearbeitende Arbeitsschritte umzusetzen." Außerdem ist der Moderator/die Moderatorin nur mithilfe von inhaltlichem Fachwissen imstande festzustellen, ob die Gruppe den roten Faden verloren hat, und zu beurteilen, ob die Qualität des erarbeiteten Ergebnisses den Anforderungen der Auftraggeber/innen entspricht. „Fachlich mitdenkende" Moderator/inn/en können den Arbeitsprozess viel präziser begleiten und werden als kompetenter eingeschätzt – auch in Bezug auf die klassische Moderator/inn/entätigkeit(vgl. Hartmann, Besser & Maleh 2009, S. 13).

Hinderliche Verhaltensweisen des Moderators/der Moderatorin:

- Inhaltliche Fragen selbst beantworten
- Monologe halten und sich selbst darstellen
- Partei für einzelne Teilnehmer/innen ergreifen
- Die Gruppe belehren und kritisieren
- Einzelne Teilnehmer/innen lächerlich machen.

Fördernde Verhaltensweisen des Moderators/der Moderatorin:

- Den Gruppenprozess durch Fragen steuern
- Arbeitsaufträge oder Teilergebnisse zusammenfassen
- Dafür sorgen, dass jedes Gruppenmitglied zu Wort kommt
- Für Gleichberechtigung der Gruppenmitglieder sorgen (wichtig bei unterschiedlichen Hierarchien der Teilnehmer/innen)
- Eine angenehme Arbeitsatmosphäre schaffen.

Welche Fähigkeiten sollte ein Moderator/eine Moderatorin haben?

Nach Hartmann, Röpnack & Baumann (2002) sollte ein Moderator bzw. eine Moderatorin folgende Fähigkeiten haben:

- **Strukturieren können:** dem Ablauf eine sinnvolle, transparente Struktur geben (Reihenfolge der Fragen und Methoden).
- **Zuhören können:** zugewandte Körperhaltung, Blickkontakt, unterstützendes Kopfnicken, gelegentliche, kurze Bemerkungen, die zeigen, dass man noch da ist (ja, hm, aha), und fragen, wenn etwas nicht verstanden wurde.
- **Mit eigenen Worten wiederholen und zusammenfassen können** („Verstehe ich Sie richtig, dass ..., das bedeutet, dass ..."). Damit wird erreicht, dass sich der/die einzelne Redner/in verstanden fühlt und gleichzeitig die gesamte Gruppe ein gemeinsames Verständnis eines Sachverhalts entwickelt. Kurzzusammenfassungen sind besonders

wichtig, wenn die Gefahr besteht, den Überblick bei einer Diskussion zu verlieren, wenn die Diskussion hektisch wird oder wenn mehrere unterschiedliche Meinungen im Raum stehen.

- **Fragen können:** Fragen sind das wichtigste Element der Moderationsmethode. "Schlechte" Fragen können die Gruppe vom Ziel wegführen. Es ist daher wichtig, dass die für die einzelnen Moderationsphasen vorgesehenen Hauptfragen vorbereitet werden (siehe auch Kapitel Fragen in der Moderation).
- **Den Meinungsaustausch zwischen den Gruppenmitgliedern unterstützen können:** Das kann der Moderator bzw. die Moderatorin durch den Einsatz von bestimmten Methoden wie Partnerarbeiten oder Kleingruppenszenarien oder durch die Anregung von Diskussionen mit entsprechend formulierten Fragen erreichen.
- **Die aktive und engagierte Diskussion aller Teilnehmer/innen fördern können:** Um das zu erreichen, kann der Moderator bzw. die Moderatorin
  - einzelne Personen direkt ansprechen
  - ein Blitzlicht einfordern („Kann bitte jede/r kurz sagen, wie er/sie zu diesem Problem steht?")
  - Zwischenergebnisse visualisieren
  - anregende Stimmung verbreiten durch eine positive Wortwahl und wertschätzende Reaktionen auf Wortmeldungen der Teilnehmer/innen.
- **Erkennen können, ob sich die Diskussion noch in Richtung Ziel bewegt:** Dazu sollte sich der Moderator bzw. die Moderatorin bei jeder Wortmeldung fragen, ob diese zum gerade behandelten Thema gehört oder nicht. Wenn die Diskussion auf Nebenschauplätze abgleitet und sich zu weit vom Thema entfernt, kann der Moderator bzw. die Moderatorin:
  - in die Diskussion einschreiten
  - verdeutlichen, dass der Weg zum Ziel verlassen wurde
  - ev. das neue Thema aufnehmen (auf die nächste Tagesordnung setzen) und dann das Gespräch wieder auf das eigentliche Thema zurückführen.
- **Die Zeit im Auge behalten:**
  - Zeitplan einhalten
  - Pünktlichkeit einfordern
  - klarmachen, dass alle mit der kostbaren Zeit der anderen sorgsam umgehen müssen
  - das Ende bewusst gestalten.

Die Persönlichkeit und Haltung des Moderators bzw. der Moderatorin ist der zentrale Punkt in der Moderation. Nur wer sich inhaltlich zurücknehmen kann und auf der anderen Seite den Gruppenprozess beobachten und lenken kann, wird als Moderator/in erfolgreich sein.

2.2.4 Fragen und Visualisierung in der Moderation

Ziel in der Moderation ist es, Meinungen, Lösungsalternativen, Wünsche und Bedürfnisse sichtbar und damit besprechbar zu machen, Vertrauen zu schaffen, um gemeinsames Arbeiten zu ermöglichen und Unterschiede und Gemeinsamkeiten bewusst zu machen. Das wichtigste Werkzeug dazu sind Fragen.

Fragen werden in der Moderation gestellt, um
- Informationen zu erhalten
- auf etwas Neues neugierig zu machen
- Aufmerksamkeit zu wecken
- Vertrauen herzustellen und Barrieren zu beseitigen
- Gemeinsames und Trennendes herauszufinden
- der Gruppe das Arbeiten am Problem/an der Aufgabe zu erleichtern

Gute Fragen sind Fragen, die der Gruppe tatsächlich weiterhelfen, ihr Entscheidungsspielraum einräumen und die Teilnehmer/innen nicht schon vorab in eine bestimmte vom Moderator/von der Moderatorin gewollte Richtung drängen.

Gute Fragen bringen die Gruppe ein Stück näher an ihr Ziel!

Wer fragt, führt. Wichtig dabei ist allerdings, WIE und WANN die Fragen gestellt werden. Es gilt also: die RICHTIGE Frage zum RICHTIGEN Zeitpunkt.

In der Fragetechnik gibt es eine Vielzahl von Fragekategorien. In der Moderation ist vor allem die Unterscheidung in offene und geschlossene Fragen wesentlich, da diese beiden Frageformen zwei grundlegende Funktionen erfüllen. Sie öffnen und schließen das Gespräch (vgl. Sperling et al. 2004, S. 104f.).

Offene Fragen beginnen sehr häufig mit einem W-Fragewort (wie, was, wo, welche, wann usw.). Diese Fragen sind in der Moderation sehr wichtig, weil sie zur Beantwortung reizen und differenzierte Antworten erlauben. Mit offenen Fragen werden Gespräche begonnen, Informationen gesammelt, Themen vertieft, Erfahrungen und Ideen gewonnen und Diskussionen in Gang gehalten:
- „Welche Fehler/Probleme haben Sie in unserer Abteilung bereits erlebt?“
- „Welche Themen sollen wir heute behandeln?“

Offene Fragen geben den Teilnehmer/inne/n einen breiten Raum zur Beantwortung, sie öffnen die Diskussion. Die Teilnehmer/innen können nicht mit „Ja“ oder „Nein“ antworten, sondern sind gefordert, ausführlicher Stellung zu nehmen.

Geschlossene Fragen werden immer mit „Ja“ oder „Nein“ beantwortet, allenfalls mit „Vielleicht“ oder „Ich weiß nicht“. Diese Fragen eignen sich in der Moderation vor allem dazu, den Ablauf zu strukturieren, eine klare Antwort zu erhalten und Entscheidungen herbeizuführen.

- „Können wir damit diesen Punkt abschließen?"
- „Sind damit alle für Lösung A?"

Eine spezielle Form der geschlossenen Frage ist das **Paraphrasieren** oder **Spiegeln** (vgl. Sperling et al. 2004, S. 106):

- „Habe ich Sie richtig verstanden, dass ...?"
- „Zusammenfassend kann man also sagen, dass ... ?"

Der Moderator bzw. die Moderatorin fasst mit diesen Fragen das Gehörte zusammen und stellt sicher, dass niemand am anderen vorbeiredet. Begriffe, Definitionen und Einstellungen können durch derartige Fragen geklärt und auf den Punkt gebracht werden. Während des gesamten Workshops sollte der Moderator bzw. die Moderatorin so den Arbeitsprozess unterstützen, weil Nachfragen hilft:

- Blockaden aufzulösen
- unspezifische Begriffe zu konkretisieren
- Verallgemeinerungen zu relativieren
- implizite Annahmen zu überprüfen
- Vergleiche zu konkretisieren.

Wichtig im Moderationsablauf sind außerdem die visualisierten Einstiegs- oder Impulsfragen, die am Beginn jedes Arbeitsschrittes gestellt werden.

Typische Einstiegs- oder Impulsfragen sind:

- Einstimmung
  - „Was wissen Sie bereits über unser Thema?"
  - „Was ist Ihnen für die heutige Sitzung besonders wichtig?"
  - „Wie zufrieden sind Sie mit dem derzeitigen Stand unserer Arbeit?"
- Zielvereinbarung
  - „Was wollen Sie heute erreichen?"
  - „Wie muss unser Ergebnis aussehen, damit Sie damit zufrieden sind?"
- Themenorientierung
  - „Welche Punkte sind für Sie zu ... wichtig?"
  - „An welchen Themen wollen Sie heute arbeiten?"
  - „Welche Ursachen sehen Sie für dieses Problem?"
  - „Welche Probleme haben Sie zu ... bereits erlebt?"
- Lösungserarbeitung
  - „Wie sieht die IST-Situation aus?"
  - „Wohin wollen wir (SOLL-Situation)?"
  - „Welche Widerstände können dabei auftreten?"
  - „Welche ersten Schritte können wir setzen?"

- Handlungsplanung
  - „Wer macht was, bis wann, mit wem?"
- Abschluss
  - „Wie zufrieden sind Sie mit dieser Sitzung?"
  - „Haben Sie Ihr Ziel heute erreicht?"

Visualisierung in der Moderation

Unter dem Schlagwort Visualisierung versteht man die schriftliche Dokumentation des gesamten Ablaufs eines moderierten Workshops. Durch das Visualisieren von Fragen, Antworten und Ergebnissen haben alle die gleiche Chance, beim Thema zu bleiben bzw. rasch wieder einzusteigen.

Visualisieren heißt:

- den roten Faden nicht verlieren, Übersicht bewahren
- das Gesagte strukturieren und Wichtiges hervorheben
- Gedanken, Ideen, Probleme auf den Punkt bringen
- alle Ergebnisse sofort aufzeigen
- die Entwicklung der Diskussion nachvollziehbar machen
- den (Wieder-)Einstieg erleichtern
- Rückblick möglich machen und Nachfragemöglichkeit bieten
- Informationen leichter erfassbar machen
- Redeaufwand verkürzen
- alle Teilnehmer/innen auf einen Wissensstand zu bringen
- die Aufmerksamkeit steuern und Merkfähigkeit erhöhen
- allen Beiträgen den gleichen Wert zuweisen.

Es sollte darauf geachtet werden, dass alle wichtigen Schritte schriftlich festgehalten und für alle sichtbar im Seminarraum angebracht werden. Auch alle Fragen an die Teilnehmer/innen sollten auf Plakaten vorbereitet werden, um Klarheit zu schaffen und Missverständnisse von vornherein zu vermeiden. Die Visualisierung der einzelnen Arbeitsschritte sollte schon vor Beginn der Moderation erfolgen, damit der Moderator bzw. die Moderatorin während des Seminars mehr Zeit für andere Aufgaben hat. Eine gut vorbereitete und ansprechend gestaltete Visualisierung zeigt die Wertschätzung der Moderatorin für die Teilnehmer/innen.

Phase der Moderation/Warum?	Instrument/Methode
Einstimmung	
Vorstellung um die anderen Teilnehmer/innen kennenzulernen und damit die Basis für eine vertrauensvolle, gemeinsame Arbeit zu schaffen.	→ Gruppenspiegel → Paarinterview → Triade → Vorstellungsplakat → Vorstellungsrunde
Einstieg um die Teilnehmer/innen auf das Thema einzustimmen und einen ersten Überblick über die Sichtweisen zum Thema zu erhalten.	→ Blitzlicht → Gruppenspiegel → Punktabfrage
Zielfestlegung um ein gemeinsames Verständnis des Zieles der Aufgabenstellung sicherzustellen.	
Inhaltliche Arbeit	
Problemorientierung **Ideensammlung** um das gesamte Potenzial an Meinungen und Sichtweisen zum Problem/zur Aufgabe hervorzuholen und sichtbar zu machen. **Ideenbewertung** um aus der Vielzahl der in der Ideensammlung generierten Problemaspekte jene Aspekte herauszufiltern, die die Teilnehmer/innen bearbeiten wollen.	→ Brainstorming → Kartenabfrage → Problemumkehr → 635 → Problemspeicher
Problembearbeitung um möglichst viele (unterschiedliche) Lösungsansätze zu finden.	→ Kleingruppenszenario
Handlungsplanung und Abschluss	
Handlungs-/Ergebnisorientierung um die aus der Sicht der Teilnehmer/innen relevanten Lösungsvorschläge auszuwählen und eine Vereinbarung über die weitere Bearbeitung/Vorgehensweise zu treffen und Verantwortlichkeiten zu definieren.	→ Tätigkeitskatalog
Abschluss um die Zielerreichung zu überprüfen und um sich für die weitere Arbeit zu motivieren.	→ Blitzlicht → Feedback → Punktabfrage

Abb. 5: Übersicht zu Phasen und Methoden der Moderation

3. Moderationselemente in Meetings

3.1 Unterschiede zwischen Leitung und Moderation von Besprechungen

Während Besprechungen heute für Mitarbeiter/innen nahezu aller Hierarchiestufen zum ganz normalen Arbeitsalltag gehören, nehmen die wenigsten regelmäßig an Strategieworkshops teil. Der zweite Teil des vorliegenden Beitrags beschäftigt sich daher – ausgehend von der klassischen Moderationsmethode – mit der Durchführung von effizienten Besprechungen. Dazu werden einerseits Unterschiede aufgezeigt, aber auch, welche Elemente der Moderationsmethode in Besprechungen eingesetzt werden können.

Moderierte Workshops und klassische Besprechungen unterscheiden sich nach Hartmann, Röpnack & Baumann (2002) vor allem in folgenden Bereichen:

	Idealtypische Moderation Der Moderator … Die Moderatorin …	**Klassische Besprechung** Der Leiter … Die Leiterin …
Inhaltliche Beteiligung	… ist inhaltlich unparteiisch. Er/sie unterstützt die Gruppe nur methodisch.	… ist inhaltlich beteiligt und nimmt Stellung zu den Aussagen der anderen.
Vorgabe der konkreten Arbeitsziele	… unterstützt die Gruppe bei der Erarbeitung der Ziele.	… gibt die Ziele vor.
Behandlung von Störungen in der Gruppe (persönliche Konflikte, …)	… zeigt Störungen auf und hilft der Gruppe bei der Weiterarbeit.	… ignoriert diese Störungen meist und ermahnt zur Sachlichkeit.
Protokollführung	… visualisiert den Arbeitsprozess offen und simultan.	… delegiert die Protokollführung im Allgemeinen.
Stellung in der Gruppe	… ist nur verantwortlich für die methodische Gestaltung des Arbeitsprozesses.	… ist im Allgemeinen der/die hierarchisch Höhergestellte.

Abb. 6: Unterschiede zwischen Moderation und Besprechung (nach Hartmann, Röpnack & Baumann 2002)

Wie diese Gegenüberstellung zeigt, betreffen die Unterschiede zwischen Moderation und Leitung von Besprechungen viele Bereiche, die einen großen Einfluss auf den Ablauf und auch die Ergebnisse der Besprechung haben können. Da es aus Kostengründen nicht immer möglich ist, für jede Besprechung einen Moderator/eine Moderatorin zu engagieren, wird ein Gruppenmitglied diese Funktion übernehmen. In der Regel ist das das ranghöchste Mitglied der Gruppe. Wichtig ist, dass dieser Person die Doppelrolle bewusst ist und sie sich entsprechend verhält (sich z.B. aus Diskussionen bewusst heraushält oder für einige Tagesordnungspunkte die Moderation abgibt).

Neben der unbestimmten Leitungsrolle fehlt in vielen Besprechungen die Struktur. Patrick Lencioni (2009, S. 211f.) bezieht das strukturelle Problem vor allem auf die Inhalte der Besprechungen und schlägt vor, mehrere Arten von Besprechungen einzuführen: neben ganz kurzen täglichen Check-ins die wöchentliche Lagebesprechung, die monatliche Strategiekonferenz und die vierteljährliche Manöverkritik. Wie die Namen andeuten, werden in diesen Besprechungen ganz unterschiedliche Probleme behandelt.

Noch wichtiger erscheint aber die Struktur, der Aufbau der einzelnen Besprechungen. Im Gegensatz zu moderierten Workshops werden Besprechungen häufig nicht oder nur mangelhaft vorbereitet – langwierige Gespräche, die nicht auf den Punkt kommen und keine Ergebnisse bringen, sind dann das Resultat. Um das zu vermeiden, sollten im Rahmen der Vorbereitung von Besprechungen folgende Punkte beachtet werden:

Gestaltung der Tagesordnungspunkte (TOPs)

Die Vorbereitung von Besprechungen aus organisatorischer Sicht unterscheidet sich kaum von der Vorbereitung von Workshops. Bei der inhaltlichen Gestaltung ist zu beachten, dass in Workshops im Allgemeinen nur ein Thema intensiv bearbeitet wird, während im Rahmen von Besprechungen eine Vielzahl von Tagesordnungspunkten behandelt wird. Vor der Besprechung gilt es daher alle möglichen Tagesordnungspunkte zu sammeln, nach Bedeutung und Dringlichkeit zu ordnen und zu überlegen, wie lange die Behandlung jedes Tagesordnungspunktes dauern wird.

Nach Hartmann, Röpnack & Baumann (2002, S. 37f.) ist bezüglich der Reihenfolge der Tagesordnungspunkte Folgendes zu beachten:

- Wichtige und dringende Tagesordnungspunkte an den Beginn, wenn nicht eine bestimmte Reihenfolge aus inhaltlichen Gründen erforderlich ist. Beispiel: Urlaubsplanung ist erst möglich, wenn die Projekte verteilt sind.
- „Verwandte" Projekte hintereinander abhandeln. Dadurch wird Informationszeit gespart und die Teilnehmer/innen müssen sich nicht ständig in neue Projekte „hineindenken".
- Schnell abzuhandelnde Tagesordnungspunkte an den Beginn stellen. Das schafft gute Stimmung und Arbeitsmut.
- Themen, die Engagement und Kreativität verlangen, sollen an den Beginn gestellt werden.
- Nach dem Essen Themen besprechen, die eine kontroverse, engagierte Diskussion garantieren.
- Themen, die den Gruppenzusammenhalt fördern, an den Beginn (um die Kraft einer geeinten Gruppe für kontroverse Themen zu haben)

oder an den Schluss (um die Teilnehmer/innen versöhnlich in den Arbeitsalltag zu entlassen).

- „Sonstiges": Gefährlich, da oft wichtige Themen über die Hintertür ohne Vorwarnung und damit Vorbereitung auf die Tagesordnung gesetzt werden.

Grundsätzlich ist es für die Atmosphäre und den Ablauf der Besprechung günstig, mit einem Tagesordnungspunkt zu beginnen, der voraussichtlich rasch und für alle erfolgversprechend erledigt werden kann, und mit einem positiven, Optimismus weckenden Tagesordnungspunkt aufzuhören (vgl. Laufer 2009, S. 140).

Ziele festlegen

Im Rahmen einer Besprechung ist für jeden Tagesordnungspunkt ein eigenes Ziel festzulegen. Die Ziele sind im Allgemeinen weiter gestreut als bei Workshops und können von der Weitergabe von Informationen über die Entwicklung von Lösungsvorschlägen bis hin zur Beschlussfassung reichen. Wichtig ist, dass ein konkretes Ziel für jeden Tagesordnungspunkt formuliert wird und dieses den Teilnehmer/inne/n auch mitgeteilt wird. Die Grundstruktur der Zielformulierung nach der Coverdale-Zielscheibe – warum, für wen, was bis wann und wie – bleibt aber gleich.

Was ist bei der Durchführung von Besprechungen zu beachten?

Begrüßung
Die einzelnen Teilnehmer/innen sollten persönlich begrüßt werden, d.h. der/die Leiter/in sollte vor allen anderen im Besprechungsraum sein.

Agenda
Den Ablauf von längeren Sitzungen mit den geplanten Zeiten für alle sichtbar auf einem Flipchart visualisieren. Diese Agenda dient auch als roter Faden, und Erreichtes kann abgehakt werden. Außerdem können die Teilnehmer/innen mitverfolgen, ob die Besprechung im Zeitplan ist. Alternativ oder zusätzlich kann ein Handout mit der Tagesordnung verteilt werden.

Ablauf
Für jeden Tagesordnungspunkt sollten folgende Punkte besprochen werden

- Thema
- Begründung, warum er hier behandelt wird
- Ziel (Information, Ideengewinnung, Entscheidung)
- eventuell Erwartungen an die Anwesenden
- veranschlagter Zeitbedarf, wenn der Punkt ausführlicher als andere besprochen werden soll
- geplante Vorgehensweise
- eventuell Hintergrundinformationen, die die Teilnehmer/innen haben müssen, um das Thema bearbeiten zu können.

In einer Besprechung wird kein ganzer Moderationszyklus durchgeführt werden. Die zwei zentralen Phasen der Zielfestlegung und Handlungsplanung sollten aber bei jedem TOP vorhanden sein. Da für Besprechungen im Allgemeinen wenig Zeit zur Verfügung steht, wird meist sehr sparsam mit dem Einsatz von Moderationsinstrumenten umgegangen. Alle in moderierten Workshops eingesetzten Methoden können aber natürlich auch in Besprechungen eingesetzt werden.

Abschluss

Zum Abschluss sollten die Ergebnisse und die getroffenen Vereinbarungen zusammengefasst und für alle visualisiert werden. Bei mehreren Tagesordnungspunkten werden noch einmal alle vereinbarten Maßnahmen überprüft: Hat eine Person zu viel übernommen, sind die Termine zu kurzfristig angesetzt, ev. eine Patin oder einen Paten ernennen, die/der die Umsetzung begleitet und die Zwischenzielerreichung einfordert, an Termine erinnert usw.).

Die Verabschiedung erfolgt durch das bewusste Beschließen der Besprechung durch die/den Leiter/in, z.B. „Damit ist unsere heutige Abteilungsbesprechung zu Ende ... Die wichtigen Punkte, die wir heute erledigen konnten, sind ... Weiterarbeiten sollten wir noch an folgenden Themen ... Ich wünsche Ihnen noch ...“

Protokoll

Schon vor der Besprechung sollte eine Person für die Protokollführung bestimmt werden, damit die Leiterin/der Leiter der Besprechung nicht eine noch mächtigere Funktion erhält. In einer Abteilung kann eine fixe Reihenfolge für die Protokollführung eingeführt werden.

Außerdem sollte die Art des Protokolls festgelegt werden (wörtliches Protokoll, Verlaufsprotokoll oder Ergebnisprotokoll). Ein Fotoprotokoll wird nicht sinnvoll sein, da in Besprechungen im Allgemeinen nicht durchgängig visualisiert wird.

Folgende Punkte müssen bei der Protokollführung beachtet werden:

- Für jeden Tagesordnungspunkt ein Blatt verwenden, das bereits mit der entsprechenden Überschrift versehen ist.
- Den Ablauf bzw. Diskussionen in Stichworten notieren, Beschlüsse aber wörtlich.
- Alle während der Sitzung genannten Termine sofort kennzeichnen.
- Alle Unklarheiten gesondert auf einem farbigen Blatt notieren.
- Nachfragen, wenn etwas nicht verstanden wird.
- Den Teilnehmer/inne/n am Ende das vorläufige Protokoll vorlesen.
- Alle Unklarheiten noch während der Besprechung bereinigen, strittige Punkte notieren.
- Die Reinschrift möglichst bald erstellen, am besten sofort nach der Sitzung, wenn alles noch präsent ist.

4. Fragen zum Wesentlichen

F1 Welche zwei Phasen sollten im Rahmen jeder Moderation oder Besprechung vorhanden sein?

F2 Welche Phasen umfasst ein idealtypischer Ablauf einer Moderation?

F3 Warum ist die Haltung der Moderatorin/des Moderators von so großer Bedeutung?

F4 Welche Methoden sind typisch für eine Moderation?

F5 Was unterscheidet die Moderation eines Runden Tisches von der Moderation eines Workshops?

F6 Welche Arten von Fragen werden im Rahmen der Moderationsmethode eingesetzt?

F7 Wer leitet im Allgemeinen Besprechungen? Welche Auswirkungen hat das auf die Leitung?

F8 Wie sollten Tagungsordnungspunkte in Besprechungen gereiht werden?

Übungen

Ü1 Überlegen Sie sich ein Moderationsdesign für einen Workshop, der die Verbesserung Ihres Studiengangs zum Thema hat. Sie wurden von der ÖH eingeladen, diesen Workshop zu moderieren. Daran teilnehmen werden zwölf Studienkolleg/inn/en.

Ü2 Verfassen Sie eine Einladung für die Moderation aus Ü1.

Ü3 Denken Sie an die letzte Besprechung – beruflich oder im Rahmen den Studiums –, an der Sie teilgenommen haben. Welche der unter „Vorbereitung einer Moderation“ beschriebenen Maßnahmen wurden dort getroffen, und welche Auswirkungen hatte dies auf den Ablauf und das Ergebnis?

Ü4 Erstellen Sie nach Ihrer nächsten Besprechung – an der Sie Teilnehmer/in sind – eine Liste mit Punkten, die Sie als Leiterin/Leiter anders gemacht hätten.

Ü5 Erstellen Sie eine Checkliste für die Vorbereitung von Besprechungen.

5. Literatur

Becker, M. (2009): Personalentwicklung – Bildung, Förderung und Organisationsentwicklung in Theorie und Praxis. Stuttgart: Schäffer-Poeschel Verlag.

Cohn, R. C. (2009): Von der Psychoanalyse zur themenzentrierten Interaktion. Stuttgart: Klett-Cotta.

Graeßner, G. (2008): Moderation – das Lehrbuch. Augsburg: Ziel.

Haberzettl, M. & Birkhahn, T. (2012): Moderation und Training. München: dtv.

Hartmann, M., Röpnack, R. & Baumann, H.-W. (2002): Immer diese Meetings. Weinheim, Basel: Beltz Verlag.

Hartmann, M., Besser, R. & Maleh, C. (2009): Ergebnisorientiert moderieren. Weinheim, Basel: Beltz Verlag.

Kießling-Sonntag, J. (2005): Besprechungsmanagement. Berlin: Cornelsen.

Klebert, K., Schrader, E. & Straub, W. G. (1980/2004): Moderationsmethode. Gestaltung der Meinungs- und Willensbildung in Gruppen, die miteinander leben, arbeiten und spielen. München: Windmühle Verlag.

Klebert, K., Schrader, E. & Straub, W. (1987): KurzModeration. Anwendung der Moderationsmethode in Betrieb, Schule und Hochschule, Kirche und Politik, Sozialbereich und Familie, bei Besprechungen und Präsentationen. 2. Auflage. Hamburg: Windmühle Verlag.

Langmaack, B. (2011): Einführung in die themenzentrierte Interaktion. Weinheim, Basel: Beltz Verlag.

Laufer, H. (2009): Sprint-Meetings statt Marathon-Sitzungen. Besprechungen effizient organisieren und leiten. Offenbach: Gabal.

Lencioni, P. (2009): Tod durch Meeting. Eine Leadership-Fabel zur Verbesserung Ihrer Besprechungskultur. Weinheim: Wiley-Vch Verlag.

Lipp U. & Will, H. (2008): Das große Workshop-Buch, Konzepte, Inszenierung und Moderation von Klausuren, Besprechungen und Seminaren. 8. Auflage. Weinheim, Basel: Beltz Verlag.

Meier, R. (2005): Praxis Weiterbildung: Personalentwicklung, Bedarfsanalyse, Seminarplanung, Seminarbetreuung, Transfersicherung, Qualitätssicherung, Bildungsmarketing, Bildungscontrolling. Offenbach: Gabal Verlag.

Pachlinger, I. (2005): Besprechungsmoderation. Unveröffentlichte Seminarunterlage. WU Wien.

Redlich, A. (1999): Konflikt-Moderation in Gruppen. Hamburg: Windmühle Verlag.

Seifert, J. W. (1999): Moderation und Kommunikation. Offenbach: Gabal.

Seifert, J.W. (2003): Besprechungen erfolgreich moderieren. Offenbach: Gabal.

Sperling, J. B., Stapelfeldt, U. & Wasseveld, J. (2004): Moderation – Teams professionell führen mit den besten Methoden und Instrumente. Planegg bei München: Haufe.

Weisbach, C.-R. (2001): Professionelle Gesprächsführung. München: Beck dtv.

Kapitel 10

Stressmanagement

Herbert Langer

1. Stress

Ein Übermaß an Stress führt häufig zu schlechter Laune, Gereiztheit und Frustration bis hin zu ernsthaften Depressionen, was sich wiederum sehr störend auf das soziale Miteinander und die Entwicklung sozialer Fähigkeiten auswirken kann. Gerade in schwierigen oder unbefriedigenden Lebenssituationen, in Krisen, in Zeiten der Veränderung sind schlechte Laune und ein Mangel an Energie äußerst kontraproduktiv. Um seinem Leben eine neue Richtung zu geben und aus alten Lebens- und Verhaltensmustern auszubrechen, sind ein gewisses Maß an Optimismus und der damit verbundene Tatendrang unabdingbar.

Eine andauernde Stressbelastung schwächt zudem das Immunsystem und begünstigt dadurch die Entstehung verschiedener Krankheiten. Eine Person, die ständig krank ist, hat naturgemäß wenig Zeit und Energie, sich mit anderen Aspekten ihres Lebens zu beschäftigen, und ist auch in sozialen Bereichen eingeschränkt.

Aufgrund dieser Überlegungen kann Stressbewältigung als eine der wichtigsten Voraus-setzungen sowohl für die Entwicklung der Persönlichkeit eines Menschen im Allgemeinen als auch für die Entwicklung seiner sozialen Fähigkeiten im Speziellen gesehen werden.

1.1 Begriffsbestimmung

„Stress" ist ein Lehnwort aus dem Lateinischen und leitet sich von „stringere" ab, was so viel wie „spannen" oder „anspannen" heißt. Hans Selye, der häufig als Vater der Stressforschung gesehen wird, übertrug den Begriff aus der Werkstoffkunde, wo er die auf ein Material einwirkende Belastung beschreibt, auf lebende Organismen und im Speziellen auf den Menschen (vgl. Bamberger 2007).

In der Fachliteratur bzw. in den unterschiedlichen wissenschaftlichen Disziplinen, die sich mit Stress befassen, sucht man nach der einen, für alle Bereiche gleich gültigen Stressdefinition vergeblich. Stattdessen stößt man auf verschiedene Umschreibungen und Definitionsansätze, die aber durchaus hilfreich sind, sich diesem Phänomen in einem ersten Schritt zu nähern.

Stress wird z.B. gesehen als

... *„die unspezifische Reaktion des Körpers auf jede Anforderung, die an ihn gestellt wird...*

... *eine universelle Antwort des Körpers auf Herausforderungen und Gefahren...*

... *ein bei Mensch und Tier gleiches, genetisch verankertes Grundprogramm zur Lebenserhaltung durch reflexhafte Angriffs- und Fluchtmechanismen...*

... *die Summe aller auf uns einwirkenden Reize"* **(Selye 1977),**

... **Anpassungsbestrebungen** an sich ständig ändernde Umweltbedingungen,

... ein **Ungleichgewichtszustand** zwischen den Anforderungen der Umwelt und den persönlichen Leistungsvoraussetzungen (vgl. Ceh 1981).

Im Gegensatz zu früheren Definitionsansätzen geht man heute davon aus, dass Stress individuell unterschiedlich verarbeitet wird. Männer und Frauen reagieren verschieden, Kinder werden unter Umständen lebenslang von frühen Stress-Ereignissen verfolgt.

Unter dem Begriff „Stress" werden teilweise sehr konträre Zustände zusammengefasst. Nach dem subjektiven Empfinden des betroffenen Individuums unterscheidet die Stressforschung grundsätzlich zwischen zwei Erscheinungsformen von Stress (vgl. Ceh 1981):

Eustress: **angenehmer Stress, der anspornt, Befriedigung verschafft und zur Gesund-erhaltung unseres Organismus notwendig ist. Eustress äußert sich in erhöhter Wachsamkeit und erhöhtem Interesse an der Umwelt sowie einer Steigerung der Leistungs- und Konzentrationsbereitschaft.**

Distress: **unangenehmer Stress, der mit Bedrohung und Angst verbunden ist und einen Zustand des Unwohlseins als Folge einer körperlichen oder geistigen Überforderung darstellt. Diese Art von Stress kann unser körperliches und seelisches Gleichgewicht auf Dauer stören und damit unseren Organismus schädigen.**

Bartens (2010) weist darauf hin, dass aus medizinischer Sicht das unterschiedliche Erleben von Stress, Hektik und anderen Belastungen ein wesentlicher Grund für die unterschiedliche Anfälligkeit für Herzinfarkt ist: Positiver Stress (Eustress) ist weitaus weniger gesundheitsschädlich als negativ empfundener Stress (Distress), der trotz aller Belastungen und Bemühungen nicht zu erfreulichen Ergebnissen führt.

Das **Yerkes-Dodson-Gesetz** veranschaulicht den Zusammenhang zwischen der Leistung einer Person und ihrer Aktivierung durch die Anforderung der Situation. Je nach Ausmaß der Aktivierung werden die drei Phasen „Unterforderung" (Langeweile), „Herausforderung" und „Überforderung" unterschieden. Fühlt sich eine Person unter- oder überfordert, so erlebt sie negativen Stress (Distress) und erbringt in der Regel nicht ihre optimale Leistung. Fühlt sie sich dagegen von der Situation herausgefordert, so erlebt sie die Aktivierung als positiv (Eustress) und kann ihr Leistungsoptimum erreichen (vgl. Nitsch 1981).

Bei einer mittleren Aktivierung ist das Verhalten am effektivsten und flexibelsten; die Erfahrungen und das Wissen einer Person können von dieser am besten genutzt werden. Sie ist dann zu optimaler Leistung fähig und fühlt sich dabei wohl.

Steigt die Aktivierung jedoch über den optimalen Bereich weiter an, so wird das Verhalten ineffektiver. Die Wahrnehmung engt sich auf die Bedrohung ein, das Denken wird starr und unflexibel. Wissen und Fähigkeiten, die eigentlich zur Verfügung stünden, können nicht mehr eingesetzt werden, da sie momentan nicht mehr zugänglich sind.

Umgekehrt legt auch zu wenig Anspannung das eigene Können lahm. Wenn es gelingt, den Stress auf dem optimalen mittleren Niveau zu halten, dann befindet man sich in einer gesunden Anspannung, die einen leistungsfähig macht, und es entstehen keine stressbedingten Probleme (vgl. Hofmann 2001).

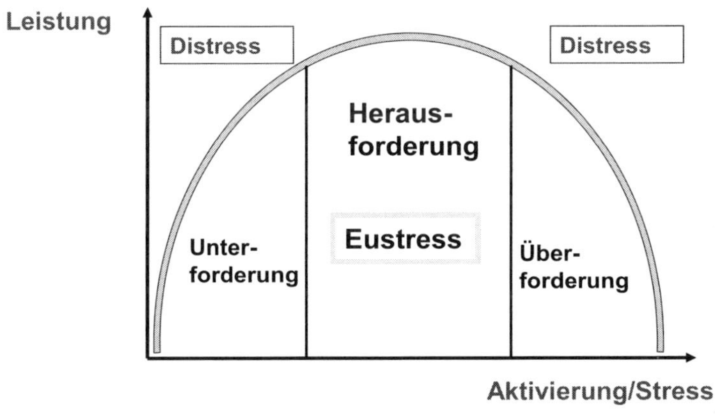

Abb. 1: Yerkes-Dodsen-Gesetz

Zahlreiche Versuche mit Tieren und Menschen haben gezeigt, dass ein Mangel an Stress sich ebenso schädlich auswirken kann wie eine übermäßige Stressbelastung. Stressmangel, z.B. in Form von Unterforderung, wird offensichtlich selbst zu negativem Stress. Ein gewisses Maß an Stress ist notwendig, weil sonst die Anpassungsfähigkeit des Organismus an sich ändernde Verhältnisse und Situationen verloren geht (vgl. Ceh 1981).

Schon Selye (1977) war überzeugt: *„Absolute Abwesenheit von Stress ist Tod."*

Die moderne Stressforschung sieht Stress also auch als positiv, als Teil der Kraft, die uns überhaupt am Leben hält und darüber hinaus irgendetwas zustande bringen lässt. Ein gewisses Maß an Stress ist durchaus gut für unser Wohlbefinden. Stressbewältigung bedeutet nicht, sich nur im stressfreien Bereich aufzuhalten und den stressbeladenen Bereich um jeden Preis zu meiden, sondern, das richtige Verhältnis zwischen beiden Bereichen zu finden (vgl. Bamberger 2007).

Grundsätzlich umfasst der Begriff „Stress" sowohl die ihn auslösenden Reize, die sogenannten Stressoren, als auch die darauf folgende Reaktion auf physischer und psychischer Ebene sowie auf der Verhaltensebene.

Die folgende Abbildung veranschaulicht diese Aspekte, die in den nächsten Kapiteln näher erörtert werden.

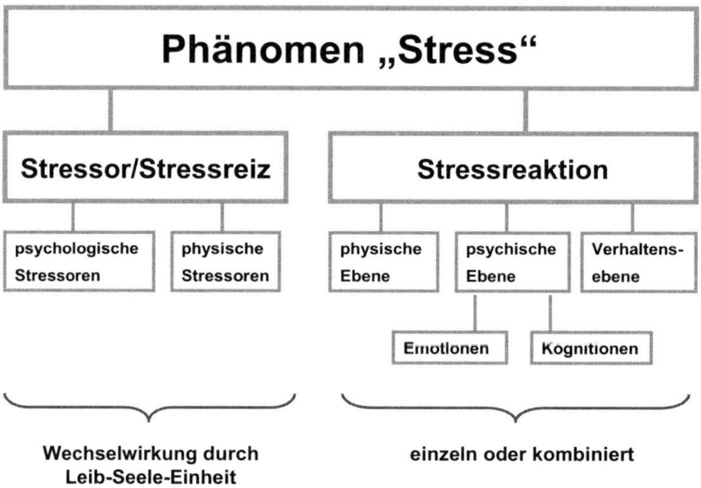

Abb. 2:

1.2 Stressreize

Stressreize (Stressoren) sind Ereignisse oder Situationen, die **physische** oder **psychologische** Anforderungen an die betreffende Person stellen.

Jedes denkbare Ereignis und jede Situation, aber auch Gedanken, Gefühle, etc. können zu einem Stressreiz werden!

Nach Bamberger (2007) verschafft schon die Tatsache, dass man sich die eigenen Stressoren bewusst macht, dass man sie benennt, Erleichterung.

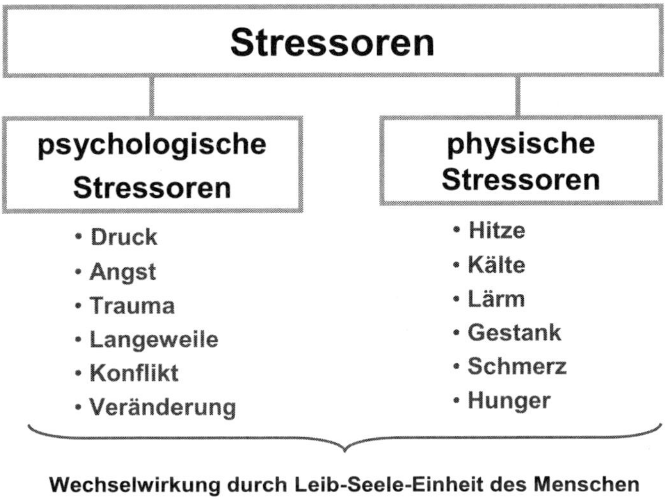

Abb. 3:

Mit Laptops und Handys hat der moderne Mensch sein selbst gewähltes Stress-Arsenal in den letzten Jahren noch einmal erweitert.

Tatsächlich sind wir im Europa des 21. Jahrhunderts ganz anderen Stressoren ausgesetzt als die Generationen vor uns oder gar als die Menschen in der Steinzeit. Im Laufe der Jahrtausende haben sich die Stressoren immer mehr zu solchen verschoben, die unser seelisches Gleichgewicht bedrohen. Heute geht es weitaus seltener als in früheren Zeiten um unsere körperliche Unversehrtheit oder gar um das blanke Überleben.

Selbst bloße Gedanken und eingebildete Gefahren können Stress erzeugen, wie im Folgenden noch eingehender dargestellt wird. Zu den besonders belastenden Gedanken, Gefühlen und Charaktereigenschaften zählen:

- Versagens- und Existenzängste
- Perfektionswahn
- innere Unruhe
- Ehrgeiz
- Neid
- Ärger
- Trauer

Kein Reiz ist jedoch für alle Personen gleichermaßen mit Stress verbunden. Stressreize haben meist größeren (und damit schädlicheren) Einfluss, wenn sie

- **ohne Warnung,** d.h. völlig unerwartet auftreten,
- **unkontrollierbar** sind oder auch nur so scheinen („*Habe ich noch die Kontrolle über die Situation, oder bin ich dem Stressor als ohnmächtiges Opfer ausgeliefert?*") oder

- **eine kontinuierliche Abfolge von täglichen Problemen darstellen.**

Lange Zeit hatte man angenommen, dass sogenannte „kritische Lebensereignisse" – wie der Tod eines Angehörigen, Scheidung bzw. Trennung vom Partner, Umzug, berufliche Veränderung, schwere Krankheit oder Verletzung – besonders gefährliche Stressoren seien.

Untersuchungen zur Stressproblematik, die von Richard Lazarus an der Universität Berkeley in Kalifornien durchgeführt wurden, legten erstmals den Schluss nahe, dass es – langfristig gesehen – eher die **kleineren Probleme des Alltags** sind, die den großen Stress verursachen.

Heute hat sich die Erkenntnis durchgesetzt, dass die Gefahr nicht von den großen Ereignissen in unserem Leben ausgeht, sondern von den täglichen kleinen Ärgernissen, die uns fast unmerklich, dafür aber permanent in Anspannung versetzen, wie z.B. das Verlegen oder Verlieren von Gegenständen, zu viele Verpflichtungen, Unsicherheit bei Entscheidungen, Ärger mit Kunden, unangenehme Wortwechsel, Arbeiten im Haushalt, Schlange-Stehen an der Supermarktkasse, Wartezeiten beim Arzt, widrige Verkehrsverhält-nisse, Vorwürfe vom Ehepartner etc.

Gegen wirklich traumatische Lebensereignisse haben viele Menschen wirksame psychische Abwehrmechanismen entwickelt. In „normalen" Stresssituationen des täglichen Lebens hingegen, die der einzelne Mensch subjektiv wahrnimmt und auf die von Person zu Person unterschiedlich reagiert wird, stehen solche Abwehrstrategien häufig nicht zur Verfügung. Die vielen kleinen Ärgernisse des Alltags verstärken sich gegenseitig und haben dadurch umso schädigendere Auswirkungen auf die Gesundheit (vgl. Ceh 1981; Hofmann 2001).

Der Mechanismus, durch den sich das Signalsystem im Körper unbemerkt weiter aufschaukelt, wird als Sensitivierung bezeichnet. Während sich der Gestresste selber noch darüber hinwegtäuscht, reagiert der Organismus immer heftiger, die Reizschwelle sinkt. Einer Lawine gleich nehmen dann hormonelle Veränderungen zu und bringen den Körper durcheinander, der schließlich auf den täglichen Kleinkram mit der Wucht eines Programms antwortet, das eigentlich für lebensbedrohliche Notfälle ausgelegt ist.

Typische Auslöser für Dauerstress sind Stressoren wie Lärm, Reizüberflutung, Ärger Frustration oder Angst (vgl. Herzog 2001).

Vor allem die Folgen permanenter Informationsüberlastung werden von Experten als dramatisch eingeschätzt. Schmerzhafte Muskelverspannungen im Hals- und Nackenbereich, mit der Folge permanenter Rückenschmerzen, gehören zu den häufigsten Symptomen der Reizüberflutung (vgl. Schwebke 2002).

Das Auftreten von kritischen Ereignissen alleine führt noch nicht unbedingt zu Stress – eine subjektiv als Stress empfundene Situation entsteht daraus erst, wenn keine Möglichkeit gesehen wird, in einem positiven Sinne Einfluss auf die Situation zu nehmen. Wer glaubt, diesen Ereignissen nichts entgegensetzen zu können, fühlt sich hilflos und ausgeliefert, wodurch wiederum sein Erkrankungsrisiko steigt.

Die Überzeugung „Das schaffe ich schon" ist ein Zeichen von Selbstwirksamkeit. Von ihrer Selbstwirksamkeit überzeugte Menschen vertrauen auf ihre eigenen Fähigkeiten und Einflussmöglichkeiten. Sie sind dadurch stressresistenter, leistungsfähiger und gesünder als weniger von sich überzeugte Personen (vgl. Hofmann 2001).

Die Überzeugung, wirksam Einfluss auf ein Geschehen nehmen zu können und so das zu erreichen, was man erreichen möchte, spielt auch eine Schlüsselrolle im (präventiven) Gesundheitsverhalten und hat in Bezug auf Burnout und berufsbezogenen Stress eine eindeutige Schutzfunktion. Bei verschiedenen Krankheitsbildern konnte gezeigt werden, dass Patienten, die sich hohe Kontrolle über den Verlauf der Dinge zuschreiben, weniger leicht resignieren und über höheres Wohlbefinden berichten (vgl. Schütz, Hertel & Heindl 2004).

Ein **Gefühl der Kontrolle** wirkt sich auch dann positiv aus, wenn man in Wirklichkeit gar keine Einflussmöglichkeiten besitzt.

Die Erkenntnis, dass die „Black Box" zwischen einer Bedrohung und der durch sie hervorgerufenen Stressreaktion keineswegs leer ist, stammt ebenfalls von Lazarus, der damit einen weiteren bedeutenden Beitrag zur Stressforschung lieferte. Lazarus wies zum Beispiel nach, dass Versuchspersonen auf die identische Stresssituation „Prüfung" unterschiedlich reagierten, je nachdem, ob sie vorher motiviert oder demotiviert worden waren. Er kam zu dem Schluss, dass zwischen dem Stressauslöser und der Stressreaktion eine **innere Bewertung** stattfindet, die über die Intensität der Stressreaktion entscheidet. Diesen inneren Bewertungsprozess sah er als große Chance, Stress wirksam zu begegnen.

Der gleiche Stressor kann eine unterschiedliche Stressreaktion hervorrufen, je nachdem, wie wir ihn bewerten, wie unser Gehirn ihn bearbeitet (vgl. Bamberger 2007).

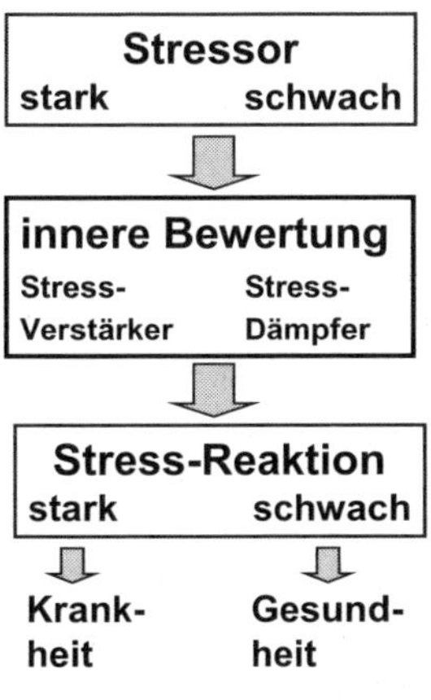

Abb. 4: Stress-Modell nach Lazarus

Menschen sind eben nicht simple Reiz-Reaktions-Wesen, sondern vorstellungsbegabt. Eine enorme Fähigkeit, die gleichzeitig eine verhängnisvolle Falle darstellen kann: Wir sind in der Lage, Gefahren zu antizipieren – oder sie uns bloß einzubilden. Am Leben gehalten werden stressige Situationen häufig, wenn man sie geistig ständig wiederkäut. Menschen, die zum Grübeln neigen, reagieren besonders stark auf Stressreize, da sie dazu tendieren, weiterhin im emotionalen Belastungszustand zu bleiben und über unangenehme Situationen noch tagelang nachzudenken. Der Unterschied zwischen Grübeln und normalem Nachdenken über eine Problemsituation liegt in der zwanghaften Rückkehr zum Thema. Wer seinen Ärger oder seine Rachegefühle geistig immer wieder wachruft, verlängert den ursprünglichen Stresszustand. Fortgesetzter Adrenalinausstoß erhöht den Blutdruck, wodurch Blutgefäße geschädigt werden. Stress kann also – selbst wenn er nicht objektiv, sondern nur in der Vorstellung existiert, weitreichende physiologische Folgen haben (vgl. Roger 2001).

Unsere Vorfahren, deren Gene wir noch immer in uns tragen, waren beinahe täglich diversen Gefahren für Leib und Leben ausgesetzt. Da war es sinnvoll, ständig in Alarmbereitschaft zu sein und alle für Flucht und Kampf notwendigen Ressourcen schnellstens bereitstellen zu können. Ebenso war es sinnvoll, das Stresssystem lieber einmal zu viel als zu wenig hochzufahren. Allzu entspannte Menschen hatten seinerzeit schlechte Überlebenschancen, weshalb die meisten heute lebenden Menschen aus evolutionsgeschichtlichen Gründen mit ziemlich effizienten Stressverstärkern ausgestattet sind, die sie auch auf schwächere Stressoren mit relativ starkem Stress reagieren lassen. Es besteht also ein leichtes Übergewicht der Stressverstärker gegenüber den Stressdämpfern (vgl. Bamberger 2007).

Gedanken verursachen Gefühle. Vielen Emotionen geht ein Gedanke voraus, der sie verursacht, so flüchtig oder unbemerkt er auch sein mag. Ereignisse haben an und für sich keinen emotionalen Inhalt. Erst die Art, wie wir ein Ereignis deuten, verursacht Emotionen.

Allein unsere Gedanken an etwas Bestimmtes bewirken über Hormonausschüttungen deutliche körperliche Reaktionen. Negative Gedanken produzieren Stresshormone, die unsere Energie blockieren, den Stoffwechsel negativ beeinflussen und uns im Zeitraffertempo altern lassen. Positive Gedanken produzieren Glückshormone, die Stresshormone abbauen und Energieblockaden lösen können (vgl. Herzog 2001).

Der Prozess der inneren Bewertung ist zunächst einmal ein autonomer Vorgang, der keiner bewussten Intervention bedarf, den man also nicht steuern muss, damit er abläuft. Das heißt aber nicht, dass man diesen Prozess nicht steuern kann. Wir sind ihm nicht hilflos ausgeliefert, sondern haben in einer Welt, in der Leistungs- und Termindruck, eingebildete oder tatsächliche Überforderung, familiäre Konflikte und allgemeine Zukunftsängste die wichtigsten Stressoren darstellen, die große Chance, das Verhältnis von Stressverstärkern und Stressdämpfern zurechtzurücken und somit entspannter zu leben. Wenn es gelingt, einen bestimmten Gedanken zu verändern, verändert sich auch die emotionale Reaktion darauf (vgl. McKay, Davis & Fanning 2009; Bamberger 2007).

Unsere kognitiven Fähigkeiten, die besonderen intellektuellen Gaben, zu denken, uns zu erinnern und künftige Ereignisse zu antizipieren, die uns bei all unseren Tätigkeiten zu Diensten stehen und uns zu vielen Leistungen im Leben verhelfen, können grundsätzlich auch gegen uns arbeiten. Bei der kognitiven Organisation und Speicherung unserer Erfahrungen können wir falsche Vorstellungen entwickeln oder Erfahrungen so fehlinterpretieren, dass sie zu kontraproduktiven Entscheidungen, fehlangepassten Reaktionen und unnötig schmerzlichen Gefühlen führen (vgl. Comer 1995).

Die Denkgewohnheiten einer Person haben unmittelbare Auswirkungen auf ihr Stressempfinden, und in vielen Fällen bilden derartige Gedanken sogar die eigentliche Ursache negativen Stresserlebens und mangelnder Stressbewältigung.

Daher zählt die Änderung der inneren Einstellung gegenüber Stressoren und des gedanklichen Umgangs mit Stresssituationen bzw. -reizen zu den bedeutendsten Strategien der Stressbewältigung.

Die Art und Weise, wie jemand denkt, nach welchen gewohnheitsmäßigen Regeln und Formeln er die täglichen Ereignisse wahrnimmt und interpretiert, ist nicht nur im Umgang mit Stress, sondern in so gut wie allen Lebensbereichen von außerordentlicher Bedeutung und hat entscheidenden Einfluss auf die Bewältigung individueller Entwicklungsaufgaben.

Auf dem Gebiet der Psychotherapie führte die Erkenntnis der enormen Bedeutung der Gedanken bzw. Denkgewohnheiten zur Herausbildung einer eigenen therapeutischen Richtung, der Kognitiven Verhaltenstherapie.

Aber auch in zahlreichen anderen Therapieschulen, wie beispielsweise der Gestalttherapie oder der Transaktionsanalyse, spielt der kognitive Aspekt eine zentrale Rolle.

Das Ausmaß, in dem schlechte Gedanken krank machen können, ist auch für Wissenschaftler immer wieder verblüffend. So konnten amerikanische Psychologen beispielsweise zeigen, dass die Wahrscheinlichkeit, an einem Herzschlag zu sterben, für Frauen dreimal so hoch ist, wenn sie daran glauben, dass sie besonders anfällig für einen Infarkt sind (vgl. Bartens 2010).

1.3 Stressreaktion

Stress gibt es seit uralten Zeiten, und seit jeher war und ist er eine **höchst sinnvolle Reaktion** des Körpers auf eine individuelle und früher meist auch existentielle Bedrohung unserer persönlichen und territorialen Grenzen. Stress stellt eine lebenswichtige, arterhaltende Funktion dar, die den Körper in einen Zustand besonderer Aktivierung versetzt und alle zur Verfügung stehenden Leistungsreserven mobilisiert. Durch die Ausschüttung von Stresshormonen wird die für Kampf- oder Fluchtreaktionen bereitgestellte Energie um ein Vielfaches erhöht. In kritischen Situationen, wenn dem steinzeitlichen Jäger beispielsweise plötzlich ein Bär gegenüberstand, gab es nur zwei Möglichkeiten: zu kämpfen oder zu fliehen. Für beides benötigt der Körper schnell Energie, um Höchstleistungen zu erbringen (vgl. Herzog 2001).

Stress kann als eine Art Notschaltung des Körpers betrachtet werden, die ihn in eine Art Alarmzustand versetzt: Ohne „nachzudenken“, reagiert der Organismus sofort psychisch mit Angstgefühlen und physisch mit der Ausschüttung verschiedener Hormone, wie z.B. des bekannten Adrenalins, der Aktivierung sämtlicher Nervenzentren und -bahnen. Erst ein Übermaß dieser natürlichen Funktion wird zur Bedrohung für den Einzelnen und seine Gesundheit (vgl. Bartens 2010).

Die **„Flight or Fight“-Reaktion** kommt einer **blitzartigen Mobilmachung aller Reserven** im Körper gleich (vgl. Ceh 1981; Herzog 2001; Bamberger 2007):

- Der Blutzuckerspiegel steigt – bedingt durch den Abbau von Glykogen zu Glucose in der Leber: Die Zucker- und Fettreserven des Körpers werden angezapft,
- in den Muskeln und im Gehirn wird dadurch mehr Energie freigesetzt,
- in den Bein-, Arm- und Rückenmuskeln erhöht sich die Spannung (auch der Kaumuskel spannt sich an),
- die Atemfrequenz steigt und die Bronchien erweitern sich, um mehr Sauerstoff in den Körper aufzunehmen,
- die Herzfrequenz und der Blutdruck werden erhöht, um das mit Sauerstoff angereicherte Blut effizienter in die Muskeln zu pumpen,
- die Blutgefäße in den Muskeln weiten sich, wodurch die Blutzufuhr zu den Muskeln auf Kosten der Durchblutung der Haut vermehrt wird (d.h. die Haut wird dadurch schlechter mit Nährstoffen versorgt und insgesamt auch „trockener“),
- die roten Blutkörperchen werden aktiviert – sie überschwemmen die Arterien, um die Muskeln mit mehr Sauerstoff zu versorgen und Kohlendioxid abzutransportieren,
- die Blutgerinnung wird hinaufgesetzt, d.h. die Gerinnungsfähigkeit des Blutes nimmt zu, um allfällige, im Zuge des Kampf- oder Fluchtgeschehens entstandene Wunden rascher verschließen zu können und die Gefahr des Verblutens oder der Schwächung des Organismus durch Blutverlust zu vermindern,
- die Schweißbildung nimmt zu (um den Organismus zu kühlen),
- gleichzeitig werden Körperfunktionen, die im Moment für das reine Überleben weniger wichtig sind, wie beispielsweise die Verdauung und die Sexualfunktion, gedrosselt oder ganz eingestellt,
- zudem wird die Immunabwehr geschwächt, was die unter dem Einfluss von Stress erhöhte allgemeine Anfälligkeit gegenüber Infektionskrankheiten erklärt,

- auch die Fähigkeit, rational zu denken, ist vermindert oder gar blockiert, um die reflexartig ablaufenden Kampf- und Fluchtreaktionen nicht zu verzögern oder zu beeinträchtigen.

Wie aus der folgenden Abbildung ersichtlich ist, können die Reaktionen auf Stress im Wesentlichen in drei Kategorien eingeteilt werden (vgl. Bernstein et al. 1988; Udris 1981):

Abb. 5:

Auf der **physischen Ebene** zeigen sich die bereits beschriebenen Symptome: Die Liste möglicher Stresssymptome reicht von kalten oder feuchten Händen und Füßen über zunehmenden Appetit bis hin zu Muskelverspannungen, Verdauungsproblemen und Potenzstörungen. Die immer häufiger auftretenden Hörsturz- und Tinnitusphänomene verraten Menschen, die zu viel um die Ohren haben (vgl. Dahlke, Preiml & Mühlbauer 2000).

Die **psychologische Ebene** umfasst wiederum die **kognitiven** (Denkblockaden und Erinnerungsstörungen) und die **emotionalen** Stressreaktionen (Aggression, Depression, Hilflosigkeit etc.).

Zur **Verhaltensebene** zählen diverse Formen von Suchtverhalten, die in weiterer Folge zu Medikamenten-, Alkohol- oder Drogenabhängigkeit führen können.

Stress äußert sich immer als eine Mischung von physischen und psychischen Symptomen. Ganz gleich, ob er eine körperliche oder eine seelische Ursache hat: Immer reagieren beide Systeme mit, d.h. sie bilden auch in der Stressreaktion eine Einheit, die sie ja in Wirklichkeit auch sind. Nach Bamberger (2007) ist es von großer Bedeutung, das Muster der eigenen individuellen Stressreaktion zu erkennen.

Einige Stresssymptome sind zugleich auch als Stressoren wirksam, wodurch ein regelrechter Teufelskreis entstehen kann: So erzeugt z.B. Angst Stress, dieser verstärkt die Angst, was zu noch mehr Stress führt, usw. (vgl. Bamberger 2007).

Dauerstress als Krankheitsrisiko

Durch die Ausschüttung von Stresshormonen in einer Gefahrensituation (selbst wenn diese nur eingebildet ist) wird die Regie von dem Teil unseres autonomen (nicht der Willenssteuerung unterliegenden) Nervensystems übernommen, der für Aktivierung, Kampf und Flucht zuständig ist.

Adrenalin ist – zusammen mit dem sehr ähnlich wirkenden Noradrenalin – Teil der schnellen Stressantwort. Die Wirkung dieses akuten Stresshormons ist explosionsartig und von kurzer Dauer. Für die kurzen, aber entscheidenden Augenblicke des Kampfes oder der Flucht bewirkt es die Mobilmachung des Körpers.

Schon nach wenigen Minuten ist es wieder abgebaut und der Körper könnte an sich wieder in den Ruhezustand zurückkehren – wenn es die langsame Stressantwort nicht gäbe, die immer dazugeschaltet wird, wenn der Stress auch nur ein wenig über dem Alltagsniveau ist (vgl. Bamberger 2007).

Eine akute Stresssituation bewirkt daher gleichzeitig eine Ausschüttung von Adrenalin aus dem Nebennierenmark und von **Kortisol** aus der Nebennierenrinde. Kortisol hat im Grunde sehr ähnliche Effekte wie Adrenalin, nur bauen sie sich langsamer auf und halten länger an. Ein akuter Kortisolausstoß bewirkt beispielsweise für mehrere Stunden eine leichte Erhöhung des Blutdrucks und des Blutzuckers sowie eine komplexe Beeinflussung unseres Gehirnstoffwechsels, wodurch wir mitunter noch lange nach der Begegnung mit einem Stressor unruhig sind und nicht schlafen können.

Auch diese langsame Stressantwort ist biologisch sinnvoll. Der Mensch in seiner natürlichen Umgebung musste darauf vorbereitet sein, dass eine akute Gefahr nicht nach kurzem Kampf oder nach einer panikartigen Flucht vorbei war. Es war ziemlich wahrscheinlich, dass der Tiger noch irgendwo in der Nähe war oder die scheinbar in die Flucht geschlagenen feindlichen Horden in einem Hinterhalt lauerten, um im nächsten Moment oder aber auch zu einem späteren Zeitpunkt erneut zuzuschlagen. Da war es besser, das System nicht jedes Mal wieder von null auf hundert bringen zu müssen. Das bei der ersten Begegnung mit dem Aggressor ausgeschüttete Kortisol sorgte dafür, dass für die nächsten Stunden eine gewisse Grundaktivierung des Stresssystems erhalten blieb. Tauchte der Stressor also ein zweites Mal auf, konnte das System schneller und energiesparender wieder hochgefahren werden (vgl. Bamberger 2007).

Während Adrenalin also die akute Stressreaktion auslöst, ist Kortisol hauptverantwortlich für die verlängerte Stressantwort und hält den Körper für längere Zeit in Alarmbereitschaft.

Kortisol unterdrückt beispielsweise die Ausschüttung von Sexualhormonen, denn Sexualität und Reproduktion sind im Angesicht einer akuten Gefahr kaum besonders wichtig. Auch viele andere Funktionen des Körpers werden durch Kortisol heruntergefahren. Wenn es ums nackte Überleben geht, kann sich unser Körper eben nicht gleichzeitig auf Sex, Essen, Verdauung, Wachstum oder Schlaf konzentrieren (vgl. Bamberger 2007).

Kortisol hat die unangenehme Eigenschaft, in höheren Dosen und bei längerer Einwirkung zum Zellgift zu werden. Da die Produktion des schützenden Antistresshormons DHEA auf Dauer eingestellt wird, kann Kortisol seine destruktive Wirkung im Organismus ungehemmt entfalten (vgl. Bamberger 2007).

Das Stresssystem ist so komplex, dass es zur Entstehung beinahe einer jeden Krankheit beitragen kann, vom Haarausfall bis zum Bandscheibenvorfall, vom Hautausschlag bis zur chronischen Blasenentzündung.

Kortisol ist aber bei Weitem der wichtigste Krankmacher unter den Stresssubstanzen. Es führt auf Dauer zu

- einer Abnahme der Muskelmasse,
- einer Zunahme des Bauchfetts,
- einem Anstieg von Blutdruck, Blutzucker und Blutfetten,
- einer Ausdünnung der Haut,
- einer vorzeitigen Verkalkung der Arterien (Arteriosklerose) mit all ihren tödlichen Folgen wie Herzinfarkt und Schlaganfall,
- einem Kalkabbau in den Knochen (Osteoporose),
- einer Unterdrückung des Immunsystems,
- einem Absinken des männlichen Geschlechtshormons Testosteron,
- Zyklusstörungen bis hin zu einem kompletten Ausfall des Menstruationszyklus,
- einem Versiegen der Libido bei beiden Geschlechtern.

Hohe Dauerdosen von Kortisol greifen Neuronen im Emotionszentrum (Mandelkern) und im Gedächtniszentrum (Hippocampus) des Gehirns an und durchlöchern ihre Zellmembran, wodurch nicht nur einzelne Nervenzellen absterben, sondern ganze Areale zerstört werden.

Die Folgen sind extreme Vergesslichkeit und schlechte Laune bis hin zu Depressionen (vgl. Schwebke 2002; Bartens 2010).

Ohnehin schon gestresste Menschen sollten es vermeiden, sich abends die üblichen Schreckensszenen in den Nachrichten anzusehen, da das Gehirn jeden der Eindrücke ganz genau registriert. Je höher die „Dosis" der grausigen Emotionsinhalte, desto eher können Mandelkern und Hippocampus Schaden nehmen. Besonders vor dem Schlafengehen sollen negative Emotionsreize gemieden werden. Wer sich spätabends noch Horrorfilme ansieht, der schläft nicht nur schlecht und wenig erholsam, sondern schädigt mitunter auch sein Gehirn (vgl. Schwebke 2002).

Viele Symptome, die im Verlauf des normalen Alterungsprozesses auftreten, werden durch Kortisol hervorgerufen und beschleunigt, chronischer Stress ist gleichsam ein hervorragendes Fast-Aging-Mittel.

Der fortgesetzte Alarmzustand im Körper kann zu **schwerwiegenden gesundheitlichen Störungen** führen (vgl. Ceh 1981; Dahlke, Preiml & Mühlbauer 2000):

- **Arteriosklerose** (Verkalkung der Gefäße), **Herzinfarkt, „nervöse" Herz-beschwerden**: Die größten Risikofaktoren sind: erhöhter Blutdruck und Blutfettspiegel (durch ständigen Bluthochdruck werden die Gefäßwände überlastet und das Herz muss Schwerstarbeit leisten), Übergewicht, Zuckerkrankheit, Bewegungsmangel, Rauchen. Angst und Stress erhöhen die Gerinnungsneigung des Blutes und damit das Risiko für Infarkt, Schlaganfall und Thrombosen.
- **Gastritis und Geschwüre im oberen Verdauungstrakt:** Angst und Ärger bewirken eine Überproduktion von Salzsäure sowie einen Hypertonus der Magenmuskulatur und tragen dadurch wesentlich zur Entstehung von Magengeschwüren bei.
- **Spannungskopfschmerz:** Emotionaler Stress führt zu Muskelverspannungen und Gefäßverengungen an der Schädeloberfläche. Als Therapie haben sich Entspannungstechniken sehr bewährt.
- **Migräne:** Nach dem tiefenpsychologischen Erklärungsansatz sind Migränepatienten, bedingt durch neurotisch verdrängte Ängste, meist nicht in der Lage, ihre aggressiven Impulse abzuführen.
- **Atemstörungen** (Asthma bronch.): Emotionale Zustände können die Atmung beeinträchtigen, daher kann langsames, rhythmisches Atmen auch beruhigen und entspannen.
- **Infektionserkrankungen:** Durch die **Schwächung des Immunsystems** wird der Organismus anfällig für alle Arten von Infektionen. Kortisol kann die Immunabwehr dramatisch schwächen, indem die Produktion und Aktivität von Abwehrstoffen und Abwehrzellen unterdrückt wird (vgl. Schwebke 2002). Einschlägige Experimente zeigten deutlich, dass bei Versuchspersonen, die unter chronischem Stress litten, die Wahrscheinlichkeit des Versagens der Immunabwehr um das Drei- bis Fünffache anstieg.
- **Krebs:** In klinischen Studien und Laborversuchen der letzten Jahrzehnte konnte der große Einfluss von Distress auf bösartiges Zellwachstum eindeutig nachgewiesen werden.
- **Verzögerte Wundheilung:** Wer unzufrieden und niedergeschlagen ist, dessen Wunden heilen auch schlechter und langsamer (vgl. Bartens 2010).

Weitere typische Beschwerden sind Reizdarm, Reizhusten, Rückenschmerzen, Burnout, Tinnitus, Migräne, Schwindel, Herzrasen, Verdauungsbeschwerden.

Lebensbedrohliche Krankheiten zählen zu den stärksten Stressoren überhaupt. Für die erkrankte Person beginnt häufig ein Teufelskreis, aus dem es nur schwer ein Entrinnen gibt: Stress erzeugt Krankheit, diese steigert wiederum den Stress, der sich noch schädlicher auf den Organismus auswirkt, etc. (vgl. Bamberger 2007).

Zu den von Stress verursachten **psychischen Störungen** zählen:

- Erschöpfung (Burnout)
- Ängste vor Überforderung und Versagen
- Sexualstörungen
- Schlafstörungen
- Depressionen.

Auffällig oft entsteht auch hier ein psychischer Teufelskreis: Aus Dauerstress entwickeln sich Ängste und Depressionen, und die verstärken wiederum den Stress (vgl. Herzog 2001).

Der Klassiker für Psychosomatiker ist das Früherwachen. Um halb vier morgens schreckt der geplagte Mensch aus dem Bett hoch und kann nicht wieder einschlafen (vgl. Bartens 2010).

Ob und wie stark ein Stressreiz auf eine Person wirkt, hängt, wie bereits erwähnt, davon ab, wie diese den Reiz wahrnimmt, bewertet und verarbeitet. Die **heftigste Reaktion auf Stressreize** zeigen Personen, die

- diese als furchterregende, unkontrollierbare Bedrohung ansehen – also zum „Katastrophieren" neigen,
- **geringen sozialen Rückhalt** (Freunde, Gesprächspartner) haben,
- über **unzureichende Bewältigungsmechanismen** verfügen,
- **ungeduldig** mit sich selbst und anderen sind, zum **Perfektionismus** neigen, d.h. nur dann zufrieden sind, wenn sie Leistungen bringen, die einen ausgeprägten Konkurrenztrieb haben und oft unter einem quälenden Gefühl von permanentem Zeitdruck leiden. Menschen, die diese Denk- bzw. Verhaltensmuster aufweisen, werden als Typ-A-Personen bezeichnet. Sie sind durch den Dauerstress, den sie sich größtenteils selber schaffen, anfällig für Infektionen, haben ein doppelt so hohes Infarktrisiko und werden häufig von Kopfschmerzen geplagt, die sie aber meist nicht mit ihrem Lebensstil in Verbindung bringen (vgl. Pink 2010).

2. Stressbewältigung

Stress ist der Begleiter jeder menschlichen Aktivität und kann deshalb nicht vermieden, sondern nur gemeistert oder genutzt werden. Grundsätzlich gibt es folgende Möglichkeiten, die negativen Folgen von Stress zu vermeiden (vgl. Ceh 1981):

- „Verbrauch" der durch die Stressreaktion bereitgestellten Energie durch körperliche Bewegung: Stress löst sich dadurch gleichsam in Schweiß auf;

- direkte Einflussnahme auf die Stressoren, d.h. Verringerung der „Stressdosis“ durch Ausschaltung, Reduzierung oder Vermeidung physischer, mentaler und psychischer Belastungsfaktoren;
- Veränderung der inneren Einstellung gegenüber den Stressoren;
- Steigerung der eigenen Belastungsfähigkeit. Man kann „stressstabiler“ werden, indem man, zum Beispiel durch aktive Entspannung, die eigene Belastbarkeit erhöht oder die Stresssituation anders zu bewerten lernt.

Die folgende Übersicht zeigt die bedeutendsten Formen und Möglichkeiten einer **ganzheitlichen Stressbewältigung**.

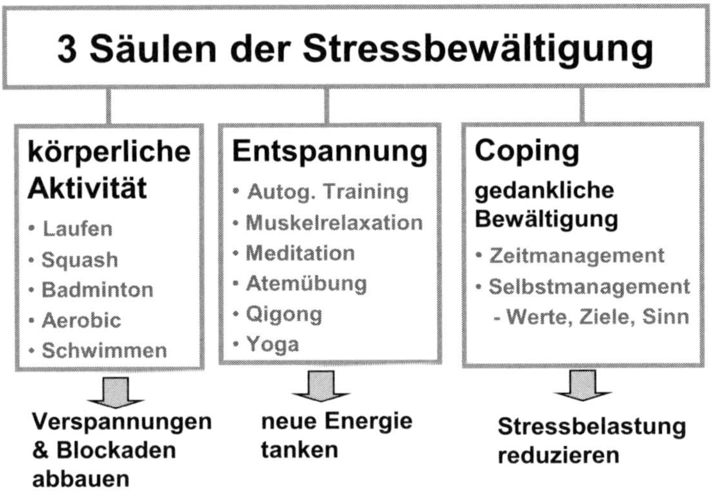

Abb. 6

Die Zielsetzung ganzheitlichen Stressmanagements besteht im Wesentlichen darin,
- chronischen Stress so weit wie möglich zu eliminieren,
- den durchschnittlichen Kortisolspiegel zu senken und
- sich dadurch besser zu fühlen und vor Krankheiten zu schützen sowie
- in akuten Stresssituationen die Erregung zu drosseln, v.a. durch Bewegung und Entspannung, um Erregungsspitzen zu kappen und Aufschaukelungen zu verhindern.

Körperliche Aktivität

Körperliche Bewegung ist für unsere Gesundheit im Allgemeinen und für unseren Umgang mit Stress im Besonderen von enorm großer Bedeutung.

Die Natur hat uns über die Jahrtausende der Evolution als Lebewesen konstruiert, die eine Stressreaktion unmittelbar in Bewegung umsetzen.

Wir haben noch immer die gleiche genetische Ausstattung wie unsere steinzeitlichen Vorfahren, die auf Bewegung programmiert waren, weil die tägliche Nahrungssuche, die Flucht vor wilden Tieren oder der Kampf gegen Feinde nur mit einem trainierten und beweglichen Körper zu leisten waren (vgl. Herzog 2001).

Bei Stress laufen in unserem Körper die gleichen Prozesse ab wie zu Urzeiten: Das Adrenalin steigt vorübergehend stark an und erhöht Blutdruck und Blutzucker. Nach kurzer Zeit übernimmt das Kortisol und tut für die nächsten Stunden das Gleiche. Wenn sich der Stress wiederholt, bleibt das Kortisol ständig erhöht.

Bewegen wir uns bei Stress nicht, dann bleibt der Blutdruck erhöht, was langfristig zu einem behandlungsbedürftigen Bluthochdruck führen kann mit all seinen Konsequenzen von Herzinfarkt bis Schlaganfall. Bewegung führt zwar vorübergehend zu einer Blutdruckerhöhung, langfristig jedoch zu einer Blutdrucksenkung (vgl. Bamberger 2007).

Die Absenkung des Stressniveaus ist einfach über den sinkenden Blutdruck und Cholesterinspiegel nachzuweisen. Zusätzlich führt die regelmäßige Belastung im Ausdauerbereich bei Sauerstoffsättigung zu einem Ausbau des Gefäßsystems, um die wachsenden Muskeln noch besser mit Energie versorgen zu können (vgl. Dahlke, Preiml & Mühlbauer 2000).

Neben direkten gefäßschützenden Effekten hat ein regelmäßiges Bewegungsprogramm auch eine euphorisierende Wirkung.

US-Forscher fanden heraus, dass Laufen und Radfahren bei Depressionen mindestens genauso wirksam sind wie Medikamente. Sie behandelten 156 depressive Patienten entweder konventionell oder mit einer Sporttherapie. Das erstaunliche Ergebnis nach 16 Wochen: Die Depressionen verschwanden in beiden Fällen. Aber die Sportlergruppe war hinterher schlauer. Erhöhte Durchblutung im Gehirn brachte eine Steigerung der Denkleistung, des Erinnerungsvermögens und der Planungsfähigkeit.

Viele Antidepressiva wirken über eine Steigerung des Serotoninspiegels im Blut und verbessern so die Stimmung. Der Serotoninspiegel wird durch Bewegung im Sauerstoff-gleichgewicht auf ganz natürliche Weise ebenfalls angehoben. Damit ist die gehobene Stimmung vieler Läufer und anderer Ausdauersportler zu erklären. Auch die Euphorie, die sich nach einigen Wochen sanfter Bewegung häufig einstellt, findet hier einen biologische Erklärung (vgl. Dahlke, Preiml & Mühlbauer 2000).

Bewegung und Sport verändern die Biochemie des Körpers: Die Produktion von Testosteron, Noradrenalin, Serotonin und Endorphinen schnellt hoch. Sie hellen die Psyche auf, erzeugen Glücksgefühle und steigern die Lust auf Sex (vgl. Herzog 2001).

Je gesünder der Körper ist, desto schwerer fällt es krankmachenden Faktoren wie dem chronischen Stress, Schaden anzurichten.

Der gleiche Stress macht einen Menschen, der sich regelmäßig bewegt, seltener krank als einen, der sich nicht bewegt. Durch regelmäßige moderate Bewegung kann man die Stressreaktion selbst abschwächen und erreichen, dass die Nebennierenrinde bei Stress weniger Kortisol freisetzt und der Kortisolspiegel insgesamt absinkt.

Extremer Ausdauersport erzeugt allerdings selbst Stress und erhöht den Kortisolspiegel (vgl. Bamberger 2007). Wer etwas für seine Gesundheit tun will, muss sich also fordern, sollte aber Überforderung vermeiden (vgl. Dahlke, Preiml & Mühlbauer 2000).

Zwei bis dreimal pro Woche 20 bis 30 Minuten Training reichen also aus, um Volkskrankheiten wie etwa Bluthochdruck vorzubeugen. Dabei sollte man auf einen niedrigen Puls achten (ungefähr 60 Prozent der maximalen Herzfrequenz werden als ideal angesehen).

Täglicher Ausdauersport verringert das Herzinfarktrisiko um bis zu 60 Prozent. Das Training stärkt den Herzmuskel, die Durchblutung wird verbessert und dadurch der Blutdruck gesenkt. Darüber hinaus geht das schädliche LDL-Cholesterin zurück, das vor Verkalkung schützende HDL-Cholesterin steigt dagegen an.

Durch regelmäßige Ausdauerbewegung kommt es zu einer Mehrversorgung des Körpers mit Sauerstoff. Die Körperzellen werden dabei mit Sauerstoff überschüttet, sie arbeiten besser und sind vor Schäden besser geschützt. Sauerstoff ist für alle Zellen, Gewebe und Organe eine Art Allheilmittel.

Auch das Gehirn ist von der geradezu luxuriösen Sauerstoffmehrversorgung beim Ausdauertraining betroffen, was seine Leistungen merkbar beflügelt (vgl. Dahlke, Preiml & Mühlbauer 2000), wobei Schwebke (2002) darauf hinweist, langsam zu laufen, damit der Kopf im Sauerstoffplus bleibt.

Auch die Blutfette im Allgemeinen gehen durch Ausdauertraining zurück, und die Leistungsfähigkeit des Immunsystems steigt. Bereits nach einer halbstündigen Trainingseinheit nehmen die Killerzellen der Abwehr um bis zu einem Drittel zu und sind zudem besser in der Lage, ihrer aggressiven Aufgabe nachzukommen, nämlich Krankheitserreger zu attackieren und unschädlich machen – von der Grippe bis zum Krebs. Zahlreiche Studien zeigen, dass regelmäßige Bewegung das Risiko mindert, an Krebs zu erkranken, bzw. zur Heilung bei Krebserkrankungen beiträgt. Eine Studie der Stanford-Universität in Kalifornien zeigte, dass Ausdauersportler weniger anfällig für Magen-, Darm- und Prostatakrebs sind.

Entspannung

In der permanent Stress ausübenden Umwelt, in der viele Menschen heute leben (müssen), ist es von unschätzbarem Wert, eine Entspannungstechnik zu beherrschen. Entspannung löst eindeutig stressreduzierende organische Veränderungen aus. In Gegenwart von Reizen, die als beängstigend empfunden werden, vermindert die Herbeiführung des entspannten Zustands die Stressaktivität. Wer sich in bedrohlichen Situationen entspannt, kann nicht gleichzeitig Angst haben (vgl. Ceh 1981).

Die erste und naheliegendste Möglichkeit der Entspannung bietet uns der **Schlaf**, der als die natürlichste Form der Entspannung gesehen werden kann und nach Dahlke, Preiml & Mühlbauer (2000) in seiner Wirkung einmalig und unerreicht ist. Im Schlaf sinkt unser Kortisolspiegel auf ein Minimum.

Adrenalin und Kortisol weisen morgens im Blut die höchste Konzentration auf und nehmen am späten Nachmittag allmählich ab. Am Abend verringern sich ihre Mengen so weit, dass sie kaum noch nachweisbar sind. Der Körper ist nun auf Schlafen programmiert – wenn die Hormonproduktion im Lot ist. Andernfalls wird der Schlaf durch Stresshormone gestört (vgl. Herzog 2001).

Melatonin kann als eine Art Gegenspieler des Kortisols betrachtet werden. Es wird in der Zirbeldrüse erzeugt und hat eine hemmende Wirkung auf die Effekte der freien Radikale. Melatonin fördert den Schlaf und damit die Regenerationsphase des Gehirns. Um die Ausschüttung dieses Hormons und seine Wirkung zu fördern, empfiehlt Schwebke (2002), mindestens acht Stunden pro Nacht in einem möglichst dunklen Raum zu schlafen.

Schlafstörungen sind oftmals stressbedingt. Kortisol ist unter anderem ein echter Wachmacher. Und so gerät man leicht in einen der vielen Teufelskreise, die chronischer Stress hervorruft: Stress erzeugt Schlafstörungen, diese erzeugen mehr Stress, der wiederum stärkere Schlafstörungen bewirkt, usw. Bewegung kann in der Schwächung solcher Teufelskreise einiges bewirken, der wahre Meister zur Durchbrechung dieses speziellen Teufelskreises ist aber ganz eindeutig die bewusste Entspannung.

Wer lernt, sich bewusst mental zu entspannen, dem wird zum einen das Hinübergleiten in die unbewusste Entspannung (Schlaf) leichterfallen. Er wird aber auch tagsüber vielen potenziellen Stressoren mit größerer Gelassenheit begegnen können (vgl. Bamberger 2007; Herzog 2001).

Grundsätzlich geht es darum, sich die Art der Entspannung bzw. das Entspannungsritual zu suchen, das zu einem passt. Wer seine **persönliche Entspannungstechnik** gefunden hat, der wird sie in jeder Situation abrufen können und sein Leben lang ein glücklicherer und gesünderer Mensch sein.

Die im Folgenden angeführten Entspannungstechniken wurden auf ihre Wirksamkeit überprüft, d.h. sie senken bei erfolgreicher Anwendung tatsächlich das Stressniveau ganz erheblich (vgl. Bamberger 2007):

- entspannende Lieblingsaktivitäten (Musik, Lesen, Malen, Sex, Aufenthalt in der Natur, Baden etc.)
- Meditation/Gebet
- fernöstliche Entspannungstechniken
- Nichtstun
- (Kurz-)Schlaf
- Autogenes Training und Muskelentspannung
- Biofeedback.

Coping

Den vielen alltäglichen Stressoren kann die destruktive Kraft genommen werden, indem man gezielt auf ihre **innere Bewertung** Einfluss nimmt. Mentale Stärke operiert in der individuellen Gedankenwelt eines jeden von uns, und entsprechend individuell werden auch die Vorstellungen, Bilder und Sätze sein, die wir einsetzen, um die innere Bewertung von Stressoren in Richtung „weniger Stress" zu korrigieren.

Das Ziel ist es hierbei, sobald man einem Stressor ausgesetzt ist, die Stress-Verstärker zurückzuschalten und die Stressdämpfer hochzufahren, um letztlich den Kortisolspiegel zu senken (vgl. Bamberger 2007).

Aber nicht nur aktuelle Gedanken und Befürchtungen verschärfen Stresssituationen. Die innere Bewertung von Stressoren wird besonders stark von **Glaubenssätzen** beeinflusst.

Häufig lassen wir uns durch Glaubenssätze leiten, die nicht sonderlich hilfreich bei der Bewältigung des Alltags sind. Von diesen Glaubenssätzen hängt es ab, wie wir eine Situation bewerten und interpretieren. Glaubenssätze sind gleichsam tief verankerte Überzeugungen oder Leitideen, die sich von aktuellen Gedanken dadurch unterscheiden, dass sie situationsübergreifende Denkstile sind, die in vielen unterschiedlichen Situationen wirksam sein können und eine relativ hohe zeitliche Stabilität haben.

Dabei ist es zweitrangig, ob diese Überzeugungen richtig oder falsch sind. In erster Linie kommt es darauf an, dass sie gleichsam ein Teil der Persönlichkeit sind. Wir alle haben viele solcher Glaubenssätze, einige davon sind uns bewusst, andere nicht. Zum Teil haben sich unsere Glaubenssätze aus unseren eigenen Erfahrungen gebildet, zum überwiegenden Teil haben wir sie schon als Kinder von unseren Eltern erlernt. Sehr früh lernt der junge Mensch, was Erwachsene von ihm erwarten und wie er die Anerkennung bekommt, die er dringend braucht. Wenn sich Glaubenssätze verfestigen, dann entwickelt man Verhaltensweisen, die sich wie ein roter Faden durch das Leben ziehen, ohne dass man sich dessen bewusst ist (vgl. Hofmann 2001).

Glaubenssätze sind einerseits eine große Hilfe, um in unserem komplexen Leben zurechtzukommen. Sie erlauben uns nämlich, neue Situationen schon im Vorhinein einzuschätzen, ohne sie im Detail analysieren zu müssen. Andererseits können Glaubenssätze zu inneren Antreibern werden, die einen mit stressfördernden Maßregeln das Leben erschweren.

Glaubenssätze können also grundsätzlich sowohl als Stressverstärker als auch als Stressdämpfer fungieren. Vor allem die Glaubenssätze, die uns selbst betreffen (vgl. Bamberger 2007).

Die kognitive Technik der „primären Einschätzung" der Stresssituation scheint besonders wirksam als Stressblocker zu sein. Wer eine kritische Situation gleich zu Beginn gedanklich „entschärfen" kann, vermeidet dadurch die heftige und langfristig schädliche Stressreaktion (vgl. Hofmann 2001).

Änderung irrationaler Denkgewohnheiten

Um die alteingesessenen und häufig wenig bewussten Denkgewohnheiten zu ändern, sind nach Ellis folgende Schritte notwendig:

1. **Aufdecken, Bewusstmachen, Identifizieren** der alten Denkgewohnheiten (Etiketten, Antreiber, Muss- und Sollte-Sätze etc.),
2. **Suche nach ihren Ursachen** und den Gründen dafür, dass man bisher so beharrlich an ihnen festgehalten hat (z.B.: Angst vor dem Risiko einer Veränderung),
3. **kritische Analyse (Disput):** Denkgewohnheiten sollen hinterfragt und angezweifelt werden (z.B.: „Will ich dieses Etikett beibehalten?“, „Kann ich es überhaupt allen Menschen recht machen?“, „Gibt es die perfekte Präsentation?“),
4. **Bemühen um eine konkrete Änderungen** und die **Bereitschaft,** das mit einer jeden Veränderung verbundene **Risiko auf sich zu nehmen!** Ein äußerst wirksamer Weg, seine irrationalen Gedanken zu ändern, besteht darin, Verhaltensweisen anzunehmen, die diesen Denk- und Verhaltensgewohnheiten widersprechen. Man handelt seinen irrationalen Ideen buchstäblich zuwider – und das viele Male.

Bei der Änderung irrationaler Denkmuster spielen **positive Selbstgespräche** („Wenn ich Fehler mache, ist das nicht so schlimm“) bzw. eine bewusste Steuerung des inneren Dialogs eine zentrale Rolle. Im Idealfall gelingt es einem, anstatt der alten negativen Glaubenssätze, die sehr wirkungsvoll unser Selbstbewusstsein untergraben können, eine neue, unterstützende Stimme zu installieren (vgl. Herzog 2001).

Die Frage, warum manche Individuen unter dem Stress, dem sie ausgesetzt sind, zusammenbrechen, während andere relativ locker damit umgehen, konnte bis heute nicht restlos geklärt werden. Auf der Suche nach speziellen **Faktoren**, die manche Personen vor gesundheitsschädigenden **Stressauswirkungen** schützen könnten, haben Wissenschaftler unter anderem folgende Eigenschaften herausgefunden:

- **„Hardiness“** (einer Mischung aus Engagement, Selbstvertrauen und der Lust an der Herausforderung“) oder auch
- **„Kohärenzerleben“** (einem vagen Gefühl, die Umwelt sei verstehbar, die Dinge seien machbar, und das Ganze habe einen Sinn).

Unter den Begriff Coping fällt auch das **Management der Stressoren**. Alltagsstress wird von einer großen Zahl von Stressoren erzeugt, die jeder für sich genommen fast bedeutungslos sind, die uns aber in der Summe chronisch überfordern, also chronischen Stress verursachen. Die Zahl dieser Stressoren wächst von Jahr zu Jahr. Diese „modernen“ Stressoren können wir allerdings sehr wohl managen, indem wir:

- ihre Zahl reduzieren: delegieren, rationalisieren, bewusst auf manche Dinge verzichten, Nein sagen lernen, aufräumen und überflüssige Dinge wegwerfen (im Sinne von Ballast abwerfen) etc.;

- sie durch die richtige Gewichtung überschaubar halten;
- sie durch kluges **Zeitmanagement** in den Griff bekommen (z.B. schriftlich planen, Prioritäten setzen, herausfinden, was wirklich wichtig ist, eine persönliche Mission formulieren, morgens richtig anfangen, nicht ablenken lassen etc.);
- unsere Einstellung zum Leben und unseren Lebensstil überprüfen (siehe Glaubenssätze);
- verdrängte Belastungen auflösen (z.B. durch das Schreiben eines Tagebuches);
- bewusst Erfolgserlebnisse schaffen;
- Verhaltensweisen durch Strukturen kanalisieren (Entlastungsfunktion von Normen, Ritualen, Gewohnheiten ...);
- auf die **richtige Ernährung** achten: **DHEA** (Dehydroepiandrosteron) kann als Antistresshormon bezeichnet werden. Es wirkt im Gehirn als echte Stressbremse, indem es verhindert, dass unter Einfluss des Dauerstresshormons Kortisol Gehirnzellen absterben, und dämpft dadurch die Wirkung des Stresshormons Kortisol. DHEA wird auch als Jungbrunnenhormon bezeichnet, da es die altersbeschleunigende Wirkung von chronischem Stress (Kortisol) aufhebt. Wo immer Kortisol den Blutzucker anhebt, senkt DHEA ihn wieder ein bisschen. Und wo Kortisol den Blutdruck steigen lässt, senkt in DHEA wieder ab. So wird verhindert, dass das Stresssystem jemals vollends aus dem Ruder läuft (vgl. Bamberger 2007).
  Um seine DHEA-Produktion zu steigern, empfiehlt Schwebke (2002), Bierhefe, Vollkornprodukte, speziell aber Kakao und Paranüsse zu essen, da in diesen Lebensmitteln Chrom steckt und dieses Spurenelement die Bildung von DHEA anregt.

Laut Bamberger (2007) sollte ein typischer Arbeitstag folgende Elemente bzw. Tätigkeiten enthalten, um eine aus medizinischer Sicht optimale Stressbewältigung zu gewährleisten:

- **Bewegung** (30 Minuten)
- **Lieblingstätigkeit** (mindestens 30 Minuten)
- **Entspannungsübung** (mindestens 5 Minuten)
- **Glaubenssatz** (0 Minuten; immer wenn ein Stress verstärkender Glaubenssatz auftaucht, wird dieser durch einen Stress dämpfenden Glaubenssatz ersetzt. Da wir sowieso fast ständig mit Denken beschäftigt sind und nur die Inhalte des Denkens verändert werden sollen, stellt diese Tätigkeit keinen zusätzlichen Zeitaufwand dar).
- **Top-Priorität**: Jeder Mensch sollte sich täglich ein bis zwei Stunden mit den Dingen beschäftigen, die für ihn wirklich wichtig sind. Das setzt natürlich voraus, dass man sich immer wieder einmal Zeit nimmt, um seine wichtigsten Ziele im Leben zu bestimmen und sie nach Prioritäten zu ordnen.

3. Literatur

Bamberger, Ch. M. (2007): Stress-Intelligenz. München.
Bartens, W. (2010): Körperglück. München.
Beck, A. T., Rush, A. J., Shaw B. F. & Emery, G. (1986): Kognitive Therapie der Depression. München.
Bernstein, D. A., Roy, E. J., Srull, T. K. & Wickens, Ch. D. (1988): Psychology, Princeton.
Buchmann, K. E. (1992): Die Kunst der Gelassenheit. Freiburg.
Ceh, J. (1991): Entspannen jederzeit! Techniken zur besseren Stressbewältigung. München.
Comer, R. J. (1995): Klinische Psychologie. Heidelberg, Berlin, Oxford.
Dahlke, R., Preiml, B. & Mühlbauer, F. (2000): Die Säulen der Gesundheit. München.
Ellis, A. (1990): Training der Gefühle. München.
Gilbert, D. (2006): Ins Glück stolpern. München.
Hofmann, E. (2001): Weniger Stress erleben. Wirksames Selbstmanagement-Training für Führungskräfte. Neuwied.
Lazarus, A. (1978): Multimodale Verhaltenstherapie. Frankfurt.
Roger, D. (2001): Managing Stress – The Challange of Change. New York.
Schwebke, F. R. (2002): Der Weg zum Superhirn. München.
Selye, H. (1956): The Stress of Life. New York.
Selye, H. (1977): Streß. Lebensregeln vom Entdecker des Streß-Syndroms. Hamburg.
Udris, I. (1981): Stress in arbeitspsychologischer Sicht. In: Nitsch, J. R. (Hrsg.): Stress – Theorien, Untersuchungen, Maßnahmen. Bern, Stuttgart, Wien.
Vester, F. (1978): Phänomen Streß. München.
Völker; U. (1980): Grundlagen der Humanistischen Psychologie. In: Völker, U. (Hrsg.): Humanistische Psychologie. Weinheim, Basel.

Zu den Autorinnen und Autoren

(in alphabetischer Reihenfolge)

Rainer Baier arbeitet als Universitätslehrer am Institut für Wirtschaftspädagogik an der Wirtschaftsuniversität Wien. Neben seiner Lehrtätigkeit im Bereich *Kooperatives Verhandeln* lehrt und forscht er im Bereich der Didaktik der Wirtschaftsinformatik und der Neuen Medien.

Bettina Fuhrmann ist Professorin für Wirtschaftspädagogik am Department für Management, Institut für Wirtschaftspädagogik, der Wirtschaftsuniversität Wien. Seit 2011 leitet sie den Bereich *Soziale Kompetenz und Persönlichkeitsentwicklung* an der WU mit einem umfangreichen Lehr- und Forschungsprogramm. Ihre weiteren Arbeits- und Forschungsschwerpunkte liegen in den Bereichen Financial und Economic Literacy, Lehrqualität und Unterrichtsmethoden sowie in der Anwendung von qualitativen und quantitativen Forschungsmethoden zur Unterrichtsforschung und –evaluation.

Edeltraud Hanappi-Egger, Studium der Informatik und Doktorat der technischen Wissenschaften an der TU Wien, Habilitation für Angewandte Informatik im Rahmen des APART-Programms (Austrian Program for Advanced Research and Technology) der Österreichischen Akademie der Wissenschaften. Seit 2002 Universitätsprofessorin für „Gender and Diversity in Organisations" und Institutsleiterin. Sie hat mehr als 300 Publikationen zu Gender/Diversität in Organisationen verfasst, war an mehreren internationalen Forschungsinstitutionen (zuletzt an der LSE) und wurde für ihre wissenschaftlichen Arbeiten mehrfach ausgezeichnet. Forschungsschwerpunkte: Organisationsstudien zu Gender/Diversität, Gender und Technik, Feministische Ökonomie und Managementmythen.

Monika Heinrich ist Senior Lecturer am Department für Management, Institut für Change Management und Management Development an der WU Wien und Mediatorin. Ihre Arbeits- und Interessensschwerpunkte liegen in den Bereichen Führung und Entwicklung von Teams und Organisationen sowie in Sozialer Kompetenz, insbesondere Kommunikation, Konfliktmanagement und Kooperation.

Herbert Langer hat Wirtschaftspädagogik und Psychologie studiert. Er arbeitet als selbständiger/freischaffender Lektor an der Wirtschaftsuniversität Wien, an diversen Fachhochschulen und Universitäten sowie an der Pädagogischen Hochschule Wien. Seine Arbeitsschwerpunkte sind Soziale Kompetenz, Persönlichkeitsentwicklung, Stressbewältigung und Stimmungsmanagement. Herbert Langer ist auch als Trainer und Coach in der Privatwirtschaft tätig.

Wolfgang Mayrhofer ist o. Universitätsprofessor an der Wirtschaftsuniversität Wien und Leiter des Interdisziplinären Instituts für Verhaltenswissenschaftlich Orientiertes Management. Studium der BWL an der WU, danach Universität Paderborn, Technische Universität Dresden. Forschungsschwerpunkte: Karriere- und Laufbahnforschung, Internationale Unternehmens- und Personalführung und Neuere Systemtheorie. 27 Buchveröffentlichungen und mehr als 170 Buch- und Zeitschriftenbeiträge. Regelmäßige Trainings- und Beratungsarbeit im For- und Nonprofit-Bereich; Outdoortraining im Bereich Segeln (www.championships.at).

Ilse Pachlinger ist Senior Lecturer am Department für Management, Institut für Wirtschaftspädagogik an der WU Wien. Sie koordiniert die Spezialisierung Wirtschaftstraining und Bildungsmanagement und hat folgende Arbeits- und Interessensschwerpunkte: Didaktik in der Erwachsenenbildung, Seminar- und Unterrichtsmethoden, Moderationstechniken sowie Kommunikation und Konfliktmanagement.

Birgit Schneider absolvierte die Werbeakademie und ein Masterprogramm für Human Ressource Management, ist geprüfte Wirtschaftstrainerin, war 6 Jahre Projektbetreuerin im *Zentrum für Soziale Kompetenz* der Wirtschaftsuniversität. Sie ist derzeit als Coach in der Erwachsenbildung sowie als Lehrbeauftragte an der Wirtschaftsuniversität tätig.

Wilfried Schneider war 33 Jahre lang Vorstand des Instituts für Wirtschaftspädagogik an der Wirtschaftsuniversität Wien. Auf seine Initiative wurde der Bereich *Soziale Kompetenz* an der Wirtschaftsuniversität aufgebaut. Er arbeitet derzeit als Trainer für Verhandeln, Präsentieren aber auch für Rechnungswesen und Betriebswirtschaft an zahlreichen Einrichtungen der Erwachsenenbildung und den Ausbildungsprogrammen verschiedener Unternehmen.

Christoph Schwarzl ist Qualitätsmanager an der Universität für Bodenkultur Wien mit dem Arbeitsschwerpunkt *Qualität in Studium und Lehre*. Zudem ist er Universitäts- und Fachhochschullektor und lehrt u.a. im Bereich *Soziale Kompetenz und Persönlichkeitsentwicklung* an der Wirtschaftsuniversität Wien zum Thema Kooperatives Verhandeln. Weiters beschäftigt er sich mit Absolvent/inn/enstudien sowie der Kompetenz- und Karriereentwicklung von Lehrpersonal.

Birgit Worm ist als Senior Lecturer am Department für Management, Institut für Wirtschaftspädagogik an der Wirtschaftsuniversität Wien beschäftigt. Sie weist eine langjährige umfangreiche Berufserfahrung in der Erwachsenenbildung auf und ist selbst in der Lehre im Bereich *Soziale Kompetenz und Persönlichkeitsentwicklung* tätig. Ihre Arbeitsschwerpunkte liegen daher vorwiegend in der Weiterentwicklung und empirischen Forschung in diesem Bereich.